赵海涛　黄冬辉　王潘绣／著

大流量混凝土渡槽
开裂机理与裂缝控制

MECHANISM AND CONTROL OF ERROR
OF LARGE FLOW CONCRETE AQUEDUCT

河海大学出版社
HOHAI UNIVERSITY PRESS
·南京·

内容简介

本书详细阐述间接作用下混凝土渡槽仿真分析的计算方法和计算流程,并依托南水北调中线工程开展了大型矩形和 U 形混凝土渡槽温度场、温度应力场仿真分析及防裂措施效果分析。在此基础上结合工程经验从原材料选择与配合比优化、混凝土热力学参数确定、渡槽抗裂设计、间接作用裂缝施工控制措施、渡槽运行管理等方面提出了大流量混凝土渡槽裂缝控制成套技术。

本书可供混凝土渡槽结构设计人员工作查阅,也可供相关专业科研人员和师生参考。

图书在版编目(C I P)数据

大流量混凝土渡槽开裂机理与裂缝控制 / 赵海涛,黄冬辉,王潘绣著. -- 南京 : 河海大学出版社,2020.11

ISBN 978-7-5630-6561-5

Ⅰ. ①大… Ⅱ. ①赵… ②黄… ③王… Ⅲ. ①混凝土结构—渡槽—开裂—研究 ②混凝土结构—渡槽—裂缝—控制 Ⅳ. ①TV672

中国版本图书馆 CIP 数据核字(2020)第 221721 号

书　　名	大流量混凝土渡槽开裂机理与裂缝控制	
书　　号	ISBN 978-7-5630-6561-5	
责任编辑	成　微	
特约校对	余　波	
封面设计	黄　煜	
出版发行	河海大学出版社	
地　　址	南京市西康路 1 号(邮编:210098)	
电　　话	(025)83737852(总编室)　　(025)83787769(编辑室)	
	(025)83722833(营销部)	
经　　销	江苏省新华发行集团有限公司	
排　　版	南京布克文化发展有限公司	
印　　刷	广东虎彩云印刷有限公司	
开　　本	787 毫米×960 毫米　1/16	
印　　张	16	
字　　数	317 千字	
版　　次	2020 年 12 月第 1 版	
印　　次	2020 年 12 月第 1 次印刷	
定　　价	68.00 元	

序(一)

渡槽是调水工程中重要的输水构筑物。南水北调中线干线总干渠共建设了27座大型混凝土渡槽,例如湍河渡槽(跨度、流量为世界之最)、沙河渡槽(建设规模世界第一)等。目前,正在建设的安徽省引江济淮、四川省向家坝区北总干渠等工程中,也建设有大型混凝土渡槽。南水北调中线大型渡槽采用三向预应力钢筋混凝土结构,裂缝控制等级要求高,大型渡槽要求服役期迎水面不得出现拉应力、背水面拉应力不超过槽身混凝土抗拉强度,否则裂缝的出现将影响其耐久性和运行安全,因此渡槽混凝土裂缝控制是调水工程中一个极其重要的环节。

本书结合实际工程,全面考虑了大型混凝土渡槽施工期和服役期各种不利因素,并定量分析了其对应力状态的影响。本书探明了混凝土渡槽施工期和运行期容易开裂的部位,提出了大型混凝土渡槽开裂风险评估方法,可供设计部门借鉴;提出了原材料控制指标、混凝土配合比优化方案和施工工艺,可供施工单位采用;提出了空槽和通水运行期的开裂风险和预防措施,可供渡槽运行管理部门参考。

作者曾在南水北调中线干线工程建设高峰期间到我局工作一年,深入现场调查研究,参与沙河渡槽、湍河渡槽等工程方案论证和设计优化,为大型混凝土渡槽的建设做出了重要贡献。很高兴看到本书的出版,期望作者再接再厉,聚焦大型混凝土渡槽建设、运行、监测和修复加固等方面的最新进展和前沿技术,为渡槽工程安全运行提供新方法和新技术。

南水北调中线干线工程建设管理局
总工程师、教授级高级工程师

2020 年 11 月

序（二）

渡槽在输水工程中应用广泛,其中南水北调中线干线工程中已建的湍河渡槽、沙河渡槽等大型渡槽在跨度、流量及建设规模等方面居世界之最。大型渡槽绝大多数为混凝土结构,多采用高强高性能混凝土,胶凝材料用量高、温升温降幅度大、收缩大,且从浇筑开始始终暴露在野外自然环境中,槽内又受水流的作用,服役环境非常复杂,其开裂问题非常突出。混凝土一旦开裂,就会引起渡槽槽身渗水,加速混凝土的劣化、降低输水效率,影响渡槽的安全性和耐久性,因而大型混凝土渡槽裂缝控制显得尤为重要。

本书以南水北调中线湍河渡槽和漕河渡槽为例,基于 ANSYS 软件开发了渡槽混凝土温度场、湿度场和应力场的仿真分析模块,探明了施工期和运行期混凝土渡槽内部温度场、湿度场和应力场的分布规律,分析了裂缝的类型、产生原因及形成机理,量化了各种防裂措施的抗裂效果,建立了渡槽混凝土结构开裂风险评估体系。基于开裂风险评估,从材料、设计、施工、管理等方面系统地提出大型混凝土渡槽收缩裂缝控制技术,保障了大型混凝土渡槽施工质量和运行安全,提升了渡槽混凝土耐久性,推动了行业的技术进步。

本书介绍的混凝土渡槽的有限元理论及其程序化实现方法,理论性强,有助于高校学生和工程技术人员学习、参考;凝练的研究成果可以为设计和施工人员分析、判断、解决裂缝防控相关问题提供针对性建议,具有较高的工程应用价值,相信会对大型混凝土渡槽裂缝控制起到很好的借鉴作用。本书即将付梓之际,以此序勉励作者以初心致匠心,不断精进创新,百尺竿头更进一步。

东南大学　教授、博导　刘加平

2020 年 11 月

前言

　　渡槽是水体跨越河渠、山谷、洼地和道路的交叉建筑物,在大型输水工程建设中占有很重要的地位。我国是一个水资源分布极不平均的国家,地域上南多北少,长江流域及其以南河流的径流量占全国的80%以上,而黄河、淮河、海河三大流域和西北内陆,水资源总量只有全国的12%,且时空上年际变化也很大。为从根本上缓解我国北方地区严重缺水的局面,我国规划兴建了南水北调大型水利工程。南水北调中线工程全长1 267 km,由南至北跨越一百多处大小河流,中线总干渠规划大型渡槽50余座,例如沙河梁式U形渡槽输水流量380 m^3/s,双线4槽,单槽设计过水断面尺寸宽8 m、高7.4 m,跨度30 m,总长1 710 m,综合规模世界第一。

　　目前国内外已建渡槽,几乎是"无槽不裂"。裂缝的存在和发展,严重危及渡槽的正常使用,缩短了其使用寿命。导致混凝土渡槽开裂的因素除基础不均匀沉降、外荷载等一般的结构性荷载外,还存在温度变形、自生体积变形、干缩变形、徐变变形等原因。对于混凝土渡槽受温度、收缩等间接作用引起的开裂的问题,国外由于实际工程较少,因此缺乏这方面的研究,国内研究则主要集中在渡槽运行期温度及温度应力方面,对施工期渡槽裂缝控制问题研究较少。然而实际工程表明,大型渡槽施工期拆模时已有不少裂缝出现。针对目前普遍存在的混凝土渡槽开裂问题,笔者及团队从室内试验、现场监测和数值分析等方面分析研究导致渡槽混凝土结构开裂的间接作用及其作用效应。本书主要侧重数值分析对混凝土渡槽间接作用效应及其开裂机理进行系统研究,并提出防裂措施。

　　具体来说,本书基于通用有限元软件 ANSYS 二次开发,研制了大型混凝土渡槽施工及运行期各类间接作用仿真分析的计算模块,功能齐全、方法先进、结果可信;在此基础上,分别对大型矩形和 U 形混凝土渡槽进行了全面、系统、深入的定量分析,探明了各部位混凝土开裂的机理及其主要影响因素,提出了有效的裂缝控制措施。相关研究成果已在南水北调中线工程沙河、湍河渡槽中应用。

全书共分为 6 章，第 1 章简要介绍了混凝土渡槽的结构体系、间接作用、开裂特点和仿真技术等；第 2 章介绍了间接作用下混凝土渡槽温湿度场及徐变应力场仿真技术；第 3 章和第 4 章以工程案例分别介绍了大型矩形和 U 形混凝土渡槽的间接作用仿真分析过程、开裂机理与裂缝控制；第 5 章介绍了混凝土渡槽裂缝控制设计方法。

本书是著者与团队从事多年有限元研究、混凝土温度应力与裂缝控制和大型混凝土渡槽工程技术服务的成果总结，兼顾有限元理论、仿真技术和工程应用，从介绍基于 ANSYS 二次开发的温度场、温度应力、湿度场和干缩应力的仿真分析方法入手，继而进一步详细阐述了大型矩形和 U 形混凝土渡槽各种防裂方法的量化效果，希望有助于读者特别是工程技术人员在混凝土渡槽工程实践中为有效减少甚至避免开裂产生提供参考。鉴于问题的复杂性和著者认知水平的局限性，书中难免会有不妥之处。如本书有论述、技术开发、计算讹谬之处，恳请读者多加批评并指正。

本书研究工作是在著者所在团队多年大量前期研究基础上开展的，特别感谢著者的博士导师吴胜兴教授悉心指导，感谢课题组沈德建、危鼎、谢丽、李骁春、马龙、张莉、陈育志、陈硕、骆勇军等的艰辛付出。同时感谢南水北调中线干线工程建设管理局程德虎总工程师、武汉大学王长德教授、夏富洲教授、河南省水利勘测设计研究有限公司冯光伟技术副总监、张玉明高工等在研究中给予的大力支持。

感谢"十一五"国家科技支撑计划重点项目（2006BAB04A05），国家自然科学基金（51309090，51878245，U1965105，51708265），江苏省基础研究计划青年基金项目（BK20160106）和江苏高校青蓝工程优秀青年骨干教师项目的资助。

著　者
2020 年秋

目录

第1章　绪论 ·· 001

　1.1　混凝土渡槽的结构体系 ··· 001

　1.2　混凝土的间接作用 ·· 004

　　1.2.1　间接作用的定义 ·· 004

　　1.2.2　间接作用的种类与特点 ····································· 005

　1.3　间接作用下混凝土三维有限元仿真技术 ··················· 007

　　1.3.1　结构仿真软件 ··· 007

　　1.3.2　ANSYS 二次开发技术 ······································ 008

　1.4　混凝土渡槽裂缝及其成因 ······································ 008

　1.5　混凝土渡槽防裂措施 ·· 009

第2章　间接作用下混凝土渡槽仿真分析 ····················· 012

　2.1　ANSYS 温度作用仿真分析通用模块 ······················ 012

　　2.1.1　热分析模块 ··· 012

　　2.1.2　温度应力分析模块 ··· 014

　2.2　ANSYS 二次开发基本工具 ··································· 014

　　2.2.1　APDL 语言与宏命令 ·· 014

　　2.2.2　用户可编程特性 UPFs ····································· 016

　2.3　混凝土渡槽施工期温度场仿真 ······························ 017

　　2.3.1　主要热分析参数 ·· 017

　　2.3.2　温度场仿真分析二次开发 ··································· 021

　2.4　混凝土渡槽施工期温度应力仿真 ···························· 024

2.4.1 材料本构子程序 ·· 025

2.4.2 混凝土徐变本构实现 ·· 026

2.4.3 混凝土施工过程模拟 ·· 028

2.5 混凝土渡槽运行期温度场和温度应力仿真 ················· 029

2.5.1 混凝土渡槽运行期温度边界条件 ······················· 029

2.5.2 混凝土渡槽运行期温度场及温度应力仿真分析 ········· 035

2.6 混凝土渡槽湿度场及干缩应力仿真 ··························· 040

2.6.1 混凝土非线性湿度场 ·· 040

2.6.2 湿度场的计算参数取值 ······································· 041

2.6.3 湿度场的非线性有限元方法 ································· 042

2.6.4 湿度-干缩应力本构关系 ······································ 042

2.6.5 基于 ANSYS 混凝土湿度场及干缩应力仿真分析实现 ····· 043

2.7 二次开发程序正确性验证 ······································· 044

2.7.1 基于算例的混凝土温度场仿真模块正确性验证 ········· 044

2.7.2 基于算例的混凝土温度应力仿真模块正确性验证 ······· 051

2.7.3 基于遗传算法的混凝土温度参数反分析 ················· 055

2.7.4 基于试验的温度场仿真模块正确性验证 ················· 056

第3章 大型矩形混凝土渡槽间接作用及防裂方法 ·············· 070

3.1 工程资料 ··· 070

3.1.1 渡槽结构形式与尺寸 ·· 070

3.1.2 气温资料 ·· 072

3.1.3 热学、力学参数 ··· 072

3.2 有限元仿真模型 ··· 074

3.2.1 计算模型 ·· 074

3.2.2 特征点、特征路径与水管布置 ······························ 075

3.2.3 基本工况 ·· 076

3.3 基本工况仿真计算结果 ··· 076

3.3.1 基本工况温度场变化规律 ····································· 076

3.3.2 基本工况温度应力变化规律 ·································· 080

3.4 各种防裂方法抗裂效果量化研究 ································ 083

3.4.1 掺加膨胀剂 ·· 083

3.4.2 缩短分层浇筑间歇期 ……………………………… 085

3.4.3 掺加矿物掺合料降低水化热量 ………………………… 087

3.4.4 掺加水化热抑制剂减缓生热速率 ……………………… 089

3.4.5 混凝土早期导热系数 …………………………… 092

3.4.6 混凝土早期热膨胀系数 ………………………… 095

3.4.7 表面保温与拆模时间 …………………………… 097

3.4.8 布置冷却水管 ………………………………… 101

3.4.9 混凝土入仓温度 …………………………………… 103

3.4.10 吊空模板 ………………………………………… 105

3.4.11 气温日变幅 ……………………………………… 107

3.4.12 风速 …………………………………………… 108

3.4.13 渡槽跨度 ……………………………………… 110

3.5 湿度场及干缩应力 …………………………………… 111

3.5.1 湿度场 …………………………………………… 111

3.5.2 干缩应力 ………………………………………… 112

3.5.3 影响因素 ………………………………………… 113

3.6 运行期温度场及温度应力 …………………………… 116

3.6.1 夏季日照 ………………………………………… 116

3.6.2 秋冬季寒潮 ……………………………………… 120

3.6.3 夏季暴雨 ………………………………………… 131

3.7 大型矩形混凝土渡槽开裂机理及防裂方法 ………… 133

3.7.1 开裂机理 ………………………………………… 133

3.7.2 防裂方法 ………………………………………… 139

第4章 大型U形混凝土渡槽间接荷载作用及防裂方法 … 142

4.1 工程资料 …………………………………………… 142

4.2 有限元仿真模型 …………………………………… 142

4.2.1 计算模型 ………………………………………… 142

4.2.2 特征点与特征路径 ……………………………… 145

4.2.3 基本工况 ………………………………………… 145

4.3 基本工况仿真计算结果 …………………………… 146

4.3.1 基本工况温度场变化规律 ……………………… 146

4.3.2 基本工况应力变化规律 ┄┄┄┄┄┄┄┄┄┄┄ 148

4.4 各种防裂措施抗裂效果量化研究 ┄┄┄┄┄┄┄┄┄┄ 150

4.4.1 掺加膨胀剂 ┄┄┄┄┄┄┄┄┄┄┄┄┄┄┄┄ 150

4.4.2 缩短分层浇筑间歇期 ┄┄┄┄┄┄┄┄┄┄┄┄ 152

4.4.3 混凝土早期导热系数 ┄┄┄┄┄┄┄┄┄┄┄┄ 154

4.4.4 混凝土早期热膨胀系数 ┄┄┄┄┄┄┄┄┄┄┄ 155

4.4.5 表面保温与拆模时间 ┄┄┄┄┄┄┄┄┄┄┄┄ 156

4.4.6 掺加矿物掺合料降低水化热量 ┄┄┄┄┄┄┄┄ 159

4.4.7 掺加水化热抑制剂减缓生热速率 ┄┄┄┄┄┄┄ 161

4.4.8 混凝土入仓温度 ┄┄┄┄┄┄┄┄┄┄┄┄┄┄ 163

4.4.9 气温日变幅 ┄┄┄┄┄┄┄┄┄┄┄┄┄┄┄┄ 165

4.4.10 风速 ┄┄┄┄┄┄┄┄┄┄┄┄┄┄┄┄┄┄ 166

4.4.11 整体预制 ┄┄┄┄┄┄┄┄┄┄┄┄┄┄┄┄ 168

4.4.12 渡槽跨度 ┄┄┄┄┄┄┄┄┄┄┄┄┄┄┄┄ 169

4.5 湿度场及干缩应力 ┄┄┄┄┄┄┄┄┄┄┄┄┄┄┄┄ 170

4.5.1 湿度场 ┄┄┄┄┄┄┄┄┄┄┄┄┄┄┄┄┄┄ 170

4.5.2 干缩应力 ┄┄┄┄┄┄┄┄┄┄┄┄┄┄┄┄┄ 171

4.5.3 影响因素 ┄┄┄┄┄┄┄┄┄┄┄┄┄┄┄┄┄ 171

4.6 运行期温度场及温度应力 ┄┄┄┄┄┄┄┄┄┄┄┄┄ 174

4.6.1 夏季日照 ┄┄┄┄┄┄┄┄┄┄┄┄┄┄┄┄┄ 174

4.6.2 秋冬季寒潮 ┄┄┄┄┄┄┄┄┄┄┄┄┄┄┄┄ 177

4.6.3 夏季暴雨 ┄┄┄┄┄┄┄┄┄┄┄┄┄┄┄┄┄ 189

4.7 大型 U 形混凝土渡槽开裂机理及防裂方法 ┄┄┄┄┄┄ 192

4.7.1 开裂机理 ┄┄┄┄┄┄┄┄┄┄┄┄┄┄┄┄┄ 192

4.7.2 防裂方法 ┄┄┄┄┄┄┄┄┄┄┄┄┄┄┄┄┄ 194

第5章 大流量混凝土渡槽裂缝控制技术 ┄┄┄┄┄┄┄┄┄┄ 196

5.1 一般规定 ┄┄┄┄┄┄┄┄┄┄┄┄┄┄┄┄┄┄┄┄┄ 196

5.2 原材料选择与配合比优化 ┄┄┄┄┄┄┄┄┄┄┄┄┄ 197

5.2.1 原材料选择 ┄┄┄┄┄┄┄┄┄┄┄┄┄┄┄┄ 197

5.2.2 配合比优化 ┄┄┄┄┄┄┄┄┄┄┄┄┄┄┄┄ 198

5.3 混凝土的热学、力学、变形等参数确定 ┄┄┄┄┄┄┄ 199

5.3.1 线膨胀系数 ……………………………………… 199
5.3.2 导热、导温和比热系数 ……………………… 199
5.3.3 表面放热系数 …………………………………… 199
5.3.4 混凝土绝热温升 ………………………………… 200
5.3.5 早期自收缩 ……………………………………… 200
5.3.6 干燥收缩 ………………………………………… 200
5.3.7 徐变系数 ………………………………………… 201
5.3.8 松弛系数 ………………………………………… 201
5.3.9 极限拉应变 ……………………………………… 201
5.4 大型混凝土渡槽抗裂设计 ……………………………… 201
5.4.1 抗裂设计总体要求 ……………………………… 201
5.4.2 抗裂设计分析方法 ……………………………… 202
5.4.3 渡槽侧墙抗裂设计 ……………………………… 206
5.4.4 渡槽底板抗裂设计 ……………………………… 207
5.4.5 渡槽纵梁抗裂设计 ……………………………… 209
5.4.6 渡槽端部大体积混凝土结构抗裂设计 ……… 210
5.5 间接作用裂缝施工控制措施 …………………………… 210
5.5.1 选择施工方法 …………………………………… 210
5.5.2 入仓温度 ………………………………………… 210
5.5.3 表面保温 ………………………………………… 211
5.5.4 埋设冷却水管 …………………………………… 211
5.5.5 制定养护措施 …………………………………… 211
5.5.6 混凝土温湿度监控 ……………………………… 212
5.5.7 施工管理 ………………………………………… 213
5.6 渡槽运行管理 …………………………………………… 213
5.6.1 定期检查 ………………………………………… 213
5.6.2 及时报警 ………………………………………… 214
5.6.3 建立管理档案 …………………………………… 214
附录 A 混凝土热学、力学和变形等参数确定 ……………… 215
A.1 线膨胀系数 ……………………………………………… 215
A.1.1 不同骨料硬化后混凝土的线膨胀系数 ……… 215

      A.1.2　早龄期混凝土的线膨胀系数随龄期的变化规律 ………… 215

  A.2　导热、导温系数和比热 ……………………………………… 216

      A.2.1　不同骨料混凝土的导热、导温系数和比热 ………… 216

      A.2.2　早龄期混凝土的导热和导温系数随龄期的变化规律 …… 217

  A.3　表面等效放热系数 …………………………………………… 219

  A.4　混凝土绝热温升 ……………………………………………… 219

  A.5　早期自收缩 …………………………………………………… 220

  A.6　干燥收缩 ……………………………………………………… 220

  A.7　徐变系数 ……………………………………………………… 221

  A.8　松弛系数 ……………………………………………………… 222

  A.9　极限拉应变 …………………………………………………… 224

附录 B　矩形及 U 形渡槽典型部位示意图 …………………………… 226

附录 C　混凝土结构施工期截面最高温度与内外最大温差 ………… 227

附录 D　侧边连续外部约束系数 ……………………………………… 231

附录 E　内部约束系数 ………………………………………………… 235

参考文献 ………………………………………………………………… 236

第 1 章
绪　　论

1.1　混凝土渡槽的结构体系

渡槽是水流跨越河流、渠道、道路、山谷等障碍的架空输水建筑物,是灌区和调水工程水工建筑物中应用最广的交叉建筑物之一[1]。

渡槽结构形式简单,基本上是由槽身、支撑结构、基础及进出口建筑物等组成[2]。渡槽槽身搁置在支承结构之上,槽身重量及槽中的水重通过支承结构传给基础,再由基础将荷载传至地基。渡槽的类型一般根据输水槽身及其支承结构的类型而划分。槽身及其支承结构的类型各式各样,所采用材料又有不同,加之施工方法也各异,因而分类方式甚多,如表 1-1 所示。渡槽分类方法虽然甚多,但能反映渡槽的结构特点、受力状态、荷载传递方式和结构计算方法区别的则是按断面形式和支承类型分类。

表 1-1　渡槽类型划分[3]

分类依据	渡槽类型
施工方法	现浇整体式、预制装配式、预应力渡槽
建造材料	木渡槽、砖石渡槽、混凝土渡槽、钢筋混凝土渡槽
断面形式	矩形槽、U 形槽、梯形槽、圆形槽
支承类型	梁式、拱式、桁架式、斜拉式

（1）按断面形式分

混凝土渡槽根据断面形式可分为矩形槽、U 形槽、梯形槽、圆形槽等,如图 1-1 所示。

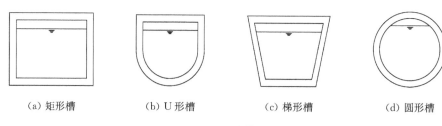

   (a) 矩形槽   (b) U 形槽   (c) 梯形槽   (d) 圆形槽

图 1-1   混凝土渡槽断面形式

  矩形渡槽:矩形槽身整体刚度较大,纵向挠度较小,槽身预制施工比较简单(如图 1-2 所示),但同时槽身迎风面与背风面都是竖直的平面,对风的阻力较大。在矩形渡槽中,水荷载主要由底部纵梁承担,侧墙以承受侧向水压力为主,同时承担部分竖向水荷载。此类渡槽在纵向受力中,侧墙刚度远远大于底部纵梁,底部纵梁的跨中挠度大于侧墙挠度,底板受力比较复杂。当渡槽顶部设有拉杆时,矩形断面两侧墙间的联系得以加强,同时拉杆作为侧墙在顶部的支点,对结构受力有利。

图 1-2   矩形渡槽

  U 形渡槽:以 U 形断面钢筋混凝土或钢丝网水泥薄壳渡槽并以排架支撑的结构形式为主,如图 1-3 所示,具有以下优点[4]:

  ① 造型好,水力条件优越;

  ② 结构简单、受力明确;

  ③ 纵向刚度大、受力条件好,结构有足够的强度、刚度、稳定性,结构安全可靠,同时由于迎风面大部分呈圆弧面,对风的阻力较小,抗风稳定性较为有利;

  ④ 施工方便,能适用于多种施工方案,容易实现吊装方案;

  ⑤ 结构重量小,节省工程量和工程投资;

  ⑥ 便于工厂化生产及管理,质量容易保证。

图1-3 U形渡槽

梯形渡槽:预制施工较为简单,但横向受力条件不利。由于迎风与背风面都是倾斜的,对风的阻力较小,抗风稳定性有利。

圆形截面:横向受力条件与抗风稳定性最有利,但施工较为复杂。

由于矩形渡槽和U形渡槽的优越性突出,目前大流量渡槽槽身横断面常采用上述两种断面形式。

(2)按支承类型分

梁式渡槽:梁式渡槽采用重力墩或排架作为支承结构,如图1-4所示。置于墩(架)顶部的槽身既起输送水的作用,又承受荷载起到纵向梁作用。槽身在竖向荷载作用下产生弯曲变形,支承点处只产生竖向反力。梁式渡槽结构简单、施工吊装方便,是目前最常用的渡槽形式,根据支承点数目及布置位置的不同可分为简支、双悬臂、单悬臂及连续梁四种形式。

拱式渡槽:拱式渡槽的轴线一般为曲线或折线形(如图1-5所示),其受力特点是在竖向荷载作用下拱趾将产生水平推力,出现水平推力的条件是拱趾须有水平向约束。拱式渡槽与梁式渡槽的不同之处在于槽身与墩台之间增设了主拱圈和拱上结构。拱上结构将上部荷载传给主拱圈,主拱圈再将拱上传来的铅直荷载转变为轴向压力,并给墩台以水平推力。主拱圈有不同的结构形式,如板拱、肋拱、箱型拱和折线拱等。

图1-4 梁式渡槽

图1-5 拱式渡槽

桁架式渡槽:桁架式渡槽可分为桁架拱式和桁架梁式。桁架拱式渡槽是用横系梁、横隔板及剪刀撑等横向联系将数榀桁架拱片连接而成的整体结构。桁架拱片是主要承重结构,其下弦杆或上弦杆做成拱形,使之从受力上讲既是拱形结构同时又兼具桁架的特点。而梁式桁架是指在竖向荷载作用下支承点只产生竖向反力而不产生水平向推力的桁架,其作用及受力特点与梁相同(如图 1-6 所示)。梁式桁架有简支和双悬臂两种类型。

斜拉式渡槽:由上部结构的主梁、斜拉索、塔架及下部结构的槽墩、槽台组成(如图 1-7 所示),拉索作为槽身的支撑点,槽身主要承受轴向力和弯矩。由于采用钢筋混凝土槽身作为偏心受压构件,高强钢材作为拉索成为受拉构件,斜拉式渡槽可以充分利用材料,结构经济合理。该类型渡槽具有自重轻、跨度大、造型美观的优点,施工时可以减少基础墩、缩短施工期,节约工时费及管理费。此外,斜拉式渡槽的自重、水重等荷载基本上是全槽均匀分布,若整体布置得当,可使槽身尽量不受或少受弯矩的作用,保证塔身纵向稳定。

图 1-6　桁架式渡槽　　　　　　　　　图 1-7　斜拉式渡槽

1.2　混凝土的间接作用

1.2.1　间接作用的定义

混凝土的结构设计,主要是在各种作用下对结构的极限状态进行设计。该作用是指能使结构产生效应(包括内力、变形、应力、应变、裂缝等)的各种原因的总称,包括施加在结构上的集中力或分布力所引起的直接作用和能够引起结构外加变形或约束变形的间接作用。

对结构上的作用过去也曾笼统地统称为荷载,但"荷载"这个术语用于温度变化、材料的收缩和徐变、焊接变形、地基变形或地面运动引起的作用时并不恰当,这类作用在结构设计时不是以力的形式输入结构系统,而是通过温度、变形和加速度等强制或约束变形输入结构系统,将它们称为荷载会混淆两种性质不同的作用而产生误解。

《混凝土结构设计规范(GB 50010—2010)》明确指出,"当混凝土的收缩、徐变以及温度变化等间接作用在结构中危及结构的安全或正常使用时,宜进行间接作用效应的分析,并应采取相应的构造措施和施工措施"。《建筑结构荷载规范(GB 50009—2012)》对涉及建筑结构的荷载和温度作用做出了规定。此外,《建筑抗震设计规范(GB 50011—2010)》中则对地震作用这一间接作用作出了相关规定。《混凝土结构设计规范(GB 50010—2010)》同时指出,"大体积混凝土结构、超长混凝土结构等约束积累较大的超静定结构,在间接作用下的裂缝问题比较突出,宜对结构进行间接作用效应分析"。

因此,本书所关注的间接作用,涉及《混凝土结构设计规范(GB 50010—2010)》指出的混凝土的温度作用、收缩、徐变和约束等,具体包括混凝土温度作用、自生体积收缩、干燥收缩、徐变变形,外界或老混凝土对新浇筑混凝土的外约束及不同部位之间的内约束。

1.2.2　间接作用的种类与特点

混凝土结构承受的间接作用,在不同的龄期所呈现的特点也不同。在混凝土浇筑的早期,即施工期,占主导作用的间接作用为混凝土水化热引起的温度作用、自生体积收缩、干燥收缩和内外约束;混凝土凝结硬化后,运行期混凝土结构的间接作用主要来自环境温度导致的温度作用和徐变影响。

1.2.2.1　温度作用

《水工混凝土结构设计规范(DL/T 5057—2009)》指出,温度作用分混凝土浇筑施工期和结构运行期。施工期混凝土结构的初始温度状态为混凝土的浇筑温度,随着胶凝材料水化的进行,混凝土中不断产生水化热,导致混凝土温度持续上升,此后由于天然冷却或人工冷却,以及与外界环境的热对流、热交换等作用,温度逐渐降低。当混凝土结构温度逐渐降低,仅与外界环境的气温或水温相关,而与建筑物初始条件(浇筑温度、水化热等)无关时,则该混凝土结构进入了运行期。

因此,施工期应考虑外界气温、混凝土浇筑温度、胶凝材料水化热、调节结构温度状态的人工温控措施(水管冷却等)、建筑物基底及相邻部分的热传导。运行期应考虑外界气温、水温、结构表面日照影响。特别需要注意的是,运行期可能面临的一些极端工况:夏季强烈的太阳辐射导致混凝土结构外表面的温度骤然上升;当高温天气加上太阳辐射持续时间长,混凝土结构整体温度较高时,突然暴雨来临,数小时内,外界气温骤降,受其影响混凝土外表面温度急剧降低,导致混凝土内外温差增大;秋冬季的寒潮工况又是另一种极端工况,寒潮是由于冷空气入侵造成的急速降温,一天降温幅度达到 10 ℃以上,并常常会伴有 7 级以上大风,使得混凝土结构表面与空气接触面的温度急剧下降,从而使混凝土内外产生较大的温差。上述三种情况其本质是导致混凝土结构内外温差短时间内突然增大,从而产生较大温度应力,可能导致混凝土裂缝的出现,继而危害结构安全。

1.2.2.2 自生体积收缩

混凝土的自生体积变形是在恒温、绝湿条件下,由胶凝材料的水化作用所引起的混凝土的体积变形。它主要取决于水泥品种、水泥用量及掺用混合材料的种类。用普通硅酸盐水泥拌制的混凝土的自生体积变形基本都是收缩。因此,往往将混凝土自生体积变形称为自生体积收缩,简称自收缩。使用矿渣水泥拌制的混凝土或加入一定量膨胀剂的混凝土,早期自生体积也可能表现为膨胀。混凝土的自生体积变形一般在 $20\sim100\ \mu\varepsilon$ 范围内,约相当于 $2\sim10$ ℃的温度变化。但对于低水灰比、高胶凝材料用量、高强度的混凝土,例如 C50 及以上混凝土,其自收缩则会大幅度增加,甚至会达到 $200\sim300\ \mu\varepsilon$。

1.2.2.3 干湿变形

由湿度变化而引起的体积变形为干湿变形。混凝土失去水分时会产生收缩,而吸收水分时产生膨胀。薄壁结构混凝土的比表面积较大坝等其他大体积混凝土大得多,其水分散发速度和散发量相对较快、较大。混凝土不均匀的湿度场会引起结构各部位不同的干缩变形。

1.2.2.4 徐变

徐变也称为蠕变,是材料在任意荷载、任意大小应力作用下,结构随时间增加而产生的一种非弹性性质。和收缩不同,徐变能够缓和结构所承受的应力,增加混凝土的极限拉伸。对于本书所讨论的混凝土温度收缩裂缝控制而言,能起到缓解应力特别是早期拉应力的作用。

混凝土的徐变特性在混凝土结构中表现为两种情况:一种是变形不变时,应力随着时间的增加而减少,称为应力松弛。另一种是应力不变时,变形随着时间的增加而增加,称为徐变变形。

本书考虑了混凝土弹性模量随等效龄期的变化规律,在引入朱伯芳《大体积混凝土温度应力与温度控制》中所述徐变本构的基础上,嵌入了研究团队通过前期试验研究所获得的徐变本构,通过 ANSYS 的二次开发功能,实现了考虑徐变本构的间接作用计算模块。

正如《水工混凝土结构设计规范(DL/T 5057—2009)》所述,"大体积混凝土结构在温度作用下的应力宜根据徐变应力分析理论的有限元法计算",本书基于 ANSYS 软件的二次开发功能,考虑了混凝土徐变本构、收缩变形和温度作用,简单易用、方便高效。

1.3　间接作用下混凝土三维有限元仿真技术

1.3.1　结构仿真软件

对于渡槽施工期温度效应仿真分析,由于施工期混凝土热、力学参数随时空变化复杂,已有文献[5-8]等均为自编程序。世界上最早把有限元时间过程分析方法引入混凝土温度应力分析的是美国加州大学的 E. L. Wilson 教授,他于 1968 年为美国陆军工程师团研制模拟大体积混凝土结构分期施工温度场的二维有限元程序 DOT-DICE,并用于德沃歇克坝(Dworshak Dam)的温度场计算,还和他人合作研制了考虑混凝土徐变的应力分析程序。由于当时很难提出一个可靠的弹性模量和徐变随龄期的变化关系,因此与 DOT-DICE 同一时期编制的混凝土温度场应力场仿真程序一直未考虑徐变影响。在 1998 年第 16 届国际大坝会议上,Ditchey E. J.等介绍了利用微型计算机模拟 Monksville 碾压混凝土坝的施工过程,并用一维水平热流估算内部温度;Yonezawa. Takushi 等用二维模型计算了 Misogawa 堆石坝混凝土围堰的温度与应力分布,在温度和温度应力仿真分析时考虑了时间因素,徐变则是通过减少混凝土弹性模量考虑的。河海大学在 1990 年至 1992 年间结合小浪底工程完成了大体积混凝土结构的二维、三维有限元仿真程序系统 TCSAP,该系统具有较丰富的前后处理和图形输出技术,能够对混凝土从施工期到运行期全过程进行仿真模拟[9,10]。天津大学李广远教授、赵代深教授结合国家攻关项目在混凝土坝全过程多因素仿真分析等方面通过自编程序取得了一批成果[11]。朱伯芳院士对大体积混凝土结构的温度控制和设计建立了整套理论[12],并自编了国内第一个瞬态温度场有限元程序、第一个混凝土温度徐变应力场有限元程序,为几个重大水利水电工程提供了一批计算成果。

大型混凝土渡槽防裂精细化分析对仿真软件要求高,完善、方便、可视化的前后处理功能,以及能考虑工程中可能遇到的影响混凝土开裂的各种影响因素的计算分析功能等必不可少。但是目前国内外不少科研单位自行开发研制的各种混凝土温度场应力场仿真计算程序一般是根据研究与具体工程需要进行,彼此之间相互独立,可读性差、通用性低、维护成本高,前期数据准备和后期结果整理分析工作量巨大,且各种功能不全,不能够比较全面地解决工程中可能遇到的关键问题。

有限元作为一种数值计算方法,在目前科学研究和工程中得到了广泛而深入的应用。各种大型商业软件也日趋成熟,如 ANSYS、SAP、MIDAS、ABAQUS、DIANIA 等 CAE 软件大量普及,已然成为高等院校、科研院所和工程技术人员开展科学研究和工程应用的利器。然而,这些软件均没有适合直接计算混凝土早期应力的模块,需要进行二次开发。

1.3.2 ANSYS 二次开发技术

ANSYS 软件是国内流行较早、用户群较多的大型通用商业有限元分析软件,科研人员和工程技术人员大多非常熟悉。更重要的是 ANSYS 软件功能强大,集结构、流体、电磁等多物理场于一体,前后处理功能和计算分析能力强大,用户交互友好,基本满足工程结构三维仿真计算的功能需求。也正因为其通用性和易用性,ANSYS 强大的功能并不能完全覆盖所有特定专业问题的深入计算分析,因此无法满足各类科技研发和工程应用的需要。

但是 ANSYS 为用户提供了多个二次开发工具:APDL(参数化设计语言)主要用于完成通用性强的任务,如参数化建模、创建专用分析程序;UPFs(用户可编程特性)用于从 FORTRAN 源代码的层次对 ANSYS 进行二次开发,包括开发材料本构模型、开发新单元、定义用户荷载等;UIDL 和 Tcl/Tk 用于创建用户定制界面。本书重点以 APDL 语言进行参数化分析和利用 UPFs 开发混凝土材料的徐变本构模型。

笔者所在课题组曲卓杰博士[13]首先对 ANSYS 二次开发方法进行了初步探索,成功将混合强化模型加入 ANSYS 模型库中;李骁春博士[14]基于 ANSYS 软件提供的 UPFs,成功将混凝土徐变指数函数模型和弹性徐变方程隐式解法嵌入模型库,增加了 ANSYS 软件模拟混凝土早期温度徐变应力的计算功能。本书在课题组工作基础上,基于 ANSYS 及二次开发,对其已有的功能模块进行改造、扩充、整合,完善混凝土早期温度徐变应力计算模块,增加混凝土由于湿度扩散导致的干缩应力计算功能及运行期混凝土在日照辐射、寒潮降温、夏季暴雨等工况条件下温度应力仿真模块,开发、集成能考虑各种关键影响因素的大型渡槽混凝土施工期、运行期的间接荷载作用仿真分析程序,以便对渡槽混凝土开裂机理及裂缝控制措施进行定量、精细化分析。

1.4 混凝土渡槽裂缝及其成因

渡槽在施工期及运行期往往会承受两类荷载作用,一类为静荷载、动荷载等直接荷载;另一类为温度、收缩、不均匀沉降等间接荷载[15]。其中,根据导致渡槽开裂的间接成因,渡槽裂缝可细分为以下四类:

(1)水化放热引起的裂缝

渡槽多采用高强度混凝土,水泥等胶凝材料用量大、设计强度高,早期水化热大且水化速率快。但混凝土热传导性能差,当渡槽表面接近环境温度时,结构内部受水化放热影响仍处于高温状态,导致在结构内外形成较大温度梯度[16]。由于混凝土早期抗拉强度较低,当混凝土内部温度与环境气温之差大于 25 ℃时,混凝土因温差形成的表面拉应力将超过混凝土自身的抗拉极限,混凝土结构不可避免地产生表面裂缝[17]。同时,渡槽混凝土温度峰值过后,随着水化反应变慢,温度快速下降、产生较大的温度收缩,在外部约束作用下混凝土产生收缩拉应力,产生贯穿性裂缝[18]。

(2) 混凝土收缩引起的裂缝

混凝土自生体积收缩在基础或者先浇筑混凝土等外约束下,会产生较大的自收缩应力[19],叠加温降收缩应力会产生贯穿性裂缝。混凝土拆模后,水分向环境中散失产生干燥收缩和干燥收缩梯度,在内约束作用下产生干燥收缩应力,易产生表面裂缝[18]。

(3) 环境温变引起的裂缝

就混凝土渡槽工程结构而言,由于自然环境条件变化所产生的温度荷载,一般可分为以下三种类型:①日照温度荷载;②骤然降温温度荷载;③环境温度荷载。日照温度荷载主要是太阳辐射作用所致,还有气温变化和风速影响,在实际应用中可简化为只考虑太阳辐射和气温变化这两种因素。降温温度荷载一般只考虑气温变化和风速的影响[20]。

(4) 施工不当引起的裂缝

作为薄壁混凝土结构,渡槽在构件制作、运输、堆放、拼装等施工过程中,常因施工质量欠缺、施工工艺不甚合理产生纵向、横向、竖向、斜向、水平、表面、贯穿的等各种裂缝[21],且裂缝出现部位、走向以及宽度因裂缝产生的原因不同而有所不同。通常,导致裂缝产生的施工方面因素主要有:①振捣方式不当。不正确的振捣方式会造成混凝土分层离析、表面浮浆,从而使混凝土面层开裂,混凝土砂浆大量向低处流淌,使混凝土产生不均匀沉降收缩而在结构厚薄交界处出现裂缝。②养护不当。这是造成混凝土收缩开裂的最主要原因。混凝土浇筑后,若表面不及时覆盖,表面水分便迅速蒸发,很容易产生收缩裂缝,特别是在气温高、相对湿度低、风速大的情况下,干缩更容易发生。③违章施工。常见的违章施工操作有为保证泵送混凝土的流动性,现场人为加水,加水部分混凝土的强度有所降低;主要结构部位的模板支撑不利,或拆模过早也会造成混凝土强度的降低,而导致构件产生裂缝;混凝土养护工作管理不严,使得混凝土在早期强度增长时失水,收缩量加大而导致裂缝。

1.5　混凝土渡槽防裂措施

结合前人科学研究和实际施工经验,控制渡槽裂缝产生的主要措施有以下几方面[22-24]：

（1）材料

混凝土材料的选择直接影响混凝土的物理性能——收缩、不均匀性、徐变等，而这些性能与裂缝的产生有直接关系。水泥品种直接影响混凝土强度和水化热性能，水泥的标号越高、用量越大，混凝土的强度越大，但水化热也越大；骨料对混凝土抗拉强度和收缩有较大影响，骨料粒径越大，混凝土抗拉强度越高，收缩性越小，同时可间接降低混凝土水化热。

因此，从混凝土材料来看主要是选择水化热较低、强度较高、坍落度损失较小的水泥，减少水泥用量；优化水灰比，减小用水量；选用热膨胀系数小、含泥量低、级配连续、粒径较大、较粗糙的骨料；添加一些矿物（如粉煤灰、沸石粉、矿渣、硅灰等）改善混凝土性能；掺加减水剂、膨胀剂、缓凝剂等外加剂减少用水量，改善混凝土性能。

（2）结构设计

从结构设计方面来说，对结构进行抗裂设计主要是指合理的设计结构断面，避免结构断面的突变，减小应力集中；在结构薄弱部位合理布置钢筋，尽量采用小直径、小间距，约束混凝土的塑性变形，从而分担混凝土的内应力，推迟混凝土裂缝的出现同时也提高了混凝土的极限拉伸能力[25]；采用"抗"与"放"相结合的设计原则，即"抗放兼施"的方法，采取的主要形式有后浇带、应力释放带、膨胀加强带等[26]。

（3）施工技术

施工技术方面主要是降低浇筑温度、控制混凝土降温速度，减小基础温差、内外温差，避免表面温度骤降等。为达到这个目的，施工时需要采取的措施主要有以下六个方面[27]：

① 尽可能在低温季节浇筑混凝土，但温度也不易过低。

② 控制混凝土的出机温度，可向骨料喷射水雾或使用前用冷水冲洗骨料。

③ 当混凝土运输距离较远且气温较高时，可采取简易的遮阳措施，避免阳光直射。

④ 控制混凝土拌合物温度，夏季可采用冷水拌和混凝土，冬季可采用热水拌和混凝土。

⑤ 采取人工降温措施，主要有在混凝土中预埋冷却水管，循环通水冷却；对混凝土表面洒水，进行外部冷却；采用表面绝热保温措施，在混凝土表面覆盖保温材料，以减少内外温差、降低混凝土表面温度梯度。

⑥ 采取合理的分块分层浇筑方法以及合理的浇筑间歇时间，夏季宜在夜间浇筑混凝土，冬季宜在白天浇筑混凝土。

（4）施工养护

混凝土早期强度较低，受外界影响较大，是混凝土结构产生裂缝的主要时期，所以做好混凝土结构的早期养护工作对结构抗裂尤为重要。采取的措施主要有[28]：

① 控制拆模时间，尽量延长拆模时间和选择恰当的拆模时机；

② 当混凝土暴露在较低的环境温度中时，对混凝土进行表面保温，注意保温层的分层设置并且做到能逐层撤去；

③ 向混凝土表面洒水或采用密封剂来避免干缩的影响；

④ 夏季施工时还应避免阳光直射。

第2章
间接作用下混凝土渡槽仿真分析

ANSYS 软件是目前流行的大型通用商业有限元分析软件之一,在高等院校、科研院所、设计和施工单位均有较大的用户群。本书以 ANSYS 作为二次开发平台,开发混凝土渡槽在间接作用下的仿真分析技术。文献[12]对混凝土热传导方程、施工期及运行期温度场、温度应力基本理论、有限元求解格式做了详细论述,本书不再赘述,将直接引用相关理论、公式用于相关仿真分析技术在 ANSYS 软件中的实现。

2.1 ANSYS 温度作用仿真分析通用模块

2.1.1 热分析模块

ANSYS 热分析基于能量守恒原理和热平衡方程,通过施加温度、热流率、热流密度、对流、辐射、绝热和生热等边界条件和初始条件,求解即可得到节点的温度、温度梯度、热流率等结果。

ANSYS 热分析中涉及的单元大约有 40 多种,可分为线性单元(LINK)、二维实体单元(PLANE)、三维实体单元(SOLID)、壳体单元(SHELL)、点单元(MASS)等,文中主要用到的热分析单元为 SOLID70、SURF152 和 FLUID116。

SOLID70 单元具有三维热传导能力,该单元有 8 个节点,每个节点有一个温度自由度,适用于三维稳态和瞬态热分析,实际工程建模分析时可以根据需要退化为 6 节点棱柱形、4 节点锥形,以便模拟较复杂结构。施加温度荷载时,对流换热或热流密度以及热辐射作为单元边界上的面载荷输入,生热率作为单元节点上的体载荷输入,同时具有生死功能,可以用来模拟大型混凝土渡槽施工期分层浇筑过程。该单元在热分析结束之后还方便转换为 SOLID45 进行结构应力分析。SOLID70 单元几何形状、节点位置和坐标系见图 2-1。

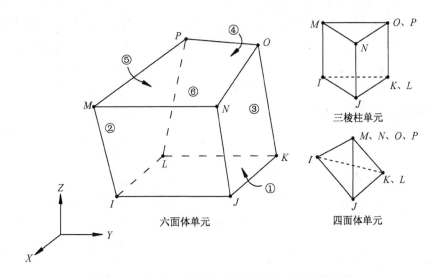

图 2-1　SOLID70 单元几何形状、节点位置和坐标系

SURF152 单元为三维表面热效应单元,类似一层皮肤覆盖在实体单元的表面,利用实体表面的节点形成单元,该单元不增加节点数量,只增加单元数量。该单元具有以下功能:①当某个表面必须同时施加热流密度和热对流两个边界条件时,可以将其中一个施加于实体表面,而另一个施加于表面效应单元上,一般将热对流边界施加于表面效应单元;②可将热对流边界中的流体温度施加于孤立节点上,将对流系数施加于表面单元,可更灵活地控制对流荷载;③当对流系数随温度变化时,表面效应单元可提供设置计算对流系数的选项;④可以模拟点与面的辐射传热。因此可以用来模拟大型渡槽运行期日照辐射工况下渡槽表面吸收太阳辐射热量和与空气对流。SURF152 单元几何形状、节点位置和坐标系见图 2-2。

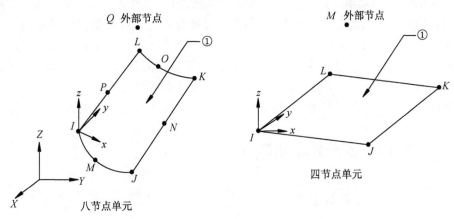

图 2-2　SURF152 单元几何形状、节点位置和坐标系

FLUID116 单元为三维热-流管单元,具有两主节点间的热传导和流体传输能力,包含两种不同类型的自由度:温度和/或压力,流体内的热传导及流体的质量传输作用引起热流,可以通过附加节点考虑与 SURF152 单元的对流效应,适用于稳态或瞬态热分析。在进行热-结构耦合分析时,直接转化为等效的结构单元或消失。因此与 SURF152 单元联合应用可以用来模拟大型渡槽施工期水管冷却(铁质或塑料水管)温控措施。FLUID116 单元几何形状、节点位置和坐标系见图 2-3。

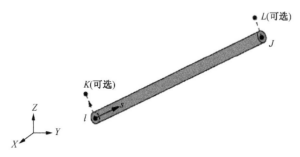

图 2-3　FLUID116 单元几何形状、节点位置和坐标系

2.1.2　温度应力分析模块

混凝土渡槽施工期及运行期温度应力及干缩应力仿真计算是结构静力分析,属于静荷载作用下的结构响应。

ANSYS 结构静力分析中涉及的单元可分为线性单元(LINK)、梁单元(BEAM)、管单元(PIPE)、二维实体单元(PLANE)、三维实体单元(SOLID)、壳体单元(SHELL)、接触单元(CONTACT)等,本书中主要用到的结构应力分析单元为 SOLID45 和 SOLID185。

SOLID45 单元用于建立三维实体结构模型,具有 8 个节点,每个节点有节点坐标系的三个方向的平动自由度,实际工程建模分析时可以根据需要退化为 6 节点棱柱形、4 节点锥形,以便模拟较复杂结构,在渡槽运行期温度场分析完毕后可以直接读入温度场结果文件(.RTH)进行结构温度应力计算。SOLID185 单元性质基本同 SOLID45,其不同之处在于 ANSYS 软件支持对其进行二次开发,比如添加本构关系等。SOLID45 单元几何形状、节点位置和坐标系可参见图 2-1。

2.2　ANSYS 二次开发基本工具

2.2.1　APDL 语言与宏命令

ANSYS 软件提供了两种工作模式,即人机交互方式(GUI 方式)和命令流输入方式(BATCH)方式。对于前者,初级用户只要用鼠标在图形界面上进行操作即可,容易掌握。对于后者,ANSYS 提供了参数化设计语言 ANSYS Parametric Design Language(简称 APDL),是一门可以自动完成有限元常规分析操作或通过参数化变量方式建立分析模型的脚本语言,用建立智能化分析的手段为用户提供自动完成有限元分析过程,提供一种逐行解释性的编程语言工具,可以很好地用于实现参数化的有限元分析、批处理、专用分析系统的二次开发以及设计优化等。APDL 是 ANSYS 的高级分析技术之一,也是 ANSYS 高级应用的基础,是 ANSYS 不可缺少的重要技术,有如下优点:

① 可以减少大量的重复工作,特别适用于经少许修改后需要多次重复计算的场合;

② 便于保存和携带,一个 APDL 的 ASCII 文件一般只有数十千字节;

③ 不受 ANSYS 软件的系统操作平台的限制,即用户使用 APDL 文件既可以在 Windows 平台上进行交流,也可以在 UNIX 或其他操作平台上运行;

④ 不受 ANSYS 软件版本的限制。

APDL 的基本要素包括支持 APDL 的菜单操作,变量、数组与表参数及其用法,数据文件的读写,数据库信息的访问,数学表达式,使用函数编辑器和加载器,矢量与矩阵运算,内部函数,流程控制,宏与宏库以及定制用户图形界面。这些技术要素是 APDL 的编程语言的组成部分,可以将 ANSYS 的命令按照一定顺序组织起来,并利用参数实现数据的交换和传递,实现有限元分析过程的参数化和批处理。APDL 的应用除包括参数化的建模、加载、求解、后处理等基本技术外,还包括专用分析系统的开发,界面系统开发以及必须基于 APDL 的优化设计技术。

用户可以将一些常用的 APDL 写的命令流记录在一个宏文件中,通过宏文件可以更加有效地制定用户自己的 ANSYS 命令。所谓宏就是一系列命令集合,这些集合被 ANSYS 执行,以完成某个独立的操作。把想使用的 ANSYS 命令编辑到宏文件中,当运行该宏文件时相当于运行了自己创建的命令。事实上,宏类似于 FORTRAN 或者 C 语言中的函数或者过程,它可以传递变量。宏文件可以使用记事本、写字板等软件创建。宏文件的创建有以下几点规定:

① 宏名不能超过 32 个字符;

② 宏名不能用数字开头;

③ 文件的扩展名应为". mac";

④ 文件名不能包含系统所禁止的任何字符。

本书的大型混凝土渡槽建模、分析流程控制等均基于 APDL 编制,重要分析流程控制编制为宏文件,例如基于水化度的热分析、太阳辐射强度随时间变化等。

2.2.2 用户可编程特性 UPFs

UPFs(User Programmable Features,用户可编程特性,简称 UPFs)是 ANSYS 软件提供的具有强大功能的二次开发工具,允许用户根据需要定制 ANSYS 程序,如用户自定义材料性质、自定义单元类型、自定义失效准则等,还允许用户将自己编写的 FORTRAN 程序嵌入到 ANSYS 中,生成一个用户版本的 ANSYS 程序。

由于 UPFs 是一种非标准的使用方法,基于其开发的用户子程序并没有通过 ANSYS 公司质量保证测试,因此用户必须确保开发的用户子程序结果正确,并且不影响其他标准功能的运行。典型的 UPFs 开发包括下列步骤:

① 在 FORTRAN 中编写用户自定义程序;

② 编译并将用户程序连接到 ANSYS 程序中;

③ 通过测试几个 ANSYS VERIFICATION MANUAL 中的例题来验证用户做的改动是否影响其他 ANSYS 标准功能的使用;

④ 检验用户子程序的可靠性。

UPFs 编写可以采用两种计算机语言,FORTRAN 语言或 C 语言。早期的 ANSYS 程序是采用 FORTRAN77 语言编写的,后来又加入了 C 语言程序。因此,编写子程序的计算机语言版本应当高于 FORTRAN77 或者采用 C 语言。用户程序完成后形成程序代码文件(∗.F 或 ∗.C),首先要转换成目标文件(∗.OBJ),这项工作是由编译器(COMPILER)完成。

要实现用户程序与 ANSYS 程序的链接,需要用到一个非常重要的编译命令 NMAKE 及其描述文件 MAKEFILE。对于一个包括几百个源文件的应用程序,使用 NMAKE 和 MAKEFILE 文件就可以简洁明快地理顺各个源文件之间纷繁复杂的相互关系。NMAKE 命令可自动完成编译工作,并且可以只对程序员在上次编译后修改过的部分进行编译。

根据 ANSYS 版本的不同,用户应选择相应版本的 FORTRAN 程序或 C 语言程序进行编译。ANSYS 5.7 对应可以使用 FORTRAN77 编译器,而对于高版本 ANSYS 则需要 COMPAQ FORTRAN6.6 以上版本。编译链接的主要步骤如下:

① 建立一工作目录;

② 将 ANSYSEX.DEF,MAKE FILE,ANSCUST.BAT 和用户编写的子程序文件拷入工作目录,其中,文件 ANSYSEX.DEF 是提供给编译器用来对输出的可执行文件进行定义的文本,此文件是唯一的,由 ANSYS 公司提供,负责描述源程序之间的相互关系;

③ 执行具体的编译器即可完成编译链接工作,在当前工作目录下便会生成可

执行文件 ANSYS. EXE,至此编译链接工作完成。

不同目的的二次开发对应不同的用户子程序,同时在使用这些子程序的时候需运行 ANSYS 的某些命令将其自动激活。本书中大型混凝土渡槽早期温度应力分析正是基于 UPFs 编制温度徐变应力场子程序,实现基于 ANSYS 混凝土早期徐变应力计算模块。

2.3　混凝土渡槽施工期温度场仿真

大型渡槽工程大多采用高性能泵送混凝土,和普通混凝土相比,水泥等胶凝材料含量多,水化热大且水化速率快,浇筑早期在内部水化热、外部环境温度变化及温控措施(比如水管冷却)的影响下,渡槽混凝土温度场在时间和空间上发生剧烈变化。施工期混凝土的温度场仿真分析不仅是预测混凝土温度变化的必要、有效的方法,为制定温控措施提供重要依据,同时也是温度应力仿真的关键和前提。ANSYS 软件虽然具有上述专门的热分析模块,但要直接应用到混凝土早期温度场分析,如水泥水化热荷载施加、考虑浇筑温度和温度历程对温度场的影响、冷却水管模拟等,还需要开展一定的研究,对相关功能进行整合并进行必要的二次开发,编制专门的热分析模块才能进行实际分析计算。

混凝土绝热温升是混凝土温控的一个重要因素,它影响到混凝土的最高温度、基础温差和内外温差,但目前常用的绝热温升表达式,由于只考虑了混凝土龄期的影响,而没有考虑混凝土温度历程和水化反应完成程度的影响,使得计算的温度场不能完全反映实际情况。例如,混凝土内部的温度较高、水泥水化反应较快,混凝土绝热温升上升较快,而表面温度较低,混凝土绝热温升上升较慢[29-35],现有的计算方法忽略了这些因素,使得算出的内外温差偏小。朱伯芳院士建议采用复合指数式来考虑温度对混凝土水泥水化反应放热速率的影响[36],张子明教授提出了有效时间的概念来反映温度对水泥水化反应速率的影响[37-41]。目前,国外一般都采用基于等效龄期的水化度概念来考虑温度对混凝土反应速率的影响。

2.3.1　主要热分析参数

2.3.1.1　等效龄期

1889 年瑞典化学家 S. A. Arrhenius 研究蔗糖水解速率与温度的关系时提出了著名 Arrhenius 方程式[42]:

$$k(T) = Ae^{\frac{E_a}{RT}} \tag{2-1}$$

式中,$k(T)$为反应速率;A 为常数;E_a 为实验活化能,J/mol;R 为气体常数,等于

8.314 4 J/(mol·K);T 为绝对温度,K。

套用式(2-1)来表达混凝土早期水化反应速率与温度的关系,则温度对水化反应速率的影响服从以下 Arrhenius 方程:

$$\frac{\mathrm{d}(\ln k(t))}{\mathrm{d}T} = \frac{E_a}{RT^2} \qquad (2\text{-}2)$$

由式(2-2)可以看出,在温度分别为 T_1 和 T_2 时,水化反应速率之比 k_1/k_2,可以表示为:

$$\frac{k_2}{k_1} = \exp\left(\frac{E_a}{R}\left(\frac{1}{T_1} - \frac{1}{T_2}\right)\right) \qquad (2\text{-}3)$$

当温度高于 10 ℃时,普通水泥的活化能 E_a 可以近似地取为 63.552 kJ/(K·mol)。从式(2-3)可以得出,当混凝土水化温度分别为 40 ℃、30 ℃、20 ℃、10 ℃时,水泥水化反应速率比分别为 28.31、13.30、5.94、2.51,可以看出温度对水泥水化反应速率影响很大,混凝土早期温度在很大程度上依赖于混凝土的温度历史。

Byfors[43]、Niak[44] 和 Carino[45] 证实基于 Arrhenius 方程的等效龄期能很好地反映不同温度下混凝土强度的差别,随着该方程渐渐被研究者采用,基于该函数的等效龄期也被广泛采用来反映混凝土的水化反应等热学特性。1977 年,Freiesleben Hansen 和 Pedersen 提出基于 Arrhenius 函数的等效龄期函数[46],如式(2-4)所示:

$$t_e = \sum_0^t \exp\left(\frac{E_a}{R}\left(\frac{1}{273+T_r} - \frac{1}{273+T}\right)\right) \cdot \Delta t \qquad (2\text{-}4)$$

式中,t_e 为相对于参考温度的混凝土等效龄期,d;T_r 为混凝土参考温度,一般取 20 ℃;T 为时段 Δt 内的混凝土平均温度,℃。

运用等效龄期概念可以将不同温度条件下的水泥水化过程转化为恒定的参考温度下的水泥水化过程,从而可以比较不同养护温度和温度历程的混凝土水化反应和热学、力学特性。

2.3.1.2 水化度

混凝土水化度即水化反应程度,就是某一时刻胶凝材料参与水化反应的量与完全水化量的比值[47],如式(2-5)所示:

$$a(\tau) = \frac{W_c(\tau)}{W_{dol}} \qquad (2\text{-}5)$$

式中,$a(\tau)$ 为龄期 τ 时的水化度;$W_c(\tau)$ 为龄期 τ 时累积参加水化反应的胶凝材料量,kg;W_{dol} 为最终反应的胶凝材料总量,kg。

由于单位质量胶凝材料所产生的水化放热不变,因此可以采用水化放热量来

定义水化度,如式(2-6)所示:

$$a(\tau) = \frac{Q(\tau)}{Q_u} \tag{2-6}$$

式中,$Q(\tau)$ 为龄期 τ 时的累积水化反应放热量,J;Q_u 为最终水化放热量,J。

混凝土的水化放热特性可通过绝热温升来体现,根据其热学特性,有

$$Q(\tau) = c\theta(\tau), Q_u = c\theta_u \tag{2-7}$$

式中,c 为混凝土比热,kJ/(kg · ℃);$\theta(\tau)$ 为龄期 τ 时的混凝土绝热温升,℃;θ_u 为混凝土最终绝热温升,℃。

从而建立基于混凝土绝热温升的水化度表达式:

$$\alpha(\tau) = \frac{\theta(\tau)}{\theta_u} \tag{2-8}$$

由上式可知,和混凝土绝热温升一样,水化度受混凝土材料组成、自身温度的影响。对于同种混凝土而言,不同的龄期和温度历史,水化度也不同,因此混凝土的绝热温升可以用水化度来描述。

由上述混凝土等效龄期和水化度的概念可知,两者之间存在一定的函数关系,国外研究者在试验基础上提出了一些水化度与等效龄期的关系式[47],常用的主要包括以下四种:

(1) 复合指数式一[46][48]

$$a(t_e) = \exp\left(-\left(\frac{m}{t_e}\right)^n\right) \tag{2-9}$$

式中,t_e 为相对于参考温度的混凝土等效龄期,见式(2-4);$a(t_e)$ 为基于等效龄期 t_e 的水化度;m 为水化时间参数,常数;n 为水化度曲线坡度参数,常数。

(2) 复合指数式二[49]

$$a(t_e) = \exp(-\lambda_1 (\ln(1 + t_e/m))^{-n}) \tag{2-10}$$

式中,λ_1 为水化度曲线形状参数,常数;n 为水化度曲线坡度参数,常数;m 为水化时间参数,常数。

(3) 双曲线式[50]

$$a(t_e) = \frac{t_e}{t_e + \dfrac{1}{C}} \tag{2-11}$$

式中,C 为水化度曲线形状参数,常数。

（4）指数式[49]

$$a(t_e) = 1 - \exp(-a \cdot t_e^b) \tag{2-12}$$

式中，a，b 为水化度曲线形状参数，常数。

从以上模型可以看到，等效龄期和水化度之间存在对应关系，对于同种混凝土而言，等效龄期相同，则水化度也相同，混凝土的热学、力学特性必然也相同。因此，水化度概念建立了混凝土等效龄期与热学、力学特性的桥梁，能更直观地表述混凝土温度、龄期以及水化反应对其热学、力学特性的影响。

由式（2-8）可知，$\theta(\tau) = \theta_u \cdot \alpha(\tau)$，同理，有

$$\theta(a(t_e)) = \theta_u \cdot a(t_e) \tag{2-13}$$

式中，$\theta(a(t_e))$ 为基于水化度的混凝土绝热温升，℃。

由式（2-9）～式（2-12），可得四种基于水化度的混凝土绝热温升模型：

（1）复合指数式一

$$\theta(\alpha(t_e)) = \theta_u \cdot \alpha(t_e) = \theta_u \exp\left(-\left(\frac{m}{t_e}\right)^n\right) \tag{2-14}$$

（2）复合指数式二

$$\theta(\alpha(t_e)) = \theta_u \cdot \alpha(t_e) = \theta_u \exp(-\lambda_1 \left(\ln(1 + t_e/m)\right)^{-n}) \tag{2-15}$$

（3）双曲线式

$$\theta(\alpha(t_e)) = \theta_u \cdot \alpha(t_e) = \theta_u \frac{t_e}{t_e + 1/C} \tag{2-16}$$

（4）指数式

$$\theta(\alpha(t_e)) = \theta_u \cdot \alpha(t_e) = \theta_u(1 - \exp(-at_e^b)) \tag{2-17}$$

混凝土的各种热性能，例如导温、导热、比热、水化反应等都与水化度有关，且可用水化度来表示。

2.3.1.3 比热

温度和含水量对早期混凝土的比热有较大的影响[51]，基于试验，比热与水化度成线性反比[52]，De Shutter 和 Taerwe 试验表明在硬化过程中比热降低了 13%。K. Van Breugel 提出了考虑温度、配合比和水化度变化的比热公式，如式（2-18）所示：

$$c = \frac{1}{p}(W_c \cdot a \cdot c_{\alpha f} + W_c \cdot (1 - a) \cdot c_c + W_a \cdot c_a + W_w \cdot c_w) \tag{2-18}$$

$$C_{\alpha f} = 8.4 \cdot T_c + 339 \tag{2-19}$$

式中，c 为当前混凝土比热，J/(kg · ℃)；ρ 为混凝土密度，kg/m³；W_c、W_a、W_w 分别为每立方米水泥、骨料和水的质量，kg；c_c、c_a、c_w 分别为水泥、骨料和水的比热，J/(kg · ℃)；$c_{\alpha f}$ 为水化水泥的假定比热，J/(kg · ℃)；a 为水化度；T_c 为当前温度，℃。

2.3.1.4　导热系数

影响混凝土导热系数的因素很多，主要包括骨料类型与含量、水泥含量、水灰比、密度、温度、湿度、水化度等。混凝土导热能力随水化反应的进行不断变化，其主要原因在于混凝土温度以及各组分含量、各相比例的变化，尤其是混凝土内部孔隙率的变化。由于气体和液体的导热能力远小于固体，随着水化反应的进行，混凝土内部孔隙率逐渐增大，导热能力随之降低。

由于缺乏试验数据，本书引用 Anton Karel Schindler 建立的导热系数和水化度的关系[53]，如式(2-20)所示：

$$k(a) = k_u \cdot (1.33 - 0.33a) \tag{2-20}$$

式中，$k(a)$ 为当水化度为 a 时的导热系数，kJ/(m · h · ℃)；k_u 为最终导热系数，kJ/(m · h · ℃)。

2.3.2　温度场仿真分析二次开发

2.3.2.1　基于水化度温度场仿真分析

混凝土的水化反应与自身温度、温度历程及龄期有关，其导热特性也随水化反应的进行而不断改变，因此，混凝土的水化放热和热传导问题是一个较为复杂的非线性问题。根据文献[36]，可建立如下基于水化度的热传导方程：

$$\rho c(t_e) \frac{\partial T}{\partial \tau} = \nabla(k(a(t_e))\nabla T) + \rho(t_e) \frac{\partial \theta(a(t_e))}{\partial \tau} \tag{2-21}$$

式中，ρ 为混凝土密度，kg/m³；$c(t_e)$ 为比热，kJ/(kg · ℃)；T 为温度，℃；$k(a(t_e))$ 为基于水化和等效龄期的导热系数，kJ/(m · h · ℃)；τ 为龄期，d；$a(t_e)$ 为基于等效龄期的水化度，t_e 为等效龄期，见下式：

$$t_e = \sum_0^t \exp\left(\frac{E_a}{R}\left(\frac{1}{273+T_r} - \frac{1}{273+T}\right)\right) \cdot \Delta t = \sum_0^t f(T) \cdot \Delta t \tag{2-22}$$

$$f(T) = \exp \frac{E_a}{R}\left(\frac{1}{273+T_r} - \frac{1}{273+T}\right) \tag{2-23}$$

由于混凝土比热、导热系数等热学参数随水化度的发展而改变，在式(2-21)热传导方程和边界条件中,同样需要考虑这种变化,形式上与文献[12]中热传导方程的边界条件相同。

式(2-21)热传导方程呈高度非线性,数学上的解析求解十分困难,需采用有限元数值计算方法的迭代求解,具体步骤如下[39]:

① 确定第 $i+1$ 步各节点的初始迭代温度 $T_{i+1}^{(0)}$。已知第 i 步每个节点的温度 T_i,需迭代求解第 $i+1$ 的初始迭代温度 $T_{i+1}^{(0)}$,为加快迭代收敛速度,假定混凝土温度随时间线性变化,因此有

$$T_{i+1}^{(0)} = T_i + \frac{T_i - T_{i-1}}{\tau_i - \tau_{i-1}} \Delta\tau_{i+1} \tag{2-24}$$

式中,$\Delta\tau_{i+1}$ 为第 $i+1$ 步的时间步长,$\tau_{i+1} = \tau_i + \Delta\tau_{i+1}$,d;$T_{i-1}$ 为第 $i-1$ 步各节点的温度,℃。

② 确定第 $i+1$ 步各节点等效龄期 $t_{e,i+1}$。假定在时间步长 $\Delta\tau_{i+1}$ 内 $f(T)$ 是温度的线性函数,根据式(2-22),等效时间增量可表示为:

$$\Delta t_{e,i+1} = \frac{1}{2}(f(T_i) + f(T_{i+1}))\Delta\tau_{i+1} \tag{2-25}$$

$$t_{e,i+1} = t_{e,i} + \Delta t_{e,i+1} \tag{2-26}$$

③ 计算单元的 $\left(\frac{\partial\theta(a(t_e))}{\partial t_e}\right)_{i+1}$。在形成控制方程过程中假定单元内的 $\left(\frac{\partial\theta}{\partial t_e}\right)$ 是均匀的,在求得各节点等效龄期增量的基础上再取平均值的方法得到单元的等效龄期增量,进而求得单元的等效龄期,且近似地以 $\frac{\Delta\theta_{i+1}}{\Delta\tau_{i+1}}$ 代替 $\left(\frac{\partial\theta(a(t_e))}{\partial t_e}\right)_{i+1}$。

④ 根据混凝土温度场有限元控制方程计算得到 $T_{i+1}^{(1)}$,判断相对误差,如果 $\left|\frac{T_{i+1}^{(1)} - T_{i+1}^{(0)}}{T_{i+1}^{(1)}}\right| < \varepsilon$($\varepsilon$ 为误差控制范围),则迭代结束,否则用 $T_{i+1}^{(1)}$ 代替 $T_{i+1}^{(0)}$,回到第(2)步,重新开始迭代,直至收敛。

⑤ 进行下一步混凝土温度的计算,重复①~④步,直至计算结束。

在 ANSYS 热分析中,材料参数如比热、导热系数等可以设定为随温度变化的函数,但放热量只能设定为随时间变化的函数,式(2-21)热传导方程呈高度非线性,放热量是时间和反应温度的函数,因此,要实现上述算法必须进行二次开发,利用 APDL 语言控制每个时间步温度场的计算过程,进行迭代求解。

2.3.2.2 水管冷却

大体积混凝土的天然冷却是很缓慢的,由此可能引起混凝土较大的基础温差和内外温差,这些温差是产生混凝土结构贯穿性裂缝和表面裂缝的主要因素之一。

在混凝土内埋设冷却水管,可加快混凝土的散热速度,减小混凝土内外温差和基础温差,收到良好的防裂效果。目前,水管冷却方法在大体积混凝土施工中已得到广泛应用,已成为水工混凝土温控防裂最常用和最有效的措施之一[54,55]。

在水管中水是流动的,新的水体不断替换老的水体,使得水管冷却温度场问题的求解变得十分复杂,在冷却水管和浇筑层面散热的共同作用下,问题变得更为复杂。对于在混凝土中埋设冷却水管的数值仿真技术,国内外学者进行了大量研究[56-61],朱岳明教授在朱伯芳院士等人研究的基础上,基于水管与混凝土之间热量交换的平衡原理,提出了理论上严密的混凝土水管冷却温度场求解方法[62]。

在 ANSYS 热分析单元库中,有如下两个用于管流热分析的三维单元[63,64]:FLUID116(热管流单元)和 SURF152(3-D 热表面效应单元),它们的基本性质如 2.1.1 节所述。其中,FLUID 116 求解一维带泵送效应的伯努利方程和一维带质量传递的热传递,可与 SURF152 单元连接模拟对流效应,其流率、温度可以以表格化参数方式输入,主要的单元属性有:流体导热系数、流体密度、流体比热、流体流率等。

ANSYS 提供的宏命令用于自动生成 SURF152 单元,而 SURF152 单元的额外节点在 FLUID116 单元上,这样用管流单元 FLUID116 上的节点温度作为对流中的流体温度,将对流系数赋于表面效应单元上,模拟流体与管壁(或管壁外其他介质)的耦合传热。而混凝土施工期有冷却水管的降温计算,其实质就是水管内冷却水的对流换热与混凝土结构的固体热传导的耦合温度场计算,正好可以用 ANSYS 中的 FLUID116 单元来进行模拟。杨磊[65]、闵慧玉[66]、于丙子和张德文[67]等基于 ANSYS 软件做了部分水管冷却数值模拟的工作,取得了一定成果。

可以由热对流所对应的牛顿冷却方程式来描述冷却水管中流体的对流换热,假设冷却水管中的管道流体为一维定常流,管道流体的温度为 $T=T(s,t)$,则冷却水管内部的一维流体与混凝土之间的热量交换可表示为[67]:

$$\frac{\partial m}{\partial t}c\frac{\partial T}{\partial s}+\Gamma h_f(T_f-T_s)=0 \tag{2-27}$$

$$T(0,t)=T_{in} \tag{2-28}$$

式中,$\frac{\partial m}{\partial t}$ 为管道内流体质量的流速,m/s;c 为流体的密度,kg/m³;Γ 为相应于 T 的广义扩散系数;h_f 为流体的对流换热系数,kJ/(m²·h·℃);T_f 为流体的温度,℃;T_s 为与水管边界接触的混凝土的温度,℃;T_{in} 为管道进口处流体温度,℃;

s 为流体流线坐标方向。

ANSYS 软件前处理模块功能强大,但对于埋设冷却水管的混凝土浇筑过程进行有限元剖分,由于水管尺寸与混凝土结构尺寸相比很小,如果在建模过程中直接模拟水管(特别是弯管),则建模过程会非常复杂且单元尺寸可能会很不协调。网格二次剖分是指在原有网格基础上,对网格进行包括加密、增加特殊单元等各种处理的剖分方法,以满足各种计算模型的需要。网格二次剖分沿用超单元的思想,把需要二次处理的单元当作超单元,在其内部进行网格剖分,而并不影响其他的单元[68]。

基于 ANSYS 软件,根据上述剖分思路,采用 FORTRAN 语言编制二次剖分程序,含冷却水管网格模型生成的一般步骤为:

① 基于 ANSYS 软件的 APDL 语言,对整个结构进行剖分,输出节点、单元信息作为超单元信息;

② 给出水管进口单元、出口单元,设定水管直径 D,搜索整个超单元,找出最小单元断面周长 L,由公式 $a=\pi D/L$ 计算水管等效母单元边长 a,进而确定整个超单元局部节点坐标,形成局部单元信息,然后通过坐标变换得到超单元网格的整体坐标;

③ 用新增单元替换原有超单元,得到整个结构的冷却水管网格模型,并自动生成水管节点、单元信息以及 SURF152 单元节点信息组集。

具体计算时,把不含水管的渡槽有限元网格作为超单元,首先,把 FLUID116 单元 KEYOPT(2) 设为 1,用 SOLID70 划分上述二次剖分程序给出的实体单元,使用 NDSURF 命令及二次剖分程序给出的 SURF152 单元节点信息组集在水流与实体接触的面处创建表面效应 SURF152,程序自动将对流系数赋予单元上,模拟水体与管壁的耦合传热。其次,定义水流的初始温度、水流量、热交换系数、计算荷载步长等参数。最后,求解、进入后处理操作,与其他温度分析类似。

2.4 混凝土渡槽施工期温度应力仿真

ANSYS 是一款优秀的通用有限元软件,但"通用"是其优点,也是其"致命"缺点,无论其功能如何强大,不可能完全满足不同用户的具体研究领域需求。ANSYS 中有专门的徐变本构模型,并提供了多组徐变方程,还预留了用户自定义徐变模型的接口,但徐变本构模型本身比较适用于金属徐变,与现有混凝土徐变理论不能直接对接,而且 ANSYS 中弹性模量不能定义为时间的函数,因此对于考虑龄期变化的混凝土结构徐变问题该软件不能直接求解。

2.4.1　材料本构子程序

如前所述,ANSYS 提供了 APDL 和 UPFs 两个基本开发工具,为用户提供了一个开放的环境,允许用户根据自己的实际情况对软件进行扩充,已有部分学者基于 APDL 着手解决混凝土早期徐变的求解[69-72]。本书拟基于 UPFs 开发适合混凝土早期徐变应力计算的 ANSYS 模块,开发总体思路是:利用 ANSYS 软件基本功能,比如求解器、应力计算模块等,根据用户具体问题需要,结合软件预留的接口程序,加入用户需求(比如混凝土徐变本构模型),对 ANSYS 基本功能进行重新整合来实现用户具体需求,避免了很大一部分不必要的编程过程,可以把更多精力放在用户关心的核心问题上,且对问题正确性解决有保证。

ANSYS 中提供的有关材料本构模型的子程序包括 USERMAT.F(自定义材料模型)、USERPL.F(自定义塑性模型)、USERCR.F、USERCREEP.F(自定义徐变模型)、USERSW.F(自定义膨胀模型)、USERVP.F(更新非线性应变历史)等,这些本构模型的子程序源程序安装在\ANSYS INC\V90\ANSYS\CUSTOM\USER\INTEL 文件中。其中 USERMAT.F 分别调用 USERMAT3D.F(对应三维、平面应变和轴对称应力状态)、USERMATPS.F(对应平面应力状态)、USERMATBM.F(对应三维梁应力状态)和 USERMAT1D.F 子程序(对应一维梁应力状态)。

ANSYS 6.0 以后版本中,几乎所有的用户新材料都可以利用 USERMAT.F 进行编写,但它只适用于 ANSYS 的 18x 单元家族的用户材料模型,包括 LINK180、SHELL181、PLANE182、PLANE183、SOLID185、SOLID186、SOLID187、BEAM188 和 BEAM189。

针对大型混凝土渡槽施工期徐变应力场二次开发,通过对子程序基本功能、子程序与 ANSYS 标准主程序数据交换等各种情况的综合考虑,本次开发基于 USERMAT3D.F 子程序结合 SOLID185 单元进行。

USERMAT3D.F 子程序不仅可以定义弹性模量随时间变化,而且在每一步计算中,提供了前一荷载步结束时的单元应力、应变和状态变量以及当前增量步弹性应变增量等信息,用户可以给出当前增量步的单元应力应变关系矩阵,并更新增量步结束时的单元应力和状态变量。其中,单元状态变量是记录单元信息的一种全局变量,用于计算单元的各类参数,如等效塑性应变、塑性应变向量和 Von-Mises 应力等。该子程序主要输入输出参数如表 2-1 所示。

表 2-1 USERMAT3D. F 输入输出参数

参数名	说明	参数名	说明
elemId	单元号	matID	材料号
kDomIntPt	第 k 个主积分点	ldstep	荷载步号
isubst	子步号	nDirect	自由度主方向
nShear	自由度副方向	ncomp	自由度方向数
nstatev	状态变量数	nProp	材料参数个数
dTemp	温度增量	Time	开始时间
dTime	时间增量	Strain	应变
dStrain	应变增量	Prop	材料参数数组
Coords	当前坐标	dsdePl	材料雅可比矩阵

2.4.2 混凝土徐变本构实现

在 ANSYS 中要实现混凝土渡槽早期应力仿真,需要解决两个问题:其一是定义弹性模量随龄期或等效龄期变化的函数,其二是徐变相关参数的计算,即 $\{\omega_{sn}\}$ 和 $\{\eta_{sn}\}$,具体计算公式参见文献[12],本书除引入文献[12]中的徐变本构外,还嵌入本课题组提出的混凝土徐变本构方程。

在 USERMAT3D. F 子程序中加入弹性模量随龄期变化的函数,计算徐变度参数 $\{\omega_{sn}\}$、$\{\eta_{sn}\}$ 并记录于状态变量中,ANSYS 中还提供了命令子程序,用户可以利用命令子程序开发自定义的运算功能,如使用动态数组保存信息、读写模型信息和荷载信息等。本书利用 USER01. F 命令子程序接收 USERMAT3D. F 子程序中记录的单元状态变量 $\{\eta_{sn}\}$,并计算徐变引起的单元节点荷载增量 $\{\Delta P_n\}_e^c$。

程序流程图如图 2-4 所示,前处理、求解、后处理文件使用 APDL 语言编写,其中求解部分编制宏文件,主要实现以下功能:

① 用户自定义材料参数的输入,使用 TB 命令,包含混凝土弹性模量随龄期变化参数、徐变度公式参数、工程开始浇筑时间及各层、块混凝土开始浇筑时间等材料信息;

② 对结构施加温度、自生体积变形和干缩引起的单元节点荷载增量,使用 F 命令;

③ 程序循环流程的控制,使用 * DO 命令。

将修改好的 USERMAT3D. F 和 USER01. F,以及 ANSYS 软件安装目录下的 ANSCUST. BAT 和 MAKEFILE 等文件拷贝到工作目录下,运行 ANSCUST. BAT,自动编译所修改的两个 FORTRAN 程序文件,编译成功后,生成包含用户自

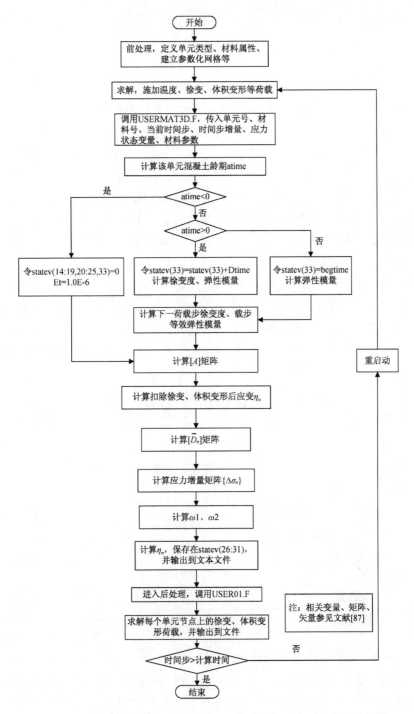

图 2-4　基于 ANSYS 软件渡槽混凝土早期应力场二次开发程序流程图

定义子程序的用户版本 ANSYS. EXE 文件,运行 ANSYS. EXE 文件,读入命令流控制文件,即执行运算。

2.4.3 混凝土施工过程模拟

在实际施工中,常常由于结构体量较大,混凝土并不能一次浇筑完成,需要分层分块浇筑,是一个动态过程,在有限元分析中常用生死单元技术来模拟分段施工。

激活"杀死单元"的效果,ANSYS 程序并不是将"杀死"的单元从模型中删除,而是将其刚度(或传导,或其他分析特性)矩阵乘以一个很小的因子,该因子缺省值默认为 1.0E-6,用户可以通过[ESTIF]命令为其赋其他数值。"死单元"的单元载荷自动赋 0,从而不对载荷向量生效(但仍然在单元载荷的列表中出现)。与上面的过程相似,如果单元"出生",并不是将其加到模型中,而是重新激活它们。用户必须在前处理器/PREP7 中生成所有单元,包括后面要被激活的单元。在求解器中不能生成新的单元。要"加入"一个单元,先杀死它,然后在合适的载荷步中重新激活它。当一个单元被重新激活时,其刚度、质量、单元载荷等将恢复其原始的数值。

在模拟混凝土温度场时,按 ANSYS 提供的标准过程,对单元进行相应的"杀死"或"激活"操作,在加载时添加相应的"杀死"和"激活"命令,典型的操作步骤和命令如表 2-2 所示。

表 2-2　ANSYS 软件模拟分层分块浇筑常用命令

命令	说明
TIME	设定时间值
NLGEOM,ON	打开大位移效果
NROPT,FULL	设定牛顿一拉夫森选项
ESTIF	设定非缺省缩减因子
ESEL	选择在本载荷步中将"杀死"或"激活"的单元
EKILL	"杀死"选择的单元
EALIVE	"激活"选择的单元
FDELE	删除不活动自由度的节点载荷
DDELE	删除重新激活的自由度上的约束

在模拟混凝土应力场时,不采用 ANSYS 提供的标准过程对单元进行相应的"杀死"或"激活"操作,而是修改未浇筑混凝土单元的材料参数,在 USERMAT 3D. F 子程序中令其弹性模量乘以一个很小的因子,并约束该单元的位移,当该单元激活时,

自动恢复其弹性模量、质量、单元荷载等值(参见图 2-4)。具体操作为:

① 根据浇筑时间的不同,将混凝土单元赋予不同的材料号;

② 在用 TBDATA 定义材料参数时,将该材料开始浇筑时间定义为一种材料参数;

③ 在 USERMAT3D.F 子程序中,通过 Prop 数组接收模型定义的材料参数,当计算时间小于该材料开始浇筑时间时,该材料对应的单元处于未浇筑状态,将该单元弹性模量乘以一个很小的值,相应约束该部分单元。

2.5 混凝土渡槽运行期温度场和温度应力仿真

渡槽槽身多为板梁结构,槽内有流动的水体,渡槽外表面置于复杂的自然环境中,经受着各种自然环境因素变化的影响,与渡槽所处的地理位置、结构物的方位、朝向以及太阳辐射强度、气温变化、风速等有关。渡槽结构通过外表面不断地以辐射、对流和传导等方式与周围进行热交换,使渡槽外表面温度上升或降低,而渡槽内表面受温度相对稳定的水的影响,其温度相对保持稳定,从而导致混凝土结构内发生复杂的温度变化,由此产生温度应力。

2.5.1 混凝土渡槽运行期温度边界条件

运行期渡槽温度边界主要有空气边界和水边界。

空气边界:渡槽与大气接触面,受大气对流和太阳辐射的共同影响。在日照及骤然温降(秋冬季寒潮及夏季暴雨等)的情况下,渡槽槽壁及底板内可形成较大的温度梯度,导致较大的温度应力。其边界主要热交换有与周围空气发生对流交换、吸收太阳辐射热量(短波辐射)、与外界的热辐射交换(长波辐射)。

水边界:是指渡槽内壁与槽内水体间的热交换。

此外渡槽结构内部也在不断地进行传导热交换。置于自然环境中的混凝土渡槽与周围环境发生的热交换如图 2-5 所示。

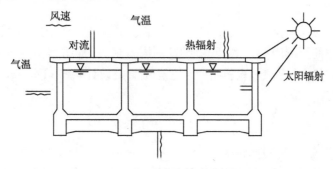

图 2-5 渡槽的热交换示意图

渡槽运行期温度边界条件反映渡槽混凝土结构通过表面与自然环境的热交换状况，受各种复杂气象因素及槽内水温的影响，建立合理简化且能反映实际情况的温度边界条件是求解渡槽运行期混凝土结构温度场分布的关键。要对渡槽受变化复杂的气象等影响条件进行全过程的准确模拟和分析是十分困难的，也是没有必要的。从确定控制温度荷载角度考虑，只需要针对使结构产生最不利温度荷载的极值气象进行仿真计算。

根据傅立叶定律，热流密度 q 与温度场强度（或温度梯度）$\frac{\partial T}{\partial x}$ 成正比，即：

$$q = -k\frac{\partial T}{\partial x} \tag{2-29}$$

对于渡槽外表面，考虑渡槽边界上的热交换过程，式（2-29）可以转化为：

$$q_c + q_r + q_s = -k\left(\frac{\partial T}{\partial x}n_x + \frac{\partial T}{\partial y}n_y + \frac{\partial T}{\partial z}n_z\right) \tag{2-30}$$

式中，q_c 为空气对流换热热流密度，W/m^2；q_r 为热辐射换热热流密度，W/m^2；q_s 为太阳辐射换热热流密度，W/m^2；$\frac{\partial T}{\partial x}$、$\frac{\partial T}{\partial y}$、$\frac{\partial T}{\partial z}$ 为温度梯度在直角坐标上的分量；n_x、n_y、n_z 为法线方向余弦；k 为混凝土热交换系数。

2.5.1.1 空气边界

（1）与周围空气发生的热交换

渡槽外表面与空气接触时，对流引起的热交换热流密度 q_c 依赖于空气的流动速度、渡槽边界温度及空气温度，采用第三类边界条件进行计算，q_c 与渡槽外表面温度 T_s 和气温 T_a 之差成正比，用公式可表示为：

$$q_c = h_c(T_a - T_s) \tag{2-31}$$

式中，h_c 为空气对流热交换系数，$W/(m^2 \cdot ℃)$；T_a 为空气的温度，$℃$；T_s 为混凝土外表面温度，$℃$。

其中空气对流热交换系数 h_c 的准确与否直接影响计算的结果的准确性。对流热交换系数的影响因素很多，其中风速的影响最大，根据相关的研究资料分析，对于空气对流热交换系数，根据《水工建筑物荷载设计规范（DL 5077—1997）》中17.1.5的规定，可取：

$$h_c = 5.6 + 4.0v \tag{2-32}$$

式中，v 为结构表面的风速，m/s。

由上式可以看出，风速对对流换热系数有较大影响，但风速随时变化且受许多偶然因素影响,要准确估计风速的日过程不太现实。对于运行期的渡槽温度效应,为了得到最不利工况,风速应该取零。但一般风速为零与太阳辐射强度最大等最不利气象条件同时出现概率很小,如果风速取零可能得到太不利结果,参考混凝土桥梁做法[73,74],可以采用 1.0 m/s 的常数风速。但若要将计算结果与实测结果比较时,应取实测风速计算热交换系数。

(2) 太阳辐射(短波辐射)热交换

① 太阳常数

太阳常数是单位时间投射到地球大气层上界垂直于太阳射线的单位面积上的太阳辐射能[74],记为 I_0。1981 年,世界气象组织(WMO)仪器和观测方法委员会第八届大会推荐日地平均距离处太阳常数为 1 367 W/m²。对于土木、水利工程计算来讲,按照如下经验公式计算一年中不同日期地球大气上界的太阳辐射强度即太阳常数 I_0 已足够精确。

$$I_0 = 1\ 367\left[1 + 0.033\cos(\frac{360 \cdot N}{365})\right] \tag{2-33}$$

式中,N 为积日,即日期在年内的顺序号,从 1 月 1 日起算,$N_0 = 79.676\ 4 + 0.242\ 2 \times$(年份—1985)—INT((年份—1985)/4)。

② 太阳赤纬角和时角

由地心指向日心的连线与地球赤道平面的夹角称为太阳赤纬角,随着地球在公转轨道上位置的不同而发生变化,其在一年中的变化可按照下列经验公式计算:

$$\delta = 0.372\ 3 + 23.256\ 7\sin\varphi + 0.114\ 9\sin2\varphi - 0.171\ 2\sin3\varphi - 0.758\cos\varphi$$
$$+ 0.365\ 6\cos2\varphi + 0.020\ 1\cos3\varphi \tag{2-34}$$

式中,φ 为日角,按照 $\varphi = 2\pi(N - N_0)/365.242\ 2$ 近似计算,其中 N 为积日。

为了叙述与理解方便,假定地球不动,认为太阳绕地球转动,称为"视运动"。某一时刻日心到地心连线所在的子午圈与地球上观察者所在的子午圈的夹角称为该时刻的太阳时角。每天 24 h 太阳"视运动"旋转 360°,相当于太阳时角每小时变化 15°。由于地球公转轨道是椭圆形的,因此太阳时应按真太阳时计算,其与平均尺度的平太阳时的差值称为时差。真太阳时可按照下式计算:

$$\tau = (S_d + \frac{F_d}{60} - 12) \times 15^0 \tag{2-35}$$

式中,τ 为真太阳时;S_d、F_d 为分别为地方时、分。

$$S_d = S + \{F - [120 - (JD + JF/60)] \times 4\}/60 \tag{2-36}$$

式中,S、F 分别为北京时间的时、分;JD、JF 分别为当地经度、经分。

其次进行时差订正：

$$S_d = S_d + E_t/60 \tag{2-37}$$

式中，$E_t = 0.0028 - 1.9857\sin\varphi + 9.9059\sin2\varphi - 7.0924\cos\varphi - 0.6882\cos2\varphi$。

③ 太阳高度角和方位角

太阳方位角 α_s 为自地面观察者至太阳的连线在地平面上的投影与正南方向的夹角；太阳高度角 h 指自地面观察者至太阳的连线与观察者所在地平面的夹角。太阳方位角按照下列公式计算：

$$\sin\alpha_s = \cos\delta\sin\tau/\cos h \tag{2-38}$$

高度角按照下列公式计算：

$$\sin h = \cos\phi\cos\delta\cos\tau + \sin\phi\sin\delta \tag{2-39}$$

式中，h 为太阳高度角；ϕ 为当地的地理纬度；τ 为太阳时角，地方太阳时正午 12 点为 $0°$，上午为负，下午为正。

太阳辐射通过大气层到达地球表面要不断受到大气中空气分子、水蒸气、尘埃和臭氧等的反射、吸收和散射，到达地面的太阳辐射被衰减，被散射的太阳辐射又有一部分投射到地球表面。根据渡槽边界与外界发生的热交换，在夏季太阳辐射对渡槽槽壁温度影响较大。德国学者 F·凯尔别克详细地阐述了太阳辐射对桥梁等混凝土结构的影响，参考其研究成果及其他相关研究，总体上可以把太阳辐射分为太阳直接辐射、太阳散射辐射和地面反射三部分。

① 太阳直接辐射强度

经大气衰减后到达地面的太阳光线的辐射强度称为太阳直接辐射。与太阳直接辐射方向垂直的平面上直接辐射强度为：

$$I_m = I_0 \cdot q_a^{m \cdot T_L} = I_0 \cdot q_a^m \cdot q_\sigma^m \cdot q_\delta^m \tag{2-40}$$

式中，I_0 为太阳常数，W/m^2；$q_a^{m \cdot T_L}$ 为总透射系数；q_a^m 为考虑水蒸气、臭氧、氧气和气溶胶吸收的透射系数；q_σ^m 为考虑纯大气分子的散射的透射系数（瑞利扩散）；q_δ^m 为考虑在气溶胶中扩散的透射系数；T_L 为林克氏浑浊度系数，一般在 $4.0 \sim 7.0$ 之间，它们与太阳高度角 h 及林克氏浑浊度系数有关，如图 2-6 所示。

投射到斜面上的太阳直接辐射 I_a 可从图 2-7 由几何关系导出：

$$I_a = I_m\cos(\pi/2 + h - \beta) \cdot \cos(a_s - a_w) \tag{2-41}$$

式中，a_w 为被照射面的方位角，被照射面法向与南北向的夹角；β 为被照射面与水平面的夹角；a_s 为太阳方位角。

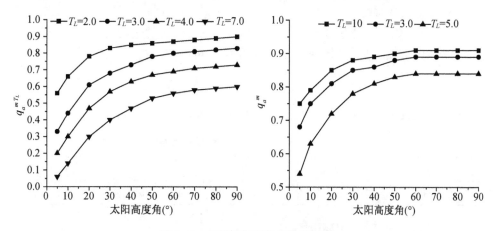

图 2-6　太阳辐射透射系数关系图

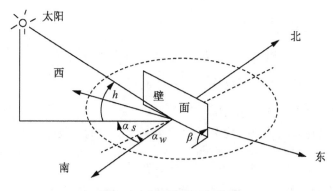

图 2-7　太阳辐射三角关系

② 太阳散射强度

太阳辐射被大气层散射的能量中有一部分回到地球表面,大致自整个天穹均匀投射到地球表面,因此结构表面所受天空散射与壁面的方位角、是否处于阴影状态无关,主要和太阳高度角、天气的浑浊程度及壁面倾角有关。

对于水平的接受面,天空辐射为:

$$I_d = 0.50 I_0 \sinh (q_a^m - q_\sigma^{m \cdot T_L}) \tag{2-42}$$

为了简化问题,近似地假定散射和反射特性都是各向同性,对于太阳散射,如果已知水平面上的散射强度 I_d,则任意壁面所受的散射强度 I_β 有:

$$I_\beta = I_d(1 + \cos\beta)/2 \tag{2-43}$$

式中,β 为壁面倾角,是壁面法线与地平面的夹角。

③ 地面反射强度

渡槽结构物总是位于地表面之上,因此,特别在渡槽的底面会收到地面反射的影响。对于与地面倾斜的接受面,反射辐射强度可以按下式得出:

$$I_f = \rho^*(I_m + I_d)(1 - \cos\beta)/2 \tag{2-44}$$

式中,ρ^* 为地面的反射系数,可由表 2-3 根据渡槽周围实际情况选取。

表 2-3　不同地面环境的地面反射系数

黑土	灰土、黏土	灰砂	树林	积雪
8%～13%	25%～30%	15%～20%	10%～15%	40%～50%

④ 渡槽不同壁面太阳辐射强度

由公式(2-41)、(2-43)、(2-44)知,任意壁面上吸收的太阳总辐射为:

$$
\begin{aligned}
I &= a_t(I_a + I_\beta + I_f) \\
&= a_t\left[I_m\cos\left(\frac{\pi}{2} + h - \beta\right) \cdot \cos(a_s - a_w) + I_d(1 + \cos\beta)/2\right] \\
&\quad + a_t\left[\rho^*(I_m + I_d)(1 - \cos\beta)/2\right]
\end{aligned} \tag{2-45}
$$

式中,a_t 为混凝土表面太阳辐射吸收系数。

对于渡槽顶部,取 $\beta = 0^0$,由公式(2-45)知水平面的吸收总辐射强度为:

$$I_H = a_t(I_m\sinh + I_d) \tag{2-46}$$

对于渡槽侧墙外壁,取 $\beta = 90°$,由公式(2-45)知竖直面的总辐射强度为:

$$I_V = a_t\left[I_m\cosh \cdot \cos(a_s - a_w) + I_d/2 + \rho^*(I_m + I_d)/2\right] \tag{2-47}$$

对于渡槽底部,由公式(2-45)知底面的总辐射强度为:

$$I_D = a_t\rho^*(I_m + I_d) \tag{2-48}$$

因此,由太阳辐射引起的热交换热流密度 q_s 可表示为:

$$q_s = I \tag{2-49}$$

式中,I 为渡槽表面吸收的太阳辐射强度,按式(2-45)～式(2-48)计算。

(3) 热辐射(长波辐射)引起的热交换

所有介质都会发出一种与它的温度以及发射能力有关的固有辐射,这种辐射称为热辐射(长波辐射)。长波热辐射引起的热交换热流密度 q_r 根据 Stefenboltzman 辐射定律可表示为:

$$q_r = c_s \varepsilon \left[(T^* + T_a)^4 - (T^* + T_s)^4 \right] \tag{2-50}$$

式中，c_s 为 Stefen-boltzman 常数，为 5.677×10^{-8} W/(m² · k⁴)；ε 为辐射率；T^* 为常数，为 273.15，用于将℃转化为 K。

2.5.1.2　水边界

水边界是指渡槽内壁与槽内水体间的热交换。与空气对流热交换计算相同，渡槽内壁与槽内水体间的热交换可采用下面公式计算：

$$q_w = h_w (T_w - T'_s) \tag{2-51}$$

式中，q_w 为水流对流换热热流密度，W/m²；h_w 为空气对流热交换系数，W/(m² · ℃)；T_w 为槽内水体的温度，℃；T'_s 为混凝土内表面温度，℃。

由于水的对流系数较大，根据《水工建筑物荷载设计规范（DL 5077—1997）》中 17.1.5 的规定，可取无穷大，因此本书直接取渡槽内壁的温度同水体的温度。

2.5.2　混凝土渡槽运行期温度场及温度应力仿真分析

渡槽运行期温度效应仿真计算时，采用热-结构顺序耦合分析方法，首先进行热分析，求得渡槽结构的温度场，然后再进行结构分析，将热分析求得的温度场作为荷载施加到结构中，从而求得渡槽结构应力分布。在其具体实现过程中一个关键技术是创建由 APDL 语言和 ANSYS 内部函数的宏来正确反映每个荷载步中各种时变参数的变化，比如太阳辐射强度和大气温度[75]。

2.5.2.1　混凝土渡槽运行期温度场分析

（1）建立大型渡槽参数化有限元模型

考虑到方便模型尺寸变化，有限元模型建模采用 APDL 编程以控制其建模和计算流程，针对南水北调中线渡槽可能采用的多厢矩形梁式和 U 形混凝土渡槽，建立了参数化有限元数值模型。

① 单元类型

大型渡槽体型复杂，热分析模型均采用三维等参热体单元 SOLID70，该单元可方便地转换成三维应力单元 SOLID45，便于温度应力计算。

② 定义混凝土材料属性

温度场分析主要包括导热系数、比热等。

（2）施加温度荷载

初始温度条件根据文献[75]等研究，可以认为渡槽结构初始温度场是均匀的，采用 IC 命令来设置。

渡槽与外界发生热交换主要是通过对流、吸收太阳辐射能量和热辐射三种形式。对流荷载在 ANSYS 中将外界空气和槽内水体的温度、对流换热系数赋给边界上的节点便可。

计算中考虑太阳辐射的作用,可以采用以下两种方法:

① 由于受到太阳辐射的渡槽边界与外界空气同时有对流换热,把太阳辐射引起的热流密度换算到气温中去,从而得到综合气温。综合气温计算公式见式(2-52)。

$$T_{sa} = T_a + a_t I_t / h_{sy} \tag{2-52}$$

式中,T_{sa} 为综合气温,℃;h_{sy} 为综合热交换系数,W/(m²·℃)。

由式(2-52)可知,太阳辐射引起的热交换相当于使气温升高了。

② 在实体单元表面生成 SURF152 单元,通过计算出来的热流密度来施加。

热辐射是以电磁波的方式来传递热量的,它不需要任何介质,发生在边界混凝土与周围空气之间以及渡槽空腔内壁板之间,其计算可采用公式(2-50),但较为复杂,且渡槽周围的空气是流动的,顶板外表、底板外表和空腔内的温度不一,从而辐射能力也各不相同,如果要完全考虑难度很大,而且约束条件太多,精度不一定能保证,可以将式(2-50)写成下式:

$$q_r = h_r(T_a - T_s) \tag{2-53}$$

$$h_r = c_s \varepsilon [(T^* + T_a)^2 + (T^* + T_s)^2](T_a + T_s + 2T^*) \tag{2-54}$$

式中符号意义同前。

由式(2-54)可以看出,由于热辐射引起的热交换系数为环境温度 T_a 和混凝土表面温度 T_s 的函数,计算中可以按照前一时刻 T_a、T_s 计算出 h_r,但会大幅增加计算工作量。当 T_s 相同而 T_a 在 15~60 ℃之间变化时,h_r 变化如图 2-8 所示,可知 h_r 的值在 5.5~8.0 W/(m²·℃)之间变化,变化幅度较小,可近似取一固定的长波辐射的热交换系数来计算长波热辐射。

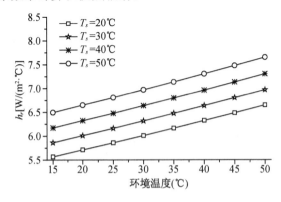

图 2-8 h_r 与 T_s、T_a 关系图

（3）计算及结果分析

① 定义分析类型

由于外界气温和太阳辐射等因素不断地在发生变化，因此在温度场计算中确定分析类型为瞬态分析类型，模拟槽身周围影响因素的变化，计算结果比较接近实际情况。

② 时间和时间步设置

在渡槽瞬态温度场分析中，由于热量交换是一个与速率有关的量，因此分析所用的时间为物理时间系统。

③ 求解器

研究采用 ANSYS 默认的波前求解器求解。

④ 后处理

采用通用后处理 POSTl 和时间历程后处理 POST26。在通用后处理器中，可以方便地查看各个载荷步结点温度场的云图以及列表输出结点温度的计算结果。在时间历程后处理器中，通过定义变量便可以查看某些点的温度随荷载步变化的情况等。

（4）用 APDL 创建宏

由于太阳高度角以及太阳入射角等都是随时间变化的变量，而且渡槽两侧的边墙受太阳辐射的时间不一致。因此为了更好地对渡槽边界施加荷载和进行求解，采用 ANSYS 自身提供的语言创建宏，以达到更有效的加载和求解。

宏分析主要内容是通过 *DO 循环语句和 *IF 条件判断语句来模拟太阳的日照活动，先求出太阳时角、太阳高度角和太阳方位角等物理参数，进而判断太阳照射在渡槽的哪一侧边墙，最后在渡槽边界上施加温度荷载和求解。主要内容如下[76]：

① 定义标量参数地理经纬度、起始时刻，分析太阳赤纬角以及渡槽各个部位的方位角等，计算太阳时角、直射散射反射强度，得到由太阳辐射引起的混凝土表面温升；

② 相应于每一时间步，计算渡槽顶面、底板和边墙气温，根据实际情况或经验公式给出水温以及各表面对流系数；

③ 施加温度荷载，边墙上则要判断能否接受太阳辐射，热辐射、太阳辐射以及对流三种荷载形式用综合气温、综合对流换热系数施加在边界节点上或通过 SURF152 单元施加热流密度；

④ 定义荷载步、迭代控制系数、求解器以及控制输出选项等。

宏文件中，对太阳照射在渡槽的哪一侧边墙的判断依据是：如果太阳入射光线与边墙法线的交角大于 90°，则说明太阳照射到另一侧边墙上，如图 2-9 所示[76]。一些相关的计算诸如求解太阳方位角等，利用 ANSYS 中的 APDL 语言编程实现。

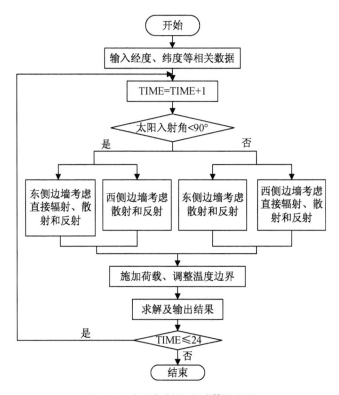

图 2-9　太阳辐射强度计算流程图

2.5.2.2　混凝土渡槽运行期温度应力分析

对于渡槽运行期温度应力的计算,采用间接热-应力耦合法进行比较适宜。这种方法可以使用所有 ANSYS 热分析和结构分析的功能,且还可对温度场计算和温度应力分取不同的有限元网格和计算时间步长。其主要步骤如下,如图 2-10所示[76]:

① 进入热分析模块,建立热模型并进行热分析,得到节点上的温度;

② 进入结构分析模块,修改工作文件名为结构分析文件名,定义相应的结构单元和结构材料特性,包括弹性模量、泊松比、热膨胀系数等。

如果温度场和温度应力分析有限元模型一致,则第③步遵循第③A 步到③B。

③A 改变单元类型,将热分析单元 SOLID70 通过 TTS 命令转换为结构分析单元 SOLID45;

③B 从热分析结果文件.RTH 文件中读入温度场文件作为温度荷载。

如果温度场和温度应力分析有限元模型不一致,则第③步遵循第③a 步到③c。

③a 清除热分析模型网格,重新定义单元类型并重新划分结构分析有限元模

型网格；

③b 选择结构分析所有节点并通过 NWRITE 命令写入文本文件；

③c 存储结构分析模型,将工作文件名改为热分析工作文件名,进入通用后处理器,对结构分析模型节点通过 BFINT 命令进行温度插值；

③d 退出通用后处理器,将工作文件名改为结构分析文件名,读入结构分析模型,读入荷载文件,施加温度荷载；

④ 定义结构分析类型为静态静力分析,设定求解器选项,指定荷载步选项；

⑤ 设置参考温度；

⑥ 存储模型并求解；

⑦ 结果后处理。

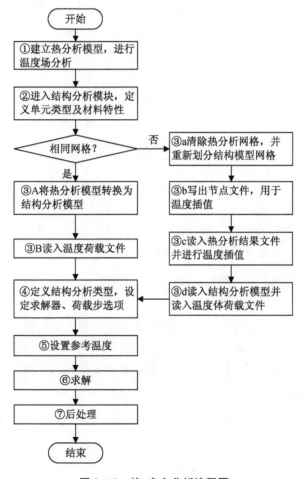

图 2-10 热-应力分析流程图

2.6 混凝土渡槽湿度场及干缩应力仿真

在渡槽、涵洞等薄壁水工建筑物中,干缩变形是混凝土裂缝出现和扩展的最主要因素之一。薄壁结构混凝土的表面积与体积之比要比大坝等其他大体积混凝土大得多,水分散发速度和散发量相对较快、较大。混凝土不均匀的湿度场会引起结构各部位不同的干缩变形,在内部相对变形约束和结构变形外部约束(或不同浇筑层老混凝土对新混凝土的约束)作用下,混凝土内会产生不均匀的干缩变形应力,尤其是表面干缩应力出现相对较早且发展迅速,容易导致混凝土表面开裂或使已有表面裂缝扩展。

目前混凝土湿度场及干缩应力还没有得到足够的重视,这方面的研究还比较少。相对于温度场及温度应力,混凝土湿度扩散及干缩应力的计算要复杂得多。为保证混凝土干缩应力计算正确性及精确性,要解决三个问题[77-79]:

① 采用何种湿度运移模型;

② 混凝土湿度扩散系数等参数受混凝土配合比、湿度、温度等因素影响的程度及如何取值;

③ 湿度场与其导致的干缩应力场之间的本构关系。

2.6.1 混凝土非线性湿度场

混凝土的干缩湿胀是由混凝土内部的湿度变化引起的,因而混凝土湿度场的计算成为计算干缩的关键。目前普遍认为混凝土作为一种多孔介质,湿度分布满足 Fick 第二定律,非稳定湿度场非线性扩散方程为:

$$\frac{\partial C}{\partial t} = \frac{\partial}{\partial x}\left[k_c(C)\frac{\partial C}{\partial x}\right] + \frac{\partial}{\partial y}\left[k_c(C)\frac{\partial C}{\partial y}\right] + \frac{\partial}{\partial z}\left[k_c(C)\frac{\partial C}{\partial z}\right] - \frac{\partial Q}{\partial t} \quad (2-55)$$

式中,$C(x,y,z,t)$ 是湿度含量,即混凝土的含水量与混凝土可蒸发水总量之间的比值,用百分比表示,如完全干燥时 $C=0\%$,含水量等于可蒸发水总量时为 $C=100\%$;k_c 为湿度扩散系数,和材料性质、湿度大小有关,如式(2-59)所示;$\partial Q/\partial t$ 是水泥水化湿度消耗速率。

初始条件可写为:

$$C(x,y,z,t) = C_0(x,y,z,t_0) \quad (2-56)$$

式中,C_0 为湿度含量的初始湿度分布。

边界条件主要有三类,分别为:

$$C(x,y,z,t) = C_1(x,y,z,t) \qquad (2\text{-}57)$$

$$\frac{\partial C}{\partial n} = 0 \qquad (2\text{-}58)$$

$$k_c(C)\frac{\partial C}{\partial n} = f(C_e - C_s) \qquad (2\text{-}59)$$

式中, $\partial C/\partial n$ 为法线方向 n 在干燥表面的湿度梯度; C_s 为环境湿度系数,物理意义不同于混凝土中湿度含量,可取为空气湿度; C_e 为平衡湿度含量,即在此湿度条件下表面和外界不发生水分转移,不同的环境湿度对应于不同的平衡湿度含量; f 为表面湿度转移系数。

2.6.2　湿度场的计算参数取值

研究证明,混凝土湿度变化明显受到环境湿度、环境温度及风速影响,混凝土湿度扩散系数强烈依赖混凝土本身的湿度状态并随湿度下降急剧降低,表面湿度转移系数也非一个稳定值,二者受不同内外条件影响,具有较强的非线性及随机性。为了使仿真计算结果尽可能与现场实际情况一致,首先必须对仿真计算所涉及参数作出准确判断,主要有以下几个参数:

（1）湿度扩散系数

湿度扩散系数是描述混凝土湿度和湿度特性的一个最主要的参数,受材料特性影响大,一般有以下几种表达形式:指数式、双曲线式和三角函数式。在 CEB-FIP(90)推荐模型中,在等温条件下湿度扩散系数可表达为相对湿度 C 的函数:

$$k_c(C) = D_1\left(\alpha + \frac{1-\alpha}{1+[(1-C)/(1-C_e)]^n}\right) \qquad (2\text{-}60)$$

式中, D_1 为 $C=100\%$ 时 $k_c(C)$ 的最大值; $\alpha = D_0/D_1$, D_0 为 $C=0\%$ 时 $k_c(C)$ 的最小值; n 为曲线拟合指数; C_e 是湿度扩散系数最大值一半时所对应的相对湿度。文献[80]建议 $\alpha=0.05$, $C_e=0.80$ 和 $n=15$,以及 $D_1 = \dfrac{D_{1,0}}{f_{ck}/f_{ck0}}$, $D_{1,0}=3.6\times10^{-6}\,\mathrm{m^2/s}$, $f_{ck0}=10.0\,\mathrm{MPa}$,混凝土抗压强度 f_{ck} 可由等效抗压强度 f_{cm} 估算,可取 $f_{ck}=f_{cm}-8.0\,\mathrm{MPa}$ 。

（2）表面湿度转移系数

混凝土表面湿度转移系数 f 与混凝土水灰比、内表湿度差、温度、风速等有关,受各种因素特别是环境因素影响比较大,一般需要根据试验数据来确定。文献[81]建议采用 $3.5\times10^{-3}\,\mathrm{m^2 \cdot d^{-1}}$,而文献[82]认为可以由改进的 Menzel 方程来

表达:

$$f(C, C_e) = A(0.253 + 0.06v)(C - C_e) \tag{2-61}$$

式中,A 是经验系数,取决于混凝土水灰比等因素;v 为环境平均风速,m/s。不同试验条件得到的表面湿度转移系数差异较大,但数量级基本一致。

2.6.3 湿度场的非线性有限元方法

由式(2-55)可得湿度计算方程为:

$$KC + L\dot{C} = F \tag{2-62}$$

式中,K 代表湿度扩散矩阵;L 为湿度速度矩阵;F 为外界湿度流量向量;C 为节点湿度含量;$\dot{C}$ 为湿度含量变化速率。

采用后差分对时间进行离散,可得下式:

$$(L + \Delta tK)C^{t+\Delta t} = LC^t + \Delta tF \tag{2-63}$$

利用上式求解 $t + \Delta t$ 时刻的 C 时,采用的是 t 时刻的 K、L、C 和 F,由于扩散系数 k_c 和湿度 C 有关,在求解过程中是不断变化的,因此 K 每步计算都需重新估算。同时,每个时步都必须经过迭代,因为一次计算后式(2-63)是不满足的,即:

$$\psi = (L + \Delta tK)C^{t+\Delta t} - LC^t - \Delta tF \neq 0 \tag{2-64}$$

迭代计算直至 ψ 小于规定的值为止。

2.6.4 湿度-干缩应力本构关系

干缩变形与湿度之间的关系是影响干缩应力求解精度的关键问题,文献[83]认为可以假定体积无限小的单元的收缩应变增量与局部相对湿度增量成正比,而在多数情况下混凝土相对湿度变化与其引起的变形并不成线性关系。混凝土干缩变形与湿度的关系有以下两种形式:

1)线性关系[83]

$$(\varepsilon_{sh})_M = \alpha_{sh} \times \Delta c \tag{2-65}$$

式中,ε_{sh} 表示干缩应变;M 为从 0% 开始的湿度损失百分比;α_{sh} 为混凝土干缩系数,Wittmann 建议取 1.50×10^{-3}。

2)非线性关系[81]

混凝土的干缩变形和湿度并不是线形变化的,其关系可表示为:

$$(\varepsilon_{sh})_M = \frac{M^{2.5}}{195 + M^{2.5}} (\varepsilon_{sh})_{ult} \tag{2-66}$$

式中，$(\varepsilon_{sh})_{ult}$ 为湿度最终自由变形，约 $200\sim1\,500\ \mu\varepsilon$，平均约 $500\ \mu\varepsilon$，据资料[84]取 $450\ \mu\varepsilon$，在没有试验资料的情况下一般按规范取 $400\ \mu\varepsilon$。

2.6.5 基于 ANSYS 混凝土湿度场及干缩应力仿真分析实现

对比混凝土湿度场和温度场微分控制条件、边界条件可知，对 2.3 节 APDL 程序稍加改造即可实现湿度场非线性分析，在此不再赘述。针对仿真分析具体实现的几个问题讨论如下。

（1）网格剖分与湿度场插值

由于混凝土湿度扩散系数及湿度转移系数很小，在混凝土表面几厘米范围内湿度梯度很大，因此进行湿度场分析时混凝土表面范围内网格尺寸应控制在 $1.0\ cm$ 范围以内甚至更小，向混凝土内部网格可以逐渐放大。尽管如此，对于大型渡槽等水工建筑物来讲，有限元网格数量仍相当可观。如此多网格对于只有一个自由度的湿度场计算来讲还可接受，但对于有三个自由度的应力场计算来讲则计算量十分庞大。

为了减小计算规模，同时与温度应力计算数据兼容，可以采用 ANSYS 软件中 BFINT 命令把湿度场计算结果插值到温度场及温度应力计算网格中。具体命令如下：

BFINT, Fname1, Ext1, --, Fname2, Ext2

其中，Fname1 为温度场计算网格节点、单元数据，由 NWRITE 命令在温度场计算数据库文件中读出；Fname2 为插值结果文件。

（2）干缩应变计算

采用 FORTRAN 语言自编程序，对插值结果文件 Fname2 进行处理，按照式 (2-65) 或 (2-66) 计算混凝土干缩应变。

（3）当量温度计算

为了计算方便，将混凝土干缩变形换算成当量温度，在 ANSYS 实现干缩应力计算时作为温度体荷载施加，即混凝土湿度变形产生的收缩变形相当于产生同样变形的温度，可按照下式计算：

$$\Delta T = -\frac{\Delta \varepsilon}{\alpha} \tag{2-67}$$

式中，ΔT 为混凝土干缩当量温度，负号表示温降；α 为混凝土线膨胀系数。

二次开发程序同时在 USERMAT3D.F 中嵌入了干缩应力计算模块，用户通过控制选项即可以直接读入干缩变形数据文件进行计算。

2.7 二次开发程序正确性验证

2.7.1 基于算例的混凝土温度场仿真模块正确性验证

2.7.1.1 算例1

一边长为 1.0 m 的立方体混凝土块体,其六个面与周围绝热,混凝土密度为 $\rho = 2\,690\ \text{kg/m}^3$,比热为 $c = 1.0\ \text{kJ/(kg·℃)}$,导热系数为 $\lambda = 10.0\ \text{kJ/(m·h·℃)}$,绝热温升函数为 $\theta(\tau) = 30.0 \times (1 - e^{-0.34\tau})$,混凝土初温为 10.0 ℃。如图 2-11 所示,将混凝土块体共划分单元 1 000 个,节点 1 331 个。

计算步长取 1 h,采用温度场二次开发模块求解,具体计算时设置有关选项不考虑水化度影响,求解结果和理论解的比较见图 2-12 和表 2-4。从计算结果来看,ANSYS 计算结果和理论值误差在 0.5% 范围内,说明了温度场仿真二次开发模块的正确性。

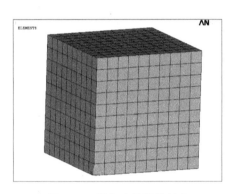

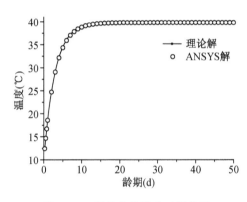

图 2-11 混凝土块网格剖分   图 2-12 混凝土块温度时程曲线

表 2-4 理论解与 ANSYS 解比较

时间(d)	1	3	7	14	30	50
理论解	18.65	29.18	37.22	39.74	39.99	40.00
ANSYS 解	18.59	29.05	37.03	39.53	39.79	39.79
相对误差(%)	0.32	0.45	0.51	0.53	0.50	0.53

2.7.1.2 算例2

取无限长混凝土棱体,断面尺寸 10.0 m×4.0 m,初始温度 20.0 ℃,上下两面为绝热边界,左右两面给定边界温度 10.0 ℃,混凝土密度为 $\rho = 2\,400\ \text{kg/m}^3$,比

热为 $c=1.0$ kJ/(kg·℃),导热系数为 $\lambda=10.08$ kJ/(m·h·℃),求混凝土温度分布。

该问题属于初温均匀分布、外温为 T_a、第一类边界条件下平板冷却问题,文献[12]给出的解析解公式为:

$$T(x,\tau) = \frac{4T_0}{\pi} \sum_{n=1}^{\infty} \frac{1}{2n-1} \sin \frac{(2n-1)\pi x}{L} e^{-(2n-1)^2 \pi^2 F_0} + T_a \qquad (2\text{-}68)$$

式中,T_0 为初温;L 为板厚;F_0 为傅立叶准数,等于 $a\tau/L^2$。

剖分单元 200 个,节点 462 个,如图 2-13 所示。采用温度场仿真二次开发模块求解,求解结果和理论解的比较见图 2-14 和表 2-5,可见有限元解基本全部落在理论解曲线上,理论解和有限元解误差不超过 1.5%,结果吻合较好,说明了温度场二次开发模块的正确性。

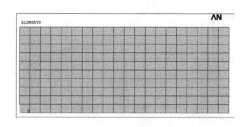

图 2-13　混凝土棱体网格剖分

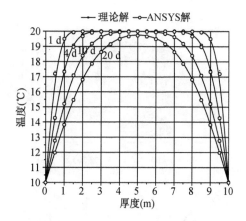

图 2-14　有限元解与理论解的比较

表 2-5　理论解与 ANSYS 解比较

时间(d)	厚度(m) 0.5			5.0			9.5		
	理论解	有限元解	相对误差(%)	理论解	有限元解	相对误差(%)	理论解	有限元解	相对误差(%)
1	17.37	17.20	0.98	20.00	20.00	0.00	17.42	17.20	1.26
4	14.24	14.27	0.21	20.00	20.00	0.00	14.28	14.27	0.07
10	12.76	12.77	0.08	20.00	19.98	0.10	12.79	12.77	0.16
20	11.98	11.97	0.08	19.76	19.72	0.20	11.99	11.97	0.17

2.7.1.3　算例 3

设一 10.0 m×6.0 m×3.0 m 的混凝土浇筑块,块体底面绝热,其他边界散热[47]。

混凝土密度为 $\rho = 2\,258\ \text{kg/m}^3$，比热为 $c = 1.0\ \text{kJ/(kg} \cdot ℃)$，考虑水化度的混凝土导热系数 $k(\alpha) = 10.0 \cdot (1.33 - 0.33\alpha)\ \text{kJ/(m} \cdot \text{h} \cdot ℃)$，绝热温升 $\theta = 50.0 \cdot \alpha(t_e) = 50.0 \cdot e^{-4.465 t_e^{-0.970\,1}}℃$，$\alpha(t_e) = e^{-4.465 t_e^{-0.970\,1}}$，$t_e = \int_0^t \exp\left(1\,760\left(\dfrac{1}{273 + T_r} - \dfrac{1}{273 + T}\right)\right)\mathrm{d}t$；不考虑水化度的混凝土导热系数 $10.0\ \text{kJ/(m} \cdot \text{h} \cdot ℃)$，比热 $c = 1.0\,\text{kJ/(kg} \cdot ℃)$，绝热温升 $\theta = 50.0 \cdot e^{-4.465 \tau^{-0.970\,1}}℃$。表面热交换系数为 $30.0\ \text{kJ/(m}^2 \cdot \text{h} \cdot ℃)$，混凝土浇筑温度 $20\ ℃$，气温 $20\ ℃$，一次性浇筑完毕。

单元网络如图 2-15 所示。采用温度场仿真二次开发模块对该混凝土块体进行温度场的仿真计算，结果如图 2-16～图 2-18 所示。

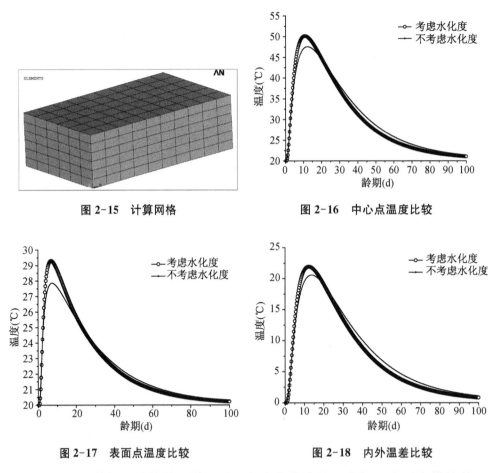

图 2-15　计算网格

图 2-16　中心点温度比较

图 2-17　表面点温度比较

图 2-18　内外温差比较

算例 1 和算例 2 计算结果说明了不考虑水化度的温度场二次开发模块的正确性。本算例从计算结果来看，不考虑水化度影响的温度计算结果符合一般规律，再次说明二次开发模块的正确性。同时从中心点与表面点的温度时间时程曲线计算结果可以看出,考虑水化度和不考虑水化度,其趋势基本相同,数值大小有所不同,温升阶段,考虑水化度时的混凝土内外最高温度和最大温差均高于不考虑水化度的情况。考虑水化度时,混凝土块体内部点最高温度为 50.1 ℃,外表面点最高温度为 29.3 ℃;不考虑水化度时,内部点最高温度为 47.3 ℃,外表面点最高温度为 27.9 ℃,分别比考虑水化度时降低了 2.8 ℃和 1.4 ℃,混凝土内外温差也比考虑水化度时降低约 2.0 ℃,降低幅度比较明显。分析其原因,早期混凝土水化反应剧烈,使得温度迅速升高,而温度的升高又对水化反应起到促进作用,这种促进作用在不考虑水化度的计算模型中是无法体现的,因而导致计算的温度偏低。温降阶段两种情况下的混凝土温度很接近,但考虑水化度时的温降速度要快于不考虑水化度时。该算例说明了考虑水化度的混凝土温度场二次开发模块的正确性。

2.7.1.4　算例 4

一边长为 1.0 m 的立方体混凝土块,密度为 2 400 kg/m³,比热为 1.0 kJ/(kg·℃),导热系数为 10.0 kJ/(m·h·℃),环境气温 $T_a = 25.0$ ℃,混凝土块初始温度为 $T_0 = 40.0$ ℃,取 Stefen-boltzman 常数为 5.677×10^{-8} W/(m²·K⁴),辐射率为 1.0。设混凝土块上表面为辐射面,其他面绝热,只考虑混凝土热辐射(图 2-19),求混凝土温度。

单元网格如图 2-20 所示。采用 ANSYS 热辐射计算功能和本书给出的简化计算模块计算,结果如图 2-21~图 2-22 及表 2-6 所示,可知,将混凝土热辐射换热等效为对流换热,以取 $h_r = 6.0$ W/(m²·℃)为例,二者辐射表面温度最大误差为 0.54%,0.50 m 深度混凝土二者基本相同,可见本书给出的混凝土热辐射简化计算方法具有合理性和较高精度。

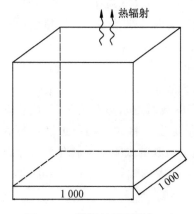

图 2-19　热辐射示意图(mm)

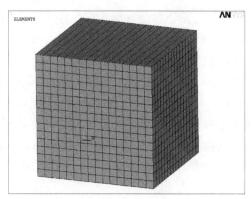

图 2-20　混凝土块网格剖分

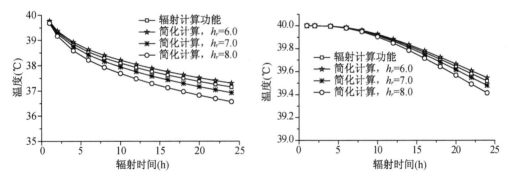

图 2-21　距辐射面 0.0 m 点温度时程曲线　　图 2-22　距辐射面 0.50 m 点温度时程曲线

表 2-6　ANSYS 热辐射模块解与简化计算解比较[h_r=6.0W/(m² · ℃)]

厚度(m) 时间(d)	0.0			0.25			0.50		
	热辐射模块解	简化计算解	相对误差(%)	热辐射模块解	简化计算解	相对误差(%)	热辐射模块解	简化计算解	相对误差(%)
6	38.5	38.6	0.26	39.8	39.8	0.00	40.0	40.0	0.00
12	37.9	38.0	0.26	39.4	39.4	0.00	39.9	39.9	0.00
18	37.5	37.6	0.27	39.0	39.1	0.26	39.7	39.7	0.00
24	37.1	37.3	0.54	38.7	38.8	0.26	39.5	39.5	0.00

2.7.1.5　算例 5

　　一边长为 1.0 m 的立方体混凝土块,密度为 2 400 kg/m³,比热为 1.0 kJ/(kg · ℃),导热系数 10.0 kJ/(m · h · ℃),环境气温 T_a=25.0 ℃,混凝土块初始温度为 T_0=40.0 ℃,太阳辐射强度为 1 000 W/m²,混凝土吸收系数为 0.65,散热面散热系数为 30.0 kJ/(m² · h · ℃)。设混凝土块上表面为吸收太阳辐射面,其他面绝热,只考虑混凝土对流散热(图 2-23),求混凝土温度。

　　单元网格如图 2-24 所示。采用 ANSYS 表面效应单元 SURF152,令其 KEYOPT(8)=1,即 SURF152 只考虑热流密度荷载而忽略热对流荷载,而将热对流荷载施加在散热面节点上,其计算结果与本书给出的将太阳辐射强度折算为气温升高的模拟对比如表 2-7 所示,可知,将混凝土吸收的太阳辐射转化为气温升高来模拟其影响,误差基本为 0.0%,可见本书给出的太阳辐射简化计算方法具有较高精度。

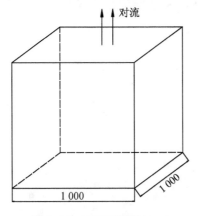

图 2-23　对流示意图(mm)

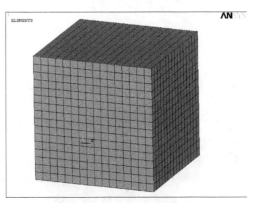

图 2-24　混凝土块网格剖分

表 2-7　ANSYS 表面效应单元解与折算气温计算解比较

厚度(m) 时间(d)	0.0			0.25			0.50		
	表面效应单元解	折算气温计算解	相对误差(%)	表面效应单元解	折算气温计算解	相对误差(%)	表面效应单元解	折算气温计算解	相对误差(%)
6	42.4	42.4	0.0	40.4	40.4	0.0	40.0	40.0	0.0
12	43.0	43.0	0.0	41.0	41.0	0.0	40.2	40.2	0.0
18	43.4	43.4	0.0	41.5	41.5	0.0	40.5	40.5	0.0
24	43.7	43.7	0.0	41.8	41.8	0.0	40.7	40.7	0.0

2.7.1.6　算例 6

某铜管热交换器,管直径 15.875 mm,壁厚 2.108 2 mm,管长 0.304 8 m,管内对流系数 10 000 W/(m² · ℃),管外对流系数 15 000 W/(m² · ℃),水入口温度 20.0 ℃,入口速度 3m/s,环境温度 100.0 ℃,铜管和液体热学性能参数见表 2-8。求最终液体出口温度。

表 2-8　材料热学性能

材料	密度(kg/m³)	导热系数[W/(m² · ℃)]	比热[J/(kg · ℃)]
铜管	8 889	100	390
水	1 000	0.6	4 187

单元网格如图 2-25 所示。采用温度场仿真二次开发模块求解,计算结果如图 2-26 所示,最终出水口水温为 24.06 ℃,根据文献[85]计算的出水口温度理论值为

24.50℃,相对误差1.78%,说明了考虑水管冷却温度场仿真二次开发模块的正确性。

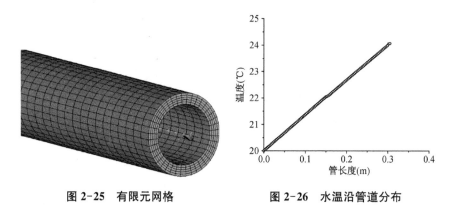

图2-25 有限元网格　　　　图2-26 水温沿管道分布

2.7.1.7 算例7

混凝土板厚2.0m,$U_0-U_B=1\%$,U_0为板内初始湿度均匀分布,U_B为平衡湿度,湿度扩散系数$k=5\times10^{-6}\,\mathrm{m^2/h}$,表面湿度交换系数为$\beta_1=2\times10^{-4}\,\mathrm{m/h}$,求板中心湿度变化。

该问题与初温均匀分布、第三类边界条件下混凝土板的天然冷却问题相似,文献[12]给出的解析解为:

$$U(z,\tau)=U_B+(U_0-U_B)\sum_{n=1}^{\infty}A_n\cos\frac{\mu_n z}{l}e^{-\mu_n^2 k\tau/l^2} \tag{2-69}$$

式中,A_n、μ_n由文献[12]查表可得。

采用湿度场仿真二次开发模块求解的结果与理论解的比较见图2-27和表2-9,可见有限元解基本落在理论解曲线上,理论解和有限元解误差龄期1年时为0.37%,结果吻合较好,说明了基于ANSYS温度场分析模块计算混凝土湿度场的可行性与二次开发模块的正确性。

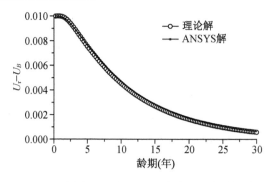

图2-27 板中心湿度ANSYS解与理论解的比较

表 2-9　板中心湿度 ANSYS 计算结果与理论值比较

时间(年)	0.5	1	5	10
理论解	1.00e-2	9.99e-3	7.55e-3	4.53e-3
有限元解	9.99e-3	9.95e-3	7.64e-3	4.67e-3
相对误差(%)	0.10	0.40	1.19	3.09

2.7.2　基于算例的混凝土温度应力仿真模块正确性验证

2.7.2.1　算例 1

有一混凝土浇筑块,周围均为固定边界,混凝土的弹性模量为 $E=30.0$ GPa,线膨胀系数为 $\alpha=1.0\times10^{-5}/℃$,泊松比为 $\mu=0.17$,求混凝土均匀降温 10 ℃产生的应力。

采用基于 UPFs 开发的混凝土早期应力计算模块进行计算。首先建立四周固定约束的实体模型,采用 SOLID185 单元划分网格,并赋予上述材料参数。具体求解中设弹性模量随龄期变化公式 $E(t)=E_0\times(1-e^{-a^b})$ 中参数 a 为一个很大数,参数 b 为 0.0,既能模拟弹性模量保持不变情况,又能验证弹性模量随龄期变化的程序模块正确性;徐变度相关参数设为很小值或 0.0(即模拟不考虑混凝土徐变情况),同时能验证有关徐变模块。

混凝土内各点的应力理论解为:

$$\sigma = \frac{E\alpha\Delta T}{1-2\mu} = \frac{30\times10^3\times1.0\times10^{-5}\times10}{1-2\times0.17} = 4.545 \text{ MPa} \qquad (2-70)$$

有限元网格和混凝土早期温度应力二次开发模块计算结果如图 2-28～图 2-29 所示,可见与理论解完全一致。

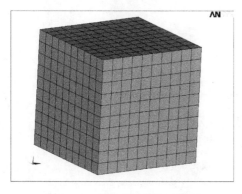

图 2-28　混凝土块有限元模型

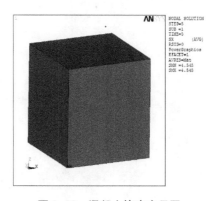

图 2-29　混凝土块应力云图

2.7.2.2 算例 2

对一两端固定的梁加载初始应力,求其在徐变作用下应力松弛变化[86]。材料弹性模量 $E=39\,200$ MPa,徐变度公式:$C(t,\tau)=\sum_{i=1}^{2}c_i[1-e^{-r_i(t-\tau)}]$,式中 $c_1=2.04\times10^{-6}/\text{MPa}$,$c_2=2.55\times10^{-6}/\text{MPa}$,$r_1=3.0$ L/d,$r_2=0.3$ L/d,泊松比为 $\mu=0.0$,热胀系数 $\alpha=1.0\times10^{-5}/\text{℃}$。

设应变 $\varepsilon(t)=\varepsilon_0$,通过求解继效方程

$$\varepsilon(t)=\frac{\sigma(t)}{E}+\int_{\tau_1}^{t}\sigma(\tau)\sum_{i=1}^{2}c_i\gamma_i e^{-\gamma_i(t-\tau)}\mathrm{d}\tau \tag{2-71}$$

得

$$\sigma(t)=E\varepsilon_0(0.847\,5+0.075\,5e^{-3.24t}+0.077\,0e^{-0.328t}) \tag{2-72}$$

有限元网格如图 2-30,混凝土早期温度应力二次开发模块计算结果与理论值的比较如图 2-31 和表 2-10 所示,可以看出两者的计算结果误差不超过 0.01%。

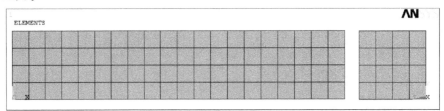

图 2-30　混凝土梁网格剖分

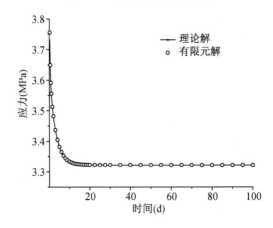

图 2-31　有限元解与理论解的比较

表 2-10　理论解与有限元解比较

时间(d)	0	1	5	10	20	50	100
理论解	1	90.59	86.24	85.04	84.76	84.75	84.75
有限元解	1	90.60	86.25	85.04	84.76	84.75	84.75
相对误差(%)	0.00	0.01	0.01	0.00	0.00	0.00	0.00

2.7.2.3　算例 3

采用文献[87]中在岩基上混凝土浇筑块由于水化热的作用及天然冷却而产生的温度徐变应力的算例验证混凝土早期温度场应力场二次开发模块的正确性。混凝土浇筑块分三层,每层厚度均为 1.5 m,如图 2-32 所示,层面间歇 7 d,浇筑后停歇 200 d,混凝土浇筑温度为 0 ℃,基岩及环境温度均为 0 ℃。混凝土材料参数如下:导热系数 $\lambda = 10.0$ kJ/(m·h·℃),导温系数 $a = 0.004\ 0$ m²/h,表面放热系数 $\beta = 60$ kJ/(m²·h·℃),热胀系数 $\alpha = 1 \times 10^{-5}$ ℃$^{-1}$,泊松比 $\mu = 0.167$,混凝土绝热温升为:

$$\theta(\tau) = 25.0\tau/(4.5 + \tau) \tag{2-73}$$

式中,τ 以天(d)计。

混凝土弹性模量(MPa)为:

$$E(\tau) = 30\ 000[1 - \exp(-0.4\tau^{0.34})] \tag{2-74}$$

混凝土徐变度(/MPa)为:

$$
\begin{aligned}
C(t,\tau) = {} & (0.230/30\ 000)(1 + 9.20\tau^{-0.45})\{1 - \exp[-0.3(t-\tau)]\} \\
& + (0.520/30\ 000)(1 + 1.70\tau^{-0.45})\{1 - \exp[-0.005(t-\tau)]\}
\end{aligned}
\tag{2-75}
$$

基岩弹性模量 $E = 30.0$ GPa,泊松比 $\mu = 0.2$,基岩导热系数、比热、密度和热膨胀系数与混凝土相同。

取对称结构进行计算,有限元计算网格如图 2-33 所示。图 2-34～图 2-37 为混凝土 AA、BB 剖面上在混凝土浇筑后不同时间的温度和 x 向正应力沿高程方向的分布。图 2-38～图 2-39 为浇筑块第一、三层面 x 向正应力沿长度方向的分布。

浇筑块 AA、BB 剖面上不同时间的温度分布如图 2-34、图 2-35 所示,浇筑块 AA、BB 剖面水平应力的分布如图 2-36～图 2-37 所示。第一、二层混凝土都是早期全断面受压,后期全断面受拉,第三层混凝土因顶面长期暴露,早期全断面受压,中期表面受拉、内部受压,后期表面受压而内部受拉。本算例温度和应力计算结果与文献[87]相比,规律、数值大小基本一致。以 AA 断面计算结果最高温度为例,本书计算结果为 12.25 ℃,文献[87]结果为 12.0 ℃,相对误差为 2.08%,说明本书混凝土施工期温度和应力计算模块二次开发的正确性。

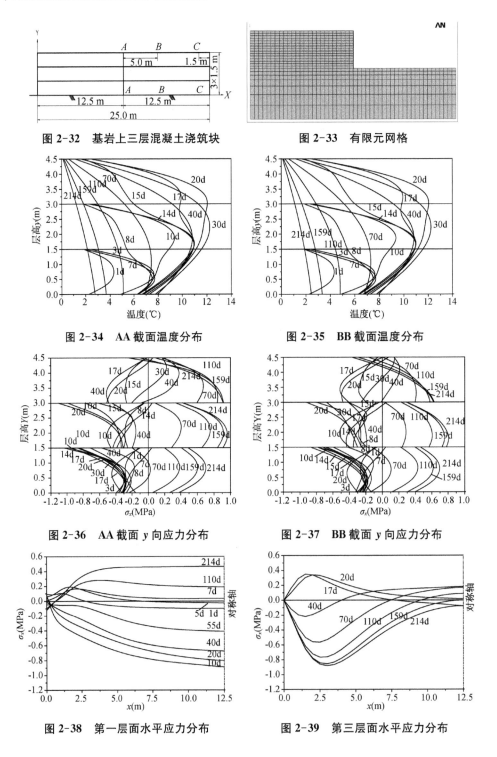

图 2-32　基岩上三层混凝土浇筑块

图 2-33　有限元网格

图 2-34　AA 截面温度分布

图 2-35　BB 截面温度分布

图 2-36　AA 截面 y 向应力分布

图 2-37　BB 截面 y 向应力分布

图 2-38　第一层面水平应力分布

图 2-39　第三层面水平应力分布

2.7.3　基于遗传算法的混凝土温度参数反分析

在混凝土温度仿真计算中,混凝土热学参数的确定对计算结果的可靠性和准确度有十分重要的影响,这些参数可以通过经验公式得到,但往往和实际有较大出入。常用的热学参数有:混凝土密度、比热、导温系数、导热系数、表面放热系数、最终绝热温升值及其温升规律参数等。其中表面放热系数和绝热温升规律参数是计算中重要而实验不易确定的参数,受影响的因素比较多、不确定性较强。

反分析与遗传算法基本原理参见文献[88],在此不再赘述。本书基于 ANSYS 软件平台,利用 FORTRAN 编制遗传算法模块,通过 FORTRAN 调用 ANSYS 实现渡槽温度模型试验混凝土温度参数反演分析,有助于混凝土温控防裂的研究和指导实际工程的施工。反分析流程如图 2-40 所示。

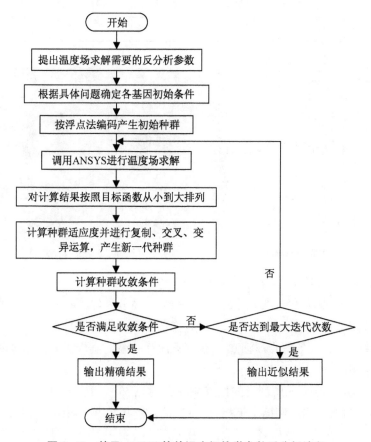

图 2-40　基于 ANSYS 软件温度场热学参数反分析流程

2.7.4　基于试验的温度场仿真模块正确性验证

2.7.4.1　混凝土试块

（1）试验内容

自然环境条件（试验大厅内）混凝土立方体温升试验[89]。

（2）试验材料及模型

大小为 1 000 mm×1 000 mm×1 000 mm 的混凝土立方体块，浇筑后置于试验大厅，试件顶面用麻袋覆盖并定期洒水养护，除顶面外四周采用木胶合板模板，底面架空，混凝土块内布置若干个温度测点，进行浇筑后测点温度观测，测点布置如图 2-41 所示，混凝土试件浇筑情况如图 2-42 所示。混凝土配合比如表 2-11 所示。

表 2-11　混凝土配合比

材　　料	水	水泥	粉煤灰	矿粉	砂	石(5~31.5)	JM-3	JM-83
配比(kg/m³)	160	425	60	60	597	1 053	35	8.7

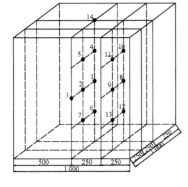

图 2-41　测点布置(mm)

图 2-42　混凝土试件浇筑情况

（3）试验结果和仿真计算结果比较

反演辨识的混凝土绝热温升公式为 $\theta(\tau) = 52.0 \times (1 - e^{-2.0\tau^{1.4}})$，木模板表面散热系数为 15.04 kJ/(m²·h·℃)，湿麻袋覆盖表面散热系数为 51.34 kJ/(m²·h·℃)。图 2-43 为各测点反演热学参数所计算的温度值与实测值温度时程曲线，由图可以看出：

① 各测点实测值和所埋设的位置相吻合，测点 1 位于试件中心，温升值最高，为 59.2 ℃，测点 3 靠近侧面木模板，温度次之，为 46.0 ℃，而测点 14 位于试件上表面，同时受洒水养护影响，温度最低，为 41.7 ℃，表明特征点温度变化规律合理，不同位置、不同散热条件温度变化曲线体现了测点温度之间的差别。

② 纵观所有测点温度时程曲线,计算值和实测值温度曲线吻合较好,温差在1.5℃范围内,说明反演算法具有较高计算精度及施工期混凝土温度场二次开发的正确性。

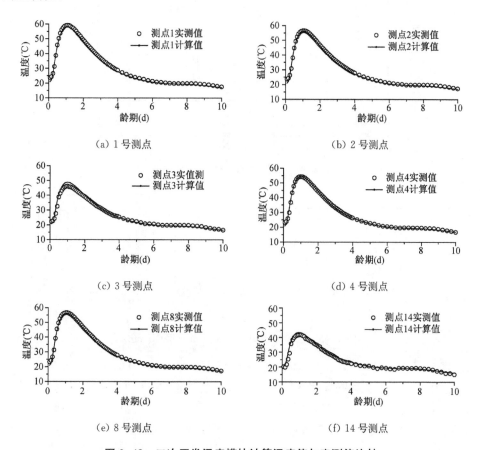

(a) 1 号测点

(b) 2 号测点

(c) 3 号测点

(d) 4 号测点

(e) 8 号测点

(f) 14 号测点

图 2-43　二次开发温度模块计算温度值与实测值比较

2.7.4.2　大型矩形渡槽模型试验

(1)试验目的

课题组利用大型人工气候室模拟环境实验室[90],浇筑大型渡槽相似模型,在渡槽内部和内外表面埋置混凝土温度传感器和混凝土变形传感器,研究渡槽模型在施工期、运行期温度发展变化的规律[91],验证温度场二次开发模块的正确性。

(2)试验概况

根据矩形箱型渡槽现场原型的设计资料,考虑模型成型的可行性、测试结果的精确性、试验场地大小并兼顾试验设备能力等各方面因素,最终确定本试验的模型尺寸如图 2-44~图 2-45 所示。

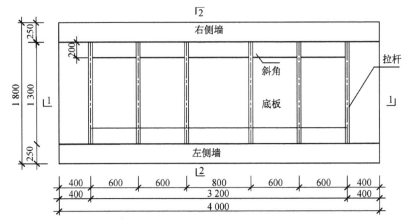

图 2-44　试验渡槽模型平面图(mm)

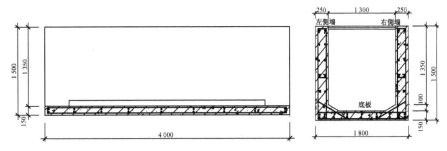

图 2-45　试验渡槽模型 1-1、2-2 剖面图(mm)

渡槽试验模型内部预埋的温度传感器有 159 个。在中间部位断面 3 预埋 75 个,侧墙根据其高度及壁厚确定 6 行 5 列,左右侧墙各 30 个;底板确定为 3 行 5 列,15 个。其余 4 个断面各预埋 21 个:侧墙 3 行 3 列,左右侧墙各 9 个;底板 1 行 3 列,3 个。预埋温度传感器布置如图 2-46～图 2-48 所示。

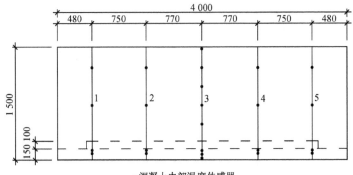

● 混凝土内部温度传感器
预埋温度传感器共布置 5 个横断面,共计 159 个。

图 2-46　预埋温度传感器纵断面布置图(mm)

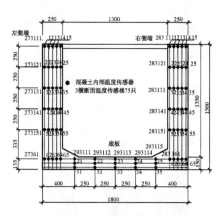 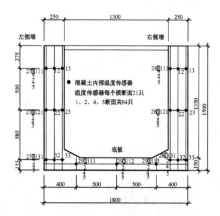

图 2-47 横断面 3 温度传感器布置图(mm)　图 2-48 横断面 1、2、4、5 温度传感器布置图(mm)

渡槽试验模型表面测温的温度传感器有 89 个,在断面 3 布置 29 个,左右侧墙各 12 个,底板 5 个。由于浇筑后底板底模不拆除使得布线困难,因此在其余 4 个断面各布置 15 个:左右侧墙各 6 个,底板上表面 3 个。其位置与内部预埋的温度传感器一一对应。表面温度传感器布置如图 2-49～图 2-51 所示。

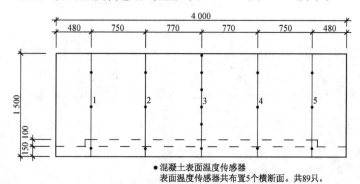

图 2-49 表面温度传感器纵断面布置图(mm)

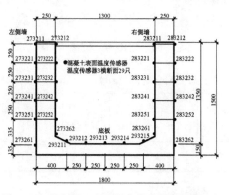 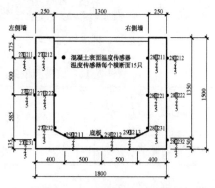

图 2-50 横断面 3 表面温度传感器布置图(mm)　图 2-51 横断面 1、2、4、5 表面温度传感器布置图(mm)

（3）试验内容

① 施工期

为模拟大型矩形渡槽在分层浇筑的施工环境下其内部水化作用的情况，渡槽模型确定为两次浇筑，第一次浇筑高度为 500 mm，如图 2-52 所示，第一次浇筑的底板上表面不设顶模，底板底模后期不拆除。浇筑间隔 17 d，之后浇筑完成上部墙体结构，自每次浇筑开始至 28 d 养护期间，对混凝土温度进行全程监测。渡槽模型第一、二批浇筑混凝土配合比如表 2-12～表 2-13 所示，浇筑情况如图 2-53～图 2-54 所示。

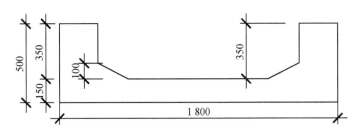

图 2-52　第一次浇筑渡槽断面(mm)

图 2-53　渡槽第一批浇筑完毕及养护　　　图 2-54　渡槽第二批浇筑完毕

表 2-12　渡槽模型第一批浇筑混凝土配合比(kg/m³)

部位	水	水泥 P.O42.5	粉煤灰 Ⅰ级	矿粉 S95	砂 2.6	石 5～31.5	膨胀剂 JM-3	高效减水剂 JM-8
底板、侧墙底部	170	425	60	60	597	1 053	35	8.7

表 2-13 渡槽模型第二批浇筑混凝土配合比（kg/m³）

部位	水	水泥 P.O42.5	粉煤灰 Ⅰ级	矿粉 S95	砂 2.6	石 5～31.5	膨胀剂 JM-3	高效减水剂 JM-8
侧墙	160	425	60	60	597	1 053	35	8.7

② 运行期

考虑到渡槽在运行期正常使用状态为通水状态，检修期为空槽状态，因此利用人工气候模拟环境技术进行冬季和夏季时的温度加载，具体工况见表 2-14。

表 2-14 渡槽模型温度试验运行期工况

加载工况		室温变化
空槽	夏季瞬态	初始 15 ℃ —太阳辐射升温 7.5 h→ 最高 41 ℃ —暴雨降温 4.5 h→ 最低 17 ℃
	秋冬季瞬态	初始 15 ℃ —缓慢降温 1.5 h→ 12.5 ℃ —寒潮降温 3 h→ 最低 0.7 ℃
通水	夏季瞬态	初始 30 ℃ —太阳辐射升温 3.4 h→ 最高 42 ℃ —转阴 4.6 h→ 30 ℃ —暴雨降温 3 h→ 最低 16.5 ℃
	秋冬季瞬态	初始 19 ℃ —缓慢降温 2 h→ 13.6 ℃ —寒潮降温 2.5 h→ 最低 2.8 ℃

（4）试验结果和仿真计算结果比较

大型矩形渡槽试验结果数据庞大，限于篇幅，基于试验结果的混凝土施工期、运行期温度场二次开发模块的正确性验证选取渡槽浇筑期、空槽夏季瞬态、通水冬季瞬态三种工况进行。

① 施工工况

施工期渡槽底板混凝土温度试验结果如图 2-55～图 2-58 所示。由图 2-55 可知，第一批浇筑的渡槽模型底板、侧墙底部混凝土温度变化大致经历 4 个阶段：a. 降温阶段。由于混凝土浇筑时正值夏季高温，混凝土入仓温度高于人工气候试验室室温，且混凝土在入模后前几个小时水化生热较小，因此在混凝土入模 8 h 前处于降温阶段。b. 升温阶段。混凝土浇筑 8 h 左右水化生热明显增大，混凝土生热速率大于散热速率，混凝土温度迅速上升，各部位在浇筑后 20 h 左右达到峰值。c. 降温阶段。各部位混凝土达到峰值后由于生热率小于散热速率，温度迅速下降，约 3 d 后温度基本达到室温。d. 稳定阶段。3～5 d 后混凝土达到稳定温度，并随室温波动。从各典型点温度变化过程看，各测点试验结果符合一般规律，说明了试验结果的正确性和可靠性。从图 2-56 可知，不同断面测点温度变化过程基本相同,不同之处在于断面1温度峰值较小,分析原因在于断面1位于试验室门口附近,该处空气流通条件较好,室温偏低,因此断面1典型测点温度峰值较低。底板混凝土施工期温度梯度如图2-57~图2-58所示。由图2-57可知,底板施工期由于底板底部底模不拆除,而上表面未设模板,且底板厚度较薄,因此在底板内部温度梯度很小,只在上表面与空气接触浅层早期存在一定温度梯度。底板横向方向(图2-58),浇筑早期(例如1 d)底板温度分布非线性较为明显,原因在于侧墙底部混凝土体积较大、水化热量较多。

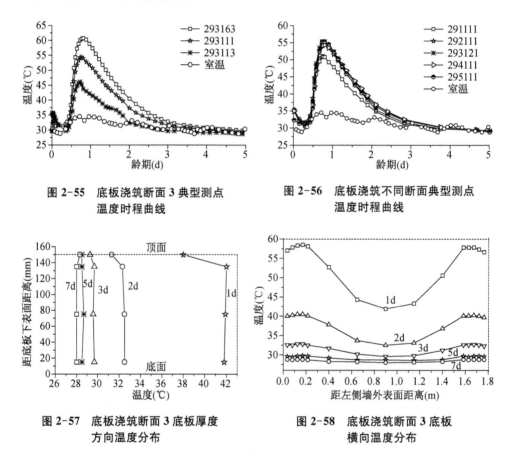

图 2-55 底板浇筑断面 3 典型测点
温度时程曲线

图 2-56 底板浇筑不同断面典型测点
温度时程曲线

图 2-57 底板浇筑断面 3 底板厚度
方向温度分布

图 2-58 底板浇筑断面 3 底板
横向温度分布

施工期渡槽侧墙混凝土温度试验结果如图2-59~图2-61所示。由图2-59可以看出,侧墙混凝土早期温度随龄期变化规律同第一批浇筑底板混凝土,同样经历降温、升温、降温、稳定等4个阶段。同时可以看出,测点273113和273143峰值温度较测点273123、273133低8.0 ℃左右,原因在于测点273113距离顶部较近,散热条件较好,而测点273143靠近第一批、第二批浇筑界面,热量向第一批老混凝土传递。各测点试验结果符合一般规律,说明了试验结果的正确性和可靠性。从图 2-60 可以看出,渡槽试验模型侧墙早期沿壁厚方向温度梯度不大,原因在于侧墙厚度不大,且木模板具有一定保温作用。在侧墙高度方向,第二批新浇筑混凝土早龄期温度梯度较大,例如 1 d 时,距离侧墙上表面 0.28 m 范围内,温度相差 14.57 ℃;在新老混凝土交界面上下 0.585 m 范围内,温度相差 16.3 ℃,温度梯度达到 27.86 ℃/m,3 d 后温度梯度变得很小。

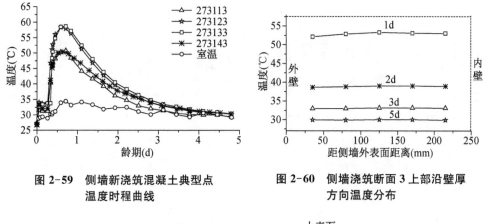

图 2-59　侧墙新浇筑混凝土典型点温度时程曲线　　图 2-60　侧墙浇筑断面 3 上部沿壁厚方向温度分布

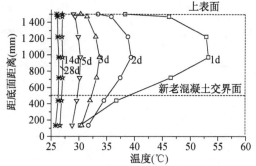

图 2-61　左侧墙凝土沿高度方向温度分布

基于上述试验成果,采用研制的反分析模块反演辨识的底板混凝土绝热温升公式为 $\theta(\tau)=55.0\times(1-e^{-3.0\tau^{0.9}})$,侧墙混凝土绝热温升公式为 $\theta(\tau)=55.0\times(1-e^{-3.0\tau^{0.7}})$,木模板表面散热系数为 15.04 kJ/(m²·h·℃),湿麻袋覆盖表面散热系数为 51.37 kJ/(m²·h·℃)。采用研制的混凝土渡槽施工期温度场二次开发模块对试验进行仿真计算,图 2-62～图 2-63 为各测点反演热学参数所计算的温度值与实测值温度时程曲线,由图可以看出:

a. 各测点实测值和所埋设的位置相吻合,测点 273163 位于渡槽模型侧墙底部体积较大处,温升值最高,为 61.0 ℃,测点 273161 靠近侧面木模板,温度次之,为 59.0 ℃,而测点 293113 位于渡槽底板上表面,同时受蓄水养护影响,温度最低,为 45.7 ℃,表明特征点温度变化规律合理,不同位置、不同散热条件下的温度变化曲线体现了测点温度之间的差别。

b. 纵观所有测点温度时程曲线,计算值和实测值温度曲线吻合较好,温差在 2.0 ℃范围内,说明反演算法具有较高计算精度及混凝土施工期温度场二次开发正确性。

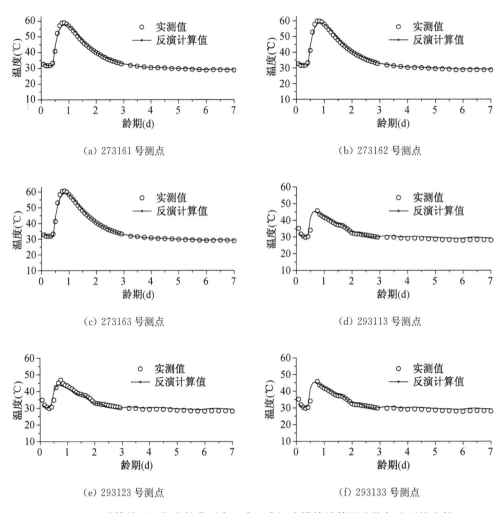

图 2-62 渡槽模型一期浇筑典型点二次开发温度模块计算温度值与实测值比较

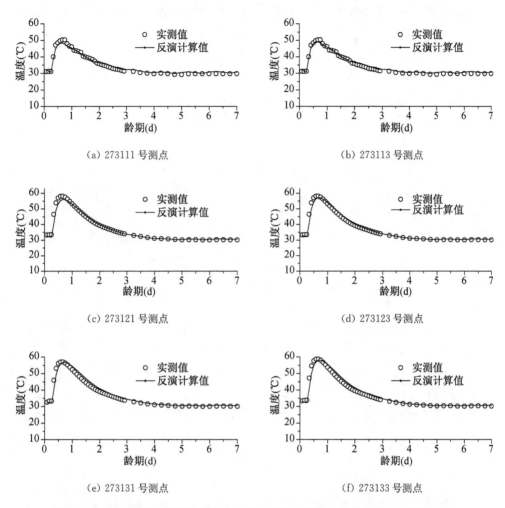

(a) 273111 号测点   (b) 273113 号测点

(c) 273121 号测点   (d) 273123 号测点

(e) 273131 号测点   (f) 273133 号测点

图 2-63　渡槽模型二期浇筑典型点二次开发温度模块计算温度值与实测值比较

② 运行期渡槽夏季空槽瞬态、冬季通水瞬态工况

大型渡槽在建成后的运行期,外表面置于复杂的自然环境中,经受着太阳辐射强度、气温变化等各种自然环境因素变化的影响。

试验利用人工模拟环境系统,实现夏季高温辐射后暴雨降温加载,室内气温变化过程如图 2-64 所示。由于渡槽模型尺寸较大,试验加载前各部位混凝土初始温度要达到基本一致需要一定过程,由于混凝土初始温度对其热传导影响不大,因此运行期空槽夏季瞬态工况以侧墙混凝土内部的温度在 10~12 ℃、底板混凝土内部温度在 7~9 ℃ 为初始时刻进行。在试验结果整理时以相对于初始时刻温度变化幅度 ΔT 为变量。图 2-65 为渡槽模型典型部位温度时程曲线。从图中可以看出,典型部位温度变化具有较明显的规律,随环境温度增加逐步增加、降低而降低,但存在滞后性,达到峰值时间相对环境温度峰值滞后约 0.5 h。图 2-66 为边墙厚度方向不同时刻温度分布,从图中可以看出,不同加载时刻由于环境温度变化引起的温度梯度内外表面附近较大,内部相对较小,同时外侧表面温度梯度较内侧表面大。图 2-67 为渡槽模型底板高度方向温度分布,可知底板高度方向温度分布接近,原因在于底板底部木模板未拆除,起到了一定保温作用。

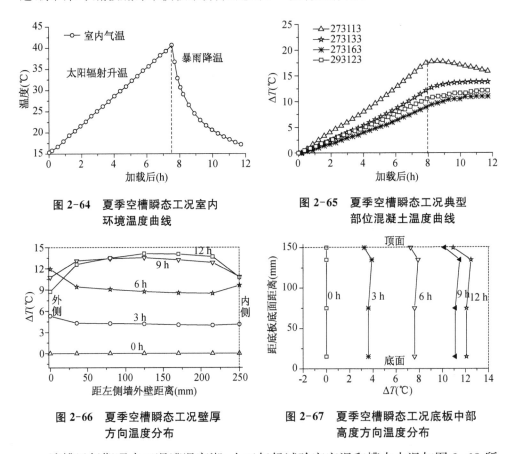

图 2-64　夏季空槽瞬态工况室内环境温度曲线

图 2-65　夏季空槽瞬态工况典型部位混凝土温度曲线

图 2-66　夏季空槽瞬态工况壁厚方向温度分布

图 2-67　夏季空槽瞬态工况底板中部高度方向温度分布

渡槽运行期通水工况遭遇寒潮,人工气候试验室室温和槽内水温如图 2-68 所示。图 2-69 为典型点温度变幅时程曲线,由图可知,2.0 h 前室温缓慢下降,但高于混凝土渡槽初始温度,因此 2.0 h 前各部位典型点温度呈缓慢上升趋势。2.0 h 后室温开始骤降,各典型点温度开始下降,以 273113 点最为显著,降幅和温降速率均明显大于其他测点,原因在于其位于侧墙顶部,受环境温度变化影响较大。图 2-70～图 2-71 分别为水面以下、以上侧墙厚度方向温度分布,可知与水接触的槽内壁温度几乎不变,而槽外表面随室温骤降急剧降低,形成较大温度梯度;水面以上部分则在渡槽内外表面均形成较大温度梯度,内部测点温度变化不大且温度梯度几乎不存在。图 2-72 为底板厚度方向的温度分布,可知由于槽内水温变化不大,而外表面温度随室温变化较剧烈,因此在底板内形成较大温度梯度。

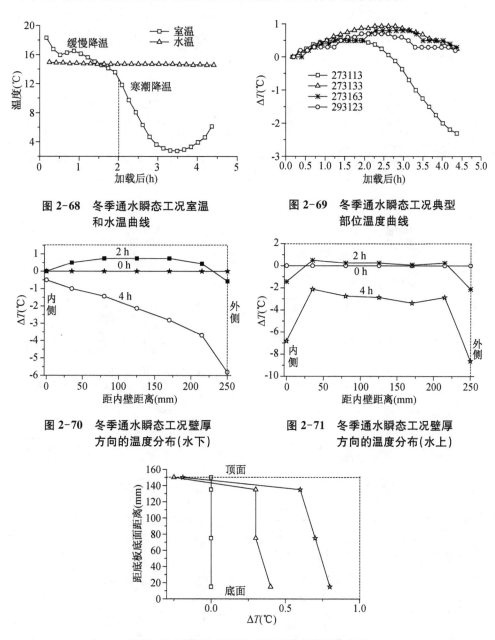

图 2-68　冬季通水瞬态工况室温
和水温曲线

图 2-69　冬季通水瞬态工况典型
部位温度曲线

图 2-70　冬季通水瞬态工况壁厚
方向的温度分布(水下)

图 2-71　冬季通水瞬态工况壁厚
方向的温度分布(水上)

图 2-72　断面 3 底板中部沿厚度方向温度变化

基于上述试验成果,采用研制的混凝土渡槽运行期温度场二次开发模块对试验进行仿真计算,图 2-73～图 2-74 为渡槽空槽运行夏季瞬态、通水运行冬季瞬态工况各典型测点温度计算值与实测值温度时程曲线,由图可以看出,实测数据和计算值变化趋势基本相同,数据吻合较好,二者误差在 3.0 ℃ 以内,说明本书给出的混凝土渡槽温度场及其边界条件计算方法具有较高精度,同时也证明了混凝土渡槽运行期温度场二次开发模块的正确性、可靠性。

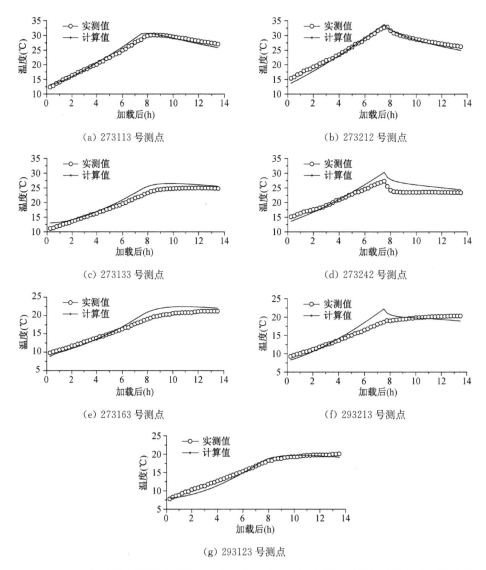

图 2-73　运行期渡槽空槽夏季瞬态工况典型点二次开发温度模块计算温度值与实测值比较

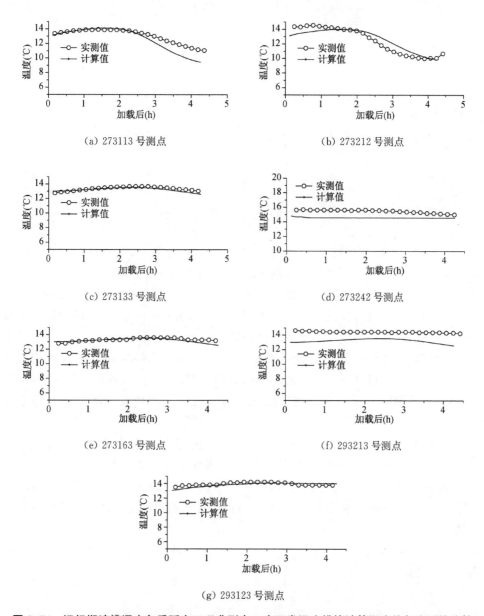

(a) 273113 号测点　　　　(b) 273212 号测点

(c) 273133 号测点　　　　(d) 273242 号测点

(e) 273163 号测点　　　　(f) 293213 号测点

(g) 293123 号测点

图 2-74　运行期渡槽通水冬季瞬态工况典型点二次开发温度模块计算温度值与实测值比较

第3章
大型矩形混凝土渡槽间接作用及防裂方法

矩形槽身整体刚度较大,在纵向受力中,纵向挠度较小,侧墙刚度远远大于底部纵梁,底部纵梁的跨中挠度大于侧墙挠度,底板受力比较复杂。当渡槽顶部设有拉杆时,矩形断面两侧墙间的联系得以加强,同时拉杆作为侧墙在顶部的支点,对结构受力有利。在矩形渡槽中,水荷载主要由底部纵梁承担,侧墙以承受侧向水压力为主,同时承担部分竖向水荷载。然而矩形混凝土渡槽侧墙与底板均属于薄壁混凝土结构,比表面积较大,在施工期受结构内外温差、内外湿度、材料干燥收缩以及外部约束影响,极易形成"由表及里"的表面裂缝;在运行期受太阳辐射、寒潮降温等影响,短期内温度骤变亦可导致混凝土结构内产生较大温度梯度从而导致开裂。

基于第2章中 ANSYS 软件的二次开发模块,考虑混凝土早期热学、力学、变形性能,模拟各类温度边界条件、湿度条件,以及水管冷却等工况,本书对大型矩形混凝土渡槽实际工程进行仿真分析,模拟矩形渡槽施工期、运行期温度场、湿度场及应力场,定量分析防裂措施的防裂效果,提出大型矩形混凝土渡槽开裂机理及防裂措施。

3.1 工程资料

3.1.1 渡槽结构形式与尺寸

某矩形混凝土渡槽槽身单跨40.0 m,槽身横向断面为三槽并联矩形槽多侧墙结构,槽身底轮廓总宽为24.3 m,槽孔净宽7 m×3槽,槽身底板厚0.4 m(端部为0.5 m),边墙厚0.6 m,中隔墙厚0.7 m,上部设人行道板和拉杆,底板下设横向次梁,纵向设4根纵梁,槽身尺寸如图3-1~图3-3所示。

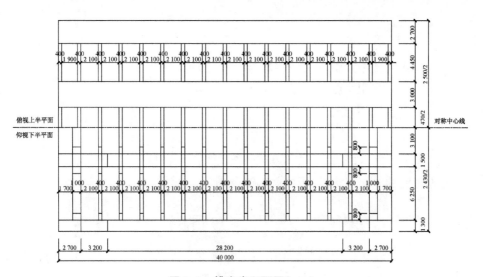

图 3-1　槽身半平面图(mm)

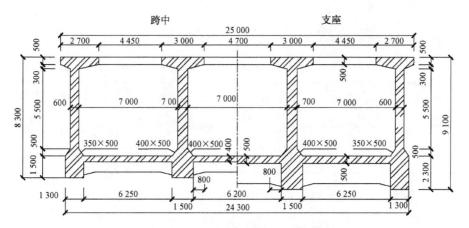

图 3-2　槽身横断面图(mm)

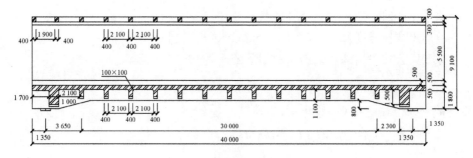

图 3-3　槽身纵断面图(mm)

3.1.2 气温资料

参考南水北调中线沿程气温资料,计算中拟定年平均气温为 10.0 ℃,年气温变幅为 15.0 ℃,采用余弦函数拟合计算公式,如下:

$$T_a(\tau) = 10.0 + 15.0\cos\left[\frac{\pi}{6}(\tau - \tau_0)\right] \tag{3-1}$$

式中,τ_0 为全年气温最高的时刻,取值为 7.5 月;t 为月份。

考虑气温的昼夜变化,一天中气温变化为:

$$T_a^d(t) = T_a(\tau) + A \times \cos\left[\frac{\pi}{12}(t - t_0)\right] \tag{3-2}$$

式中,$T_a^d(t)$ 为一天中 t 时刻气温值,℃;$T_a(\tau)$ 为日平均气温值,℃;A 为气温日变幅,取 $A=10.0$,℃;t_0 为一天中气温最高的时刻,一般取 14:00。

3.1.3 热学、力学参数

混凝土主要热学参数如表 3-1 所示。

表 3-1 混凝土主要热学参数

导热系数 [kJ/(m·h·℃)]	比热 [kJ/(kg·℃)]	密度 (kg/m³)	热膨胀系数 (10⁻⁶/℃)	混凝土表面放热系数 〔kJ/(m²·h·℃)〕				
				裸露	0.5 cm 泡沫板	1.0 cm 泡沫板	2.0 cm 泡沫板	2.5 cm 草袋
10.0	1.0	2 400	10	34.56	14.84	9.45	5.47	4.57

渡槽高性能混凝土绝热温升表达式取为:

$$\theta(\tau) = 50.0 \times (1 - e^{-0.3\tau^{3.0}}) \tag{3-3}$$

混凝土弹性模量:$E = 34.5 \times (1 - e^{-0.3t_e^{0.4}})$ MPa

泊松比:0.167

混凝土抗拉强度:$R = 4.5 \times [1 - \exp(-0.6\tau^{0.5})]$

徐变度公式采用课题组提出的如下公式[92] (10^{-6}/MPa):

$$\begin{aligned}C(t,t_0)_{标准} = &(0.1 + 74.19t_0^{-0.261})[1 - e^{-0.333(t-t_0)}] \\ &+ (0.12 + 81.265\tau^{-0.288})[1 - e^{-0.006\,4(t-t_0)}]\end{aligned} \tag{3-4}$$

$$C(t,t_0) = C(t,t_0)_{标准}\beta(V/S)\beta(h)\beta(f_{cu,k})\beta_{flyash}\beta_{additive}\beta_{cure} \tag{3-5}$$

式中,$C(t,t_0)$ 为非标准状态下的徐变度;$C(t,t_0)_{标准}$ 为标准状态下的徐变度;

$\beta(V/S) = 0.549 + \dfrac{1.406}{(V/S)^{0.314}}$ 为截面尺寸修正系数,V/S 为构件的体表比,单位 mm;
$\beta(h) = 1.194 - 0.537 h^2$ 为环境相对湿度修正系数,h 为混凝土的相对湿度,以小数表示;$\beta(f_{cu,k})$ 为强度修正系数,$\beta(f_{cu,k}) = (30/f_{cu,k})^{0.43}$;$\beta_{flash}$ 为粉煤灰修正系数,按表 3-2 取值;$\beta_{additive}$ 为外加剂修正系数,按表 3-3 取值;β_{cure} 为养护条件修正系数,按表 3-4 取值。

表 3-2　粉煤灰修正系数 $\pmb{\beta}_{flyash}$

加载龄期 t_0(d)		3	7	14	28	60	90	180	360
掺量	15%	1.00	0.813	0.764	0.732	0.715	0.691	0.691	0.691
	20%	1.201	1.012	0.927	0.786	0.654	0.573	0.531	0.452
	25%	1.242	1.154	1.008	0.813	0.634	0.526	0.407	0.366

表 3-3　外加剂修正系数 $\pmb{\beta}_{additive}$

外加剂类型	普通减水剂	高效减水剂	引气剂
修正系数	1.15~1.30	1.20~1.40	1.20~1.40

表 3-4　养护条件修正系数 $\pmb{\beta}_{cure}$

养护条件	标准养护	蒸汽养护
β_{cure}	1.0	0.85

混凝土自生体积变形采用课题组提出的如下公式[93]计算:

$$\varepsilon_{as}(t) = \varepsilon_0(t) \cdot \gamma_c \gamma_{w/c} \gamma_{G_p} \gamma_{D_{max}} \gamma_F \gamma_K \gamma_S \tag{3-6}$$

式中,$\varepsilon_0(t)$ 为任一龄期基准混凝土的自收缩值,$\varepsilon_0(t) = [469.3 \cdot e^{-0.077(t-t_0)} - 479] \times 10^{-6}$,$t_0$ 为初凝时间,h;γ_c 为水泥类型影响系数,可按表 3-5 取值;$\gamma_{w/c}$ 为水灰比影响系数,$\gamma_{w/c} = 14.5165 \cdot e^{-8.9678 \cdot (w/c)} - 0.0708$,$w/c$ 为水灰比;γ_{G_p} 为骨料含量影响系数,$\gamma_{G_p} = 6.2517 - 8.0613 \cdot G_P$,$G_P$ 为骨料含量,%;$\gamma_{D_{max}}$ 为骨料最大粒径影响系数,$\gamma_{D_{max}} = 48.836 \cdot D_{max}^{-1.4106}$,$D_{max}$ 为粗骨料的最大粒径,mm;γ_F 为粉煤灰影响系数,$\gamma_F = 0.9896 - 0.0091 \times F$,$F$ 为粉煤灰掺量,%;γ_K 为矿渣粉影响系数,$\gamma_K = \begin{cases} 0.9987 - 0.0050 \times K, & (t \leqslant 3d) \\ 1.0022 + 0.0021 \times K, & (t > 3d) \end{cases}$,$K$ 为矿渣粉掺量,%;γ_S 为硅粉影响系数,$\gamma_S = 1.0119 + 0.0467 \times S$,$S$ 为硅粉掺量,%。

表 3-5　水泥类型对混凝土自收缩的修正系数

水泥类型	γ_c	水泥类型	γ_c
矿渣水泥	1.25	普通水泥	1.00
快硬水泥	1.12	火山灰水泥	1.00
低热水泥	1.10	抗硫酸盐水泥	0.78
石灰矿渣水泥	1.00	矾土水泥	0.52

3.2　有限元仿真模型

3.2.1　计算模型

仿真计算以槽身一跨 40.0 m 为研究对象,根据工程结构对称性,无冷却水管的仿真计算建模取四分之一结构,含有冷却水管的仿真计算建模时取一半结构,由于混凝土渡槽表面温度梯度大,建模时靠近结构表面单元剖分相对密,往内部逐渐过渡变疏,含有冷却水管时由于水管周围温度梯度比较大,对水管周围单元进行加密,并在渡槽端部布置为参差不齐形式,避免在端部无水管区域形成较大范围高温区。无冷却水管有限元模型如图 3-4 所示,节点和单元总数分别为 22 102、17 420;含冷却水管有限元模型如图 3-5 所示,节点和单元总数分别为 50 901、41 878。

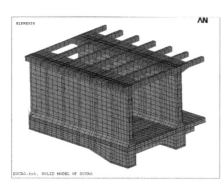

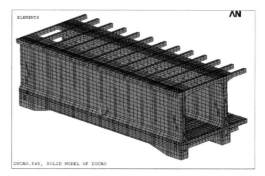

图 3-4　矩形渡槽无冷却水管　　　　图 3-5　矩形渡槽有冷却水管
　　　　四分之一有限元模型　　　　　　　二分之一有限元模型

整体坐标系坐标原点在渡槽跨中断面、底板上表面、边纵梁外表面三个断面交点处,横向由边纵梁指向中纵梁为 X 轴正向,铅直向上为 Y 轴正向,沿水流方向为 Z 轴正向。

温度场计算时假定计算域支座底面、计算域对称面为绝热边界,其他面为热交换边界,按第三类边界条件处理,含冷却水管时冷却水与周围混凝土也按第三类边界条件计算。应力场计算时,假定渡槽支座底部为铰支座,计算域对称面为连杆支座,其余为自由边界。

3.2.2　特征点、特征路径与水管布置

为便于计算结果整理,矩形渡槽跨中特征点如图 3-6 所示,特征路径如图 3-7 所示,水管布置如图 3-8 所示。

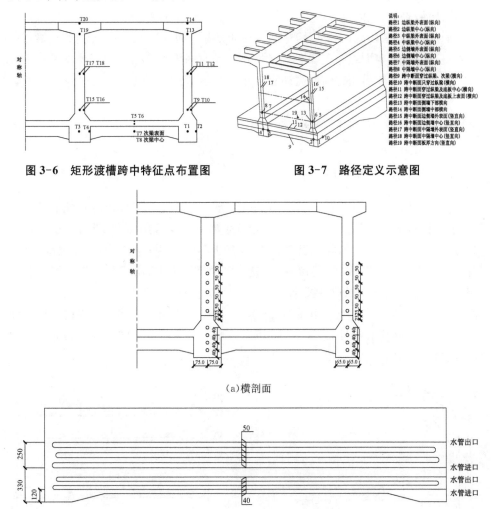

图 3-6　矩形渡槽跨中特征点布置图　　　　图 3-7　路径定义示意图

说明:
路径1 边纵梁外表面(纵向)
路径2 边纵梁中心(纵向)
路径3 中纵梁外表面(纵向)
路径4 中纵梁中心(纵向)
路径5 边侧梁外表面(纵向)
路径6 边侧梁中心(纵向)
路径7 中隔墙外表面(纵向)
路径8 中隔墙中心(纵向)
路径9 跨中断面穿过纵梁、次梁(横向)
路径10 跨中断面几穿过纵梁、次梁中心(横向)
路径11 跨中断面穿过纵梁及底板中心(横向)
路径12 跨中断面穿过纵梁及底板上表面(横向)
路径13 跨中断面侧墙下部横向
路径14 跨中断面侧墙中部横向
路径15 跨中断面边侧墙外表面(竖直向)
路径16 跨中断面中侧墙中心(竖直向)
路径17 跨中断面中隔墙外表面(竖直向)
路径18 跨中断面中隔墙中心(竖直向)
路径19 跨中断面底板厚方向(竖直向)

(a)横剖面

(b) 纵剖面

图 3-8　矩形渡槽主梁中水管布置(cm)

3.2.3 基本工况

混凝土施工开始浇筑时间拟定为 7 月 1 日,施工现场采用钢模板,侧模 7 d 拆模。槽身结构分二层施工,第一层混凝土浇筑到侧墙"八"字以上垂直段 0.25 m 处,第二层浇筑上部墙体、翼缘及拉杆,第一、二层浇筑间歇时间 14 d,混凝土浇筑温度在日平均气温基础上加 5.0 ℃,但不超过 25.0 ℃,混凝土浇筑后 3 d 内考虑 ±5.0 ℃的昼夜温差。

由于渡槽施工期温度场应力场计算结果数据庞大,且对于大型矩形渡槽其温度场应力场分布复杂,分析主要以跨中断面特征点温度和应力为对象,分析其温度和应力时空变化规律,典型点布置如图 3-6 所示。同时为了整体把握渡槽温度及应力分布规律,给出了渡槽沿路径的温度和应力分布图,典型路径图如图 3-7 所示。

3.3 基本工况仿真计算结果

3.3.1 基本工况温度场变化规律

各条路径温度分布如图 3-9～图 3-18 所示。混凝土渡槽沿纵向方向(图 3-9～图 3-12),槽身端部由于体积较大、端面散热缘故,纵梁内部距端部 2.0 m 左右温度最高、端面温度最低,除端部温度分布有所不同外,槽身沿纵向温度分布基本相同。从图 3-13～图 3-14 可以看出,渡槽跨中横向方向,次梁和底板内温度分布变化不大,边纵梁和中纵梁在梁宽方向温度分布呈明显的非线性,1.5 d 时纵梁内、外点温度变化 20.0 ℃左右;由图 3-15 可知,槽身跨中断面边墙和中隔墙厚度方向温度分布也呈明显非线性;由图 3-16 可以看出底板在厚度方向温度分布亦具有非线性特征。

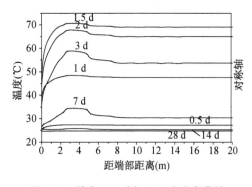

图 3-9 基本工况路径 1 温度分布曲线

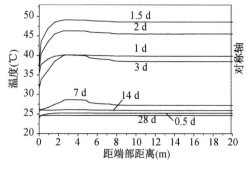

图 3-10 基本工况路径 2 温度分布曲线

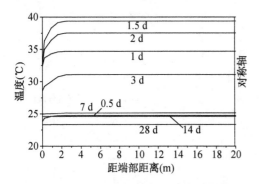

图 3-11　基本工况路径 5 温度分布曲线

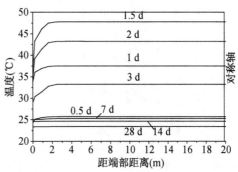

图 3-12　基本工况路径 6 温度分布曲线

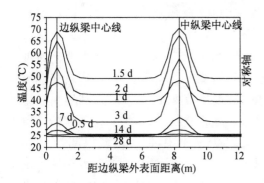

图 3-13　基本工况路径 9 温度分布曲线

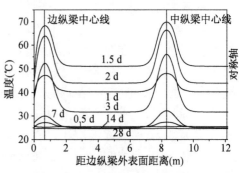

图 3-14　基本工况路径 11 温度分布曲线

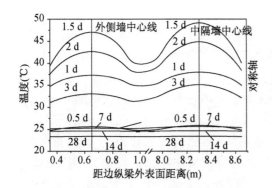

图 3-15　基本工况路径 13 温度分布曲线

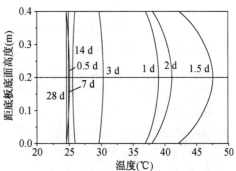

图 3-16　基本工况路径 19 温度分布曲线

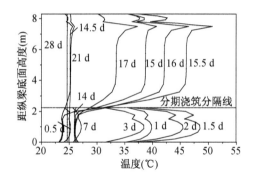 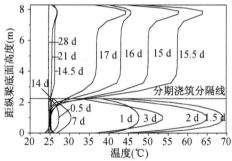

图 3-17　基本工况路径 15 温度分布曲线　　图 3-18　基本工况路径 16 温度分布曲线

　　从图 3-17～图 3-18 可以看出,渡槽跨中断面高度方向,由于渡槽分层浇筑,在纵梁高度方向和侧墙上下两端温度分布非线性明显,而在侧墙中部高度方向温度变化不大;在第一、二批浇筑混凝土间歇面上下,新混凝土刚浇筑完时混凝土温度梯度很小,随着新浇筑混凝土水化放热及向老混凝土热传递,新老混凝土间温度梯度逐渐变大,在新浇混凝土达到温度峰值即 15.5 d 时达到最大温度梯度,在间歇面上下 2 m 范围内新老混凝土温度相差 32.0 ℃左右。随着龄期增长和表面散热,梯度逐渐变小。在新浇筑墙体混凝土中,以边侧墙内部路径 16 为例,温度最高达到 57.0 ℃,距间歇面以上 1.0 m 处,温度梯度主要处于这个范围,距间歇面以上 1.0 m 以外混凝土热量散发主要是沿渡槽横向进行,因此垂直于间歇面方向基本没有温度梯度。对于老混凝土,上层新浇混凝土对其温度的影响深度在距间歇面以下约 0.7 m 范围内,再往下老混凝土几乎不受影响,温度梯度几乎为零。

　　如图 3-19～图 3-24 所示,由跨中截面各典型点温度时程曲线可以看出,大型矩形混凝土渡槽浇筑后,各典型点温度经历三个阶段:①温升阶段:由于大型渡槽多采用高性能泵送混凝土,水泥用量大、等级高,浇筑后 1.5 d 水化速率、温升幅度和温升速率均比较大,同时由于混凝土为热的不良导体,内部热量无法及时散发,形成较大内外温差;②温降阶段:温度峰值过后混凝土温度开始下降,且内部温降速率大于表面温降速率;③准稳定阶段:浇筑后大约 10.0 d 左右混凝土内外温度和环境温度趋于一致,并随环境温度波动。同时从表 3-6 可以看出,渡槽端部内外特征点温度峰值和内外温差较跨中大,原因在于端部混凝土体积较大;纵梁等体积较大构件内外温度和温差较次梁、底板、墙体等体积较小部位大。

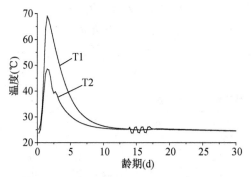

图 3-19　基本工况特征点 1、2 温度时程曲线

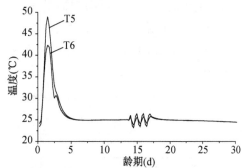

图 3-20　基本工况特征点 5、6 温度时程曲线

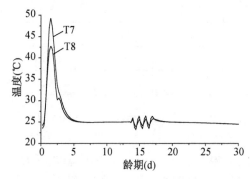

图 3-21　基本工况特征点 7、8 温度时程曲线

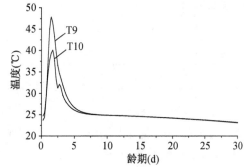

图 3-22　基本工况特征点 9、10 温度时程曲线

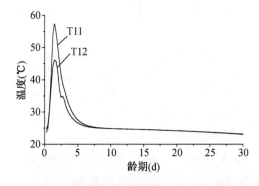

图 3-23　基本工况特征点 11、12 温度时程曲线

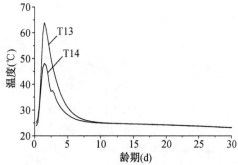

图 3-24　基本工况特征点 13、14 温度时程曲线

矩形渡槽槽身的边纵梁、中纵梁是槽身混凝土结构尺寸较大的部位,由于高性能泵送混凝土水化热大,由图 3-19 及表 3-6 可知,第一层混凝土浇筑后 1.5 d 时边纵梁内部特征点 1 温度升到最高,达到 69.05 ℃,此时表面点温度为 48.55 ℃,内外温差 20.50 ℃,同时由于气温日变幅影响,内外温差在 2.25 d 时达到 21.08 ℃左

右,如此大的内外温差易引起混凝土早期表面裂缝,应该采取相应的温控措施防裂。随着纵梁混凝土热量的散发,混凝土温度逐渐降低,第一层浇筑完约 10.0 d,纵梁内部温度降到 25.6 ℃,平均每天下降 4.5 ℃,后期受外界环境温度影响,混凝土温度逐渐和气温趋于一致。

表 3-6　矩形渡漕基本工况各部位特征温度(℃)

位　置	跨中断面最高温度			端部断面最高温度		
	内部	表面	内外温差	内部	表面	内外温差
边纵梁	69.05	48.55	20.50	70.64	49.14	21.50
中纵梁	70.39	49.18	21.21	72.78	49.28	23.50
横次梁	49.16	42.65	6.51	65.17	49.14	16.03
底　板	48.78	42.28	6.50	54.02	44.76	9.26
边侧墙	57.31	46.10	11.21	57.30	46.09	11.21
中隔墙	60.40	47.15	13.25	60.40	47.15	13.25

矩形渡槽底板比较薄,只有 0.4 m,端部局部加厚至 0.5 m,由图 3-20 可以看出,槽身第一层混凝土浇筑后 1.5 d 时底板混凝土达到最高温度,只有 48.78 ℃,此后温度开始下降,底板在龄期 2.25 d 时内外温差为 6.5 ℃左右,内外温差不大。次梁体积虽然较大,但三面散热,散热条件较好,龄期为 1.5 d 时温度达到最高 49.2 ℃(图 3-21),内外最大温差 6.5 ℃,此后温度开始下降,3 d 内温度下降 23.3 ℃,平均每天下降 7.8 ℃,再以后基本达到准稳定温度,随外界温度变化而周期性变化。

经过 14.0 d 间隙期后进行上层墙体结构混凝土浇筑,此时下层混凝土温度接近环境温度,上层墙体属混凝土薄壁结构,散热条件相对较好,由墙体特征点 9、10(图 3-22)可知,早期墙体下部内部点在浇筑后 1.5 d 左右温度达到峰值 47.8 ℃,此时表面点温度 39.4 ℃,墙体混凝土内外温差 8.4 ℃,温度达到峰值后由于墙体两侧面散热,混凝土温度下降很快,以内部点 9 为例,峰值后 5 d 温度下降了 22.3 ℃,平均每天下降 4.5 ℃。由图 3-24 可知,顶板混凝土由于体积相对较大,在龄期为 1.5 d 时温度达到最高 64.7 ℃,此时表面温度为 48.3 ℃,内外温差 16.4 ℃。

3.3.2　基本工况温度应力变化规律

跨中截面各典型点应力时程曲线及纵梁、次梁、底板表面早期应力剖面图如图 3-25～图 3-35 所示。可以看出,纵梁、次梁及墙体上部内外特征点表现出明显的内外温差作用下的应力发展规律,早期内部温度高、表面温度低,使得表面为拉应力、内部为压应力,随着温度降低,后期表现为表面为压应力、内部为拉应力;底板应力发展受内外温差及纵梁、次梁约束作用明显,而墙体下部应力发展规律除受内外温差影响外,后期温降收缩、自生体积收缩受第一批浇筑老混凝土约束作用明显,详述如下。

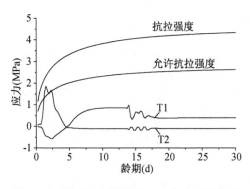

图 3-25　基本工况特征点 1、2 应力时程曲线

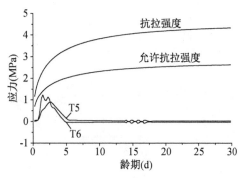

图 3-26　基本工况特征点 5、6 应力时程曲线

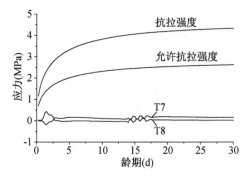

图 3-27　基本工况特征点 7、8 应力时程曲线

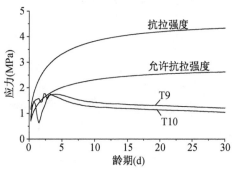

图 3-28　基本工况特征点 9、10 应力时程曲线

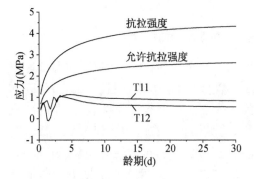

图 3-29　基本工况特征点 11、12 应力时程曲线

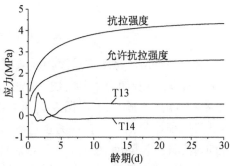

图 3-30　基本工况特征点 13、14 应力时程曲线

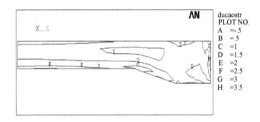

图 3-31　边纵梁外表面早期应力(MPa)

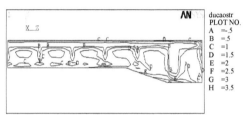

图 3-32　中纵梁外表面早期应力(MPa)

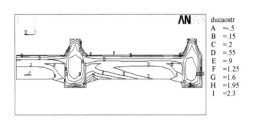

图 3-33　次梁外表面早期应力(MPa)

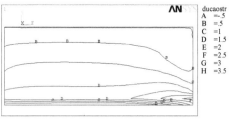

图 3-34　边墙外表面早期应力(MPa)

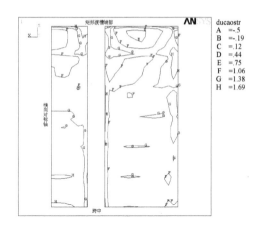

图 3-35　底板上表面早期应力(MPa)

　　第一层混凝土浇筑完后渡槽纵梁温度迅速升高,但内部温升幅度和温升速率均大大高于表面,如上小节所述,纵梁混凝土早期内外温差大,而且在梁宽、梁高方向温度分布呈明显非线性,温度梯度大,因此表面点初期表现为拉应力,在内部温度达到峰值时早期表面拉应力也达到最大,边纵梁表面拉应力达到 1.84 MPa,超过即时允许抗拉强度(见图 3-25),此时混凝土强度不高,抗裂性能较差,裂缝很有可能在温度达到最高时出现,裂缝形式一般是"由表及里"型。此后随着内部混凝土温度降低,混凝土结构整体收缩逐渐变为主导,表面特征点拉应力减小,内部拉应力增大,由于早期内部温度高,因此后期温降时产生的应力也较大,到 8.0 d 左右达到最大值 0.8 MPa(见图 3-25),但没有超过抗拉强度。

尽管底板混凝土早期内外温差、温升幅度不大,温度分布非线性不是十分明显,但底板由于受到纵梁、次梁的较强约束,相当于四周受约束的嵌固板,在板中间呈现全截面受拉(图 3-26),其早期表面拉应力在龄期为 1.5 d 时达到 1.69 MPa(图 3-35),超过混凝土即时允许抗拉强度,有可能产生温度裂缝,但后期底板应力都小于混凝土即时允许抗拉强度,可见底板防裂重点在早期混凝土表面。

次梁由于三面散热,散热条件相对较好,内外温差和温升幅度不大,早期表面拉应力约 0.4 MPa 左右(图 3-27),远小于即时抗拉强度,但渡槽是多次超静定结构,纵梁、次梁、底板结构相互约束,各部件结构单薄,次梁与纵梁,特别是与中纵梁交界面处下部在龄期为 1.5 d 时拉应力达到 1.45 MPa,混凝土早期温度裂缝很有可能在次梁端部发生(图 3-33)。

上部墙体散热条件相对较好,早期墙体内外最大温差约 13.0 ℃,内外温差不很大,但侧墙下部的内外特征点均表现为拉应力,如图 3-28 所示,龄期为 1.5 d 时拉应力达到 1.57 MPa,超过混凝土即时抗拉强度,墙体下部贯穿性裂缝很有可能发生,究其原因在于渡槽高性能混凝土自收缩规律收缩值大、发展迅速,墙体混凝土早期自收缩在老混凝土较强约束下拉应力发展很快,同时由于水化放热、气温日变化影响,墙体下部早期应力变化复杂。但在墙体中上部,由于受底部老混凝土约束渐弱,混凝土拉应力逐渐减小(图 3-29～图 3-30),内外温差对应力变化变为主导,到顶板高度,混凝土应力变化表现出明显的内外温差主导的规律。

3.4　各种防裂方法抗裂效果量化研究

由基本工况分析可知,大型矩形混凝土渡槽施工期内外温差、温降收缩是造成裂缝的直接原因,同时墙体混凝土自生体积收缩也是墙体开裂的重要原因。大型矩形混凝土渡槽结构复杂、形式单薄,属于多次超静定结构,各部位在温度、自生体积变形影响下变形很不一致,不同部位之间相互约束加剧了裂缝的产生。因此,大型混凝土渡槽施工期裂缝控制技术的本质在于协调各部位之间的各种体积变形,使各部位变形"和谐发展"。

3.4.1　掺加膨胀剂

由 3.3.2 节分析可知,侧墙下部混凝土早期内外点拉应力均较大,有可能引起贯穿性裂缝,原因在于墙体混凝土自生体积收缩受到老混凝土的较强约束所致。为了减小或消除混凝土的体积收缩变形,采用膨胀水泥或掺加一定量微膨胀剂,部分或全部补偿混凝土的温度收缩变形[94-100]。计算时通过自生体积变形的变化来模拟膨胀水泥和微膨胀剂的效果，取最终体积变形为 $ss=-479.0、-200.0、0.0、120.0 \mu\varepsilon$（负号为收缩，正号为膨胀），体积变形规律一致，如图 3-36 所示，其他计算条件同基本工况。

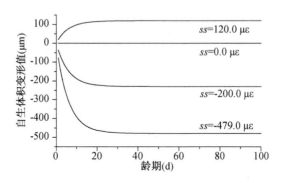

图 3-36　自生体积变形-龄期变化曲线

采用膨胀水泥或掺加膨胀剂对渡槽结构温度场影响较小。对于渡槽第一批浇筑混凝土，自生体积大小变化对渡槽纵梁、次梁、底板等第一批浇筑混凝土应力几乎没有影响，如图 3-37～图 3-38 所示，究其原因是由于渡槽为简支结构，受外部约束可以忽略不计[101]，且自生体积变形比较均匀。但第二批墙体混凝土浇筑后，对老混凝土应力有一定影响，如图 3-37～图 3-38 所示，随自生体积变形变大，纵梁内部和表面特征点最大拉应力变化明显，以中纵梁内外特征点为例，从表 3-7 可知，最终体积变形为 $-479.0、-200.0、0.0、120.0 \mu\varepsilon$ 时对应的内部点最大拉应力分别为 1.12 MPa、1.39 MPa、1.62 MPa、1.76 MPa，表面拉应力分别为 0.01 MPa、0.34 MPa、0.57 MPa、0.71 MPa，采用膨胀水泥或掺加膨胀剂之后（以 120.0 $\mu\varepsilon$ 为例），内部点拉应力增加了 39.2%，表面点拉应力增加了 97.7%，可见第一批浇筑混凝土后期防裂压力增大。

从图 3-39～图 3-40 可以看出，采用膨胀水泥或掺加膨胀剂之后对侧墙尤其是侧墙下部应力影响明显，以中隔墙下部特征点为例，从表 3-7 可知，最终自生体积变形为 $-479.0、-200.0、0.0、120.0 \mu\varepsilon$ 时对应的内部点最大拉应力分别为 1.76 MPa、0.98 MPa、0.45 MPa、0.15 MPa，表面拉应力分别为 1.72 MPa、1.06 MPa、0.69 MPa、0.47 MPa，相对最终体积变形 $-479.0 \mu\varepsilon$ 而言，采用膨胀水泥或掺加微膨胀剂后（以 120.0 $\mu\varepsilon$ 为例），内部点拉应力减小 91.5%，而表面点拉应力减小了 72.7%，究其原因在于渡槽侧墙是在纵梁、底板等第一批混凝土浇筑一段时间后浇筑的，侧墙混凝土自生体积收缩变形是受底板老混凝土较强约束引起的，因此随着自生体积变形减小，墙体下部应力状态有很大改善。

由上述分析可见,采用膨胀水泥或掺加膨胀剂后对侧墙混凝土早期防裂十分有利,但第一批浇筑混凝土后期防裂压力增大。

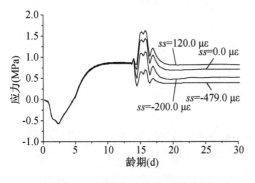

图 3-37　特征点 1 应力时程曲线

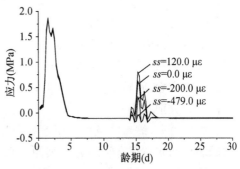

图 3-38　特征点 2 应力时程曲线

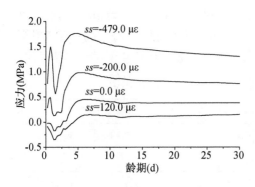

图 3-39　特征点 15 应力时程曲线

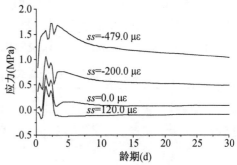

图 3-40　特征点 16 应力时程曲线

表 3-7　墙体混凝土浇筑后跨中特征点早期应力(MPa)

自生体积收缩最终值	边纵梁		中纵梁		次　梁		底　板		边墙下部		中隔墙下部	
	内部	表面	内部	表面	内部	表面	内部	表面	内部	表面	内部	表面
$ss=-479.0$ με	0.94	-0.05	1.12	0.01	0.23	0.15	0.05	0.01	1.75	1.77	1.76	1.72
$ss=-200.0$ με	1.13	0.31	1.39	0.34	0.19	0.11	0.09	0.10	0.94	0.88	0.98	1.06
$ss=0.0$ με	1.44	0.62	1.62	0.57	0.18	0.07	0.53	0.60	0.39	0.39	0.45	0.69
$ss=120.0$ με	1.63	0.80	1.76	0.71	0.18	0.06	0.79	0.90	0.07	0.10	0.15	0.47

3.4.2　缩短分层浇筑间歇期

由 3.4.1 节分析可知,渡槽第二批浇筑的墙体混凝土自生体积收缩变形、温度变形在第一批浇筑的老混凝土约束作用下产生比较大的拉应力,为了减小分层浇筑块之间的变形差值,计算取间歇期为 0 d(即一次浇筑)、3 d、7 d、14 d 四种,其他计算条件同基本工况。

从表 3-8 及图 3-41～图 3-42 可以看出,渡槽分层浇筑间歇期对侧墙早期内外拉应力影响较大。间歇期为 0 d、3 d、7 d、14 d 时,以中隔墙为例,中隔墙下部内部点的最大拉应力分别为 0.23 MPa、1.22 MPa、1.65 MPa、1.76 MPa,表面点拉应力分别为 0.96 MPa、1.23 MPa、1.61 MPa、1.72 MPa,相对于间歇期 14 d 的内部最大拉应力,间歇期为 7 d、3 d、0 d 时分别减小 6.3%、30.1%、86.9%,表面点最大拉应力分别减小 6.4%、28.5%、44.2%。

由此可见,缩短间歇期对于渡槽分层浇筑是非常重要、有效的防裂措施,对渡槽侧墙早期防裂很有利。分析其原因在于:①缩短分层浇筑的间隙期可以减小渡槽墙体和纵梁、底板等之间的弹性模量之间的差距,有利于减小老混凝土对墙体的约束;②混凝土自生体积收缩变形很大、变形速率也比较大,且持续时间比较长,缩短分层浇筑的间隙期有助于使渡槽两层混凝土的自生体积变形差值变小;③缩短间歇期还有利于纵梁、底板、次梁等第一批浇筑混凝土和侧墙混凝土间温度变化趋于一致。总之,缩短间歇期使分层浇筑的各构件之间各种体积变形尽量协调发展。

表 3-8　墙体混凝土浇筑后跨中特征点最大拉应力(MPa)

间歇期	边墙下部		中隔墙下部	
	内部	表面	内部	表面
0 d	0.26	0.95	0.23	0.96
3 d	1.27	1.27	1.22	1.23
7 d	1.65	1.67	1.65	1.61
14 d	1.75	1.77	1.76	1.72

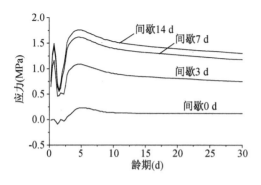

图 3-41　特征点 15 应力时程曲线

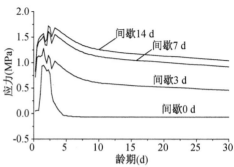

图 3-42　特征点 16 应力时程曲线

3.4.3 掺加矿物掺合料降低水化热量

水化热量的大小和水化热的产生速率是导致混凝土温度变化的最主要的因素之一。降低水化热量有助于降低温度上升和下降的幅度。计算取最终绝热温升为 60.0 ℃、50.0 ℃、40.0 ℃的三种情况,反映不同绝热温升对温度场应力场的影响(图 3-43),其他计算条件同基本工况。

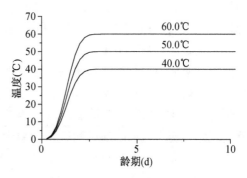

图 3-43　混凝土绝热温升曲线

从图 3-44～图 3-45 及表 3-9 可以看出,降低渡槽混凝土最终绝热温升值,特征点达到最高温度的龄期基本相同,但可以有效降低渡槽结构内部点、表面点的最高温度,并明显降低了温度到达峰值后的温降幅度、温降速率以及内外温差。

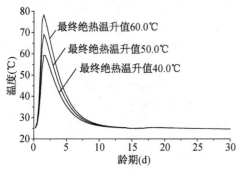

图 3-44　特征点 1 温度时程曲线

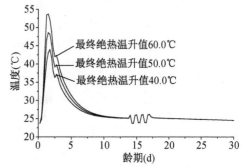

图 3-45　特征点 2 温度时程曲线

表 3-9　绝热温升值敏感性分析跨中特征点最高温度(℃)

绝热温升值(℃)	边纵梁			中纵梁			边侧墙下部			中隔墙下部		
	内部	表面	内外温差	内部	表面	内外温差	内部	表面	内外温差	内部	表面	内外温差
60.0	78.33	53.69	24.64	79.90	54.39	25.51	53.06	42.89	10.17	55.69	43.76	11.93
50.0	69.05	48.55	20.50	70.39	49.18	21.21	47.78	39.97	7.81	49.97	40.74	9.23
40.0	59.32	43.95	15.37	60.45	44.46	15.99	42.51	37.27	5.24	44.23	37.89	6.34

以中纵梁内外特征点为例(表 3-9),最终绝热温升值为 40.0 ℃、50.0 ℃、60.0 ℃对应的内部点温度最大值分别为 60.45 ℃、70.39 ℃、79.90 ℃,外部点温度最大

值分别为 44.46 ℃、49.18 ℃、54.39 ℃,相对绝热温升 50.0 ℃,绝热温升增加
10.0 ℃(增加 20%),内外温度最大值分别增加 13.51%、10.59%,绝热温升减小
10.0 ℃(减小 20%),内外温度最大值分别减小 14.12%、9.60%,而内外温差分别
增加和减小 20.27%、24.61%。从温度达到峰值后的温降速率来看,以中纵梁内
部特征点为例,温度达到峰值后 7 d 内,最终绝热温升为 40.0 ℃、50.0 ℃、60.0 ℃
对应的温降速率分别为 4.57 ℃/d、5.88 ℃/d、7.12 ℃/d,相对绝热温升 50.0 ℃,
绝热温升增加 10 ℃,温降速率增加 21.1%,减小 10 ℃,温降速率减小 22.3%,可
见降低绝热温升值对渡槽混凝土温控非常有利。

从图 3-46～图 3-47 及表 3-10～表 3-11 可以看出,最终绝热温升值对混凝土
渡槽表面早期应力和内部后期应力影响十分明显,而对内部早期应力和表面后期
应力影响不大。最终绝热温升为 40.0 ℃、50.0 ℃、60.0 ℃ 对应的渡槽中纵梁表面
早期最大拉应力分别为 1.54 MPa、1.92 MPa、2.28 MPa。相对最终绝热温升
50.0 ℃,绝热温升增加 10.0 ℃(增加 20%),表面拉应力增加 18.8%;绝热温升减
小 10.0 ℃(减小 20%),表面拉应力减小 19.8%。后期中纵梁内部点拉应力分别
为 0.82 MPa、1.03 MPa、1.25 MPa,绝热温升增加、减小 20%,内部点后期拉应力分
别增加、减小 21.4%、20.4%。由此可见,减小绝热温升值对渡槽纵梁早期表面抗裂
和后期内部抗裂十分有利。同时可以看出,绝热温升减小对上部墙体抗裂也有利。

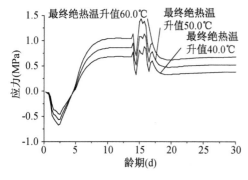

图 3-46　特征点 1 应力时程曲线

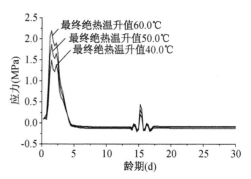

图 3-47　特征点 2 应力时程曲线

表 3-10　绝热温升值敏感性分析跨中特征点早期应力(MPa)

绝热温升值(℃)	边纵梁		中纵梁		次梁		底板		边墙下部		中隔墙下部	
	内部	表面	内部	表面	内部	表面	内部	表面	内部	表面	内部	表面
60.0	−0.67	2.19	−0.65	2.28	−0.22	0.53	1.06	1.42	0.11	0.89	0.10	1.21
50.0	−0.56	1.86	−0.55	1.92	−0.18	0.44	0.89	1.21	0.14	0.85	0.13	1.06
40.0	−0.46	1.49	−0.45	1.54	−0.14	0.35	0.72	0.97	0.17	0.8	0.17	0.91

表 3-11　绝热温升值敏感性分析跨中特征点后期应力(MPa)

绝热温升值(℃)	边纵梁		中纵梁		次梁		底板		边墙下部		中隔墙下部	
	内部	表面	内部	表面	内部	表面	内部	表面	内部	表面	内部	表面
60.0	1.04	−0.13	1.25	−0.14	0.20	−0.01	0.04	−0.04	1.03	0.84	1.08	0.77
50.0	0.86	−0.11	1.03	−0.11	0.17	−0.01	0.03	−0.03	0.94	0.80	0.98	0.73
40.0	0.68	−0.09	0.82	−0.09	0.13	−0.01	0.03	−0.03	0.86	0.77	0.89	0.70

3.4.4　掺加水化热抑制剂减缓生热速率

随着现代工程对混凝土向高强、高性能方向发展的需求,现代水泥的细度越来越高,水泥早期水化速率越来越快,水泥水化放热愈加集中,水泥水化放热造成的混凝土早期温度开裂问题更为突出。近年来,通过新型外加剂水化热调控材料调控水泥水化热的技术由于其优越性得到了发展及应用。水化热调控材料是以天然淀粉为原料,经过预处理→溶解→生物酶水解→热处理→冷却结晶→成品等一系列过程制成的多糖类外加剂,可以调节水泥水化进程,降低加速期水化放热速率峰值,延长水化放热过程[102]。与传统缓凝剂主要影响凝结时间、整体推迟水泥水化进程不同,水化热调控材料 HHRM 主要通过降低水泥水化加速期的水化速率,降低早期水化放热量,推迟温峰时间,减少累积放热量,进而降低大体积混凝土结构温升、温降收缩,以达到减少温度开裂风险的目的。吕志峰[103]研究认为,固体粉末状的水化热调控材料能够在水泥水化产生的碱性环境中逐渐溶解,连续缓慢地释放出糖链,并吸附覆盖在水泥水化产物以及未水化的水泥颗粒表面,从而实现持续抑制水泥水化的效果,从总体上呈现出水泥水化放热速率峰值降低的现象,作用机理见图 3-48。

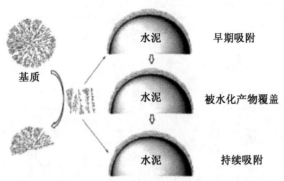

图 3-48　水化热调控材料 HHRM 的作用机理[103]

计算取绝热温升公式中参数 a 为 −0.05、−0.125、−0.3,代表生热速率快慢,如图 3-49～图 3-50 所示。

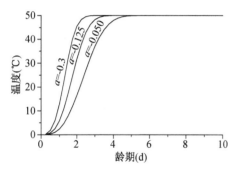 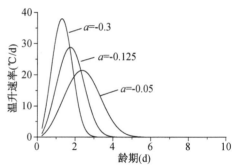

图 3-49　混凝土绝热温升时程曲线　　图 3-50　混凝土生热速率时程曲线

从图 3-51～图 3-52 及表 3-12 可以看出,混凝土放热速率对渡槽内、外表面温度达到的最大值及最大值出现的龄期影响明显。以边纵梁内部特征点 1 为例,代表生热速率的 a 值分别为 -0.3、-0.125、-0.05 时,最高温度值分别为 69.05 ℃、66.76 ℃、63.49 ℃,出现时间分别为 1.5 d、2.0 d、2.75 d,内外温差分别为 20.50 ℃、18.06 ℃、17.53 ℃,由此可见,减缓混凝土生热率不但有利于降低内外温差以及温度峰值后的温降幅度和速率,还有利于推迟温度峰值出现的时间。

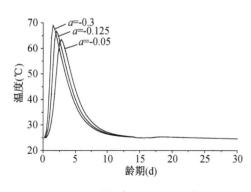 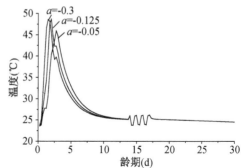

图 3-51　特征点 1 温度时程曲线　　图 3-52　特征点 2 温度时程曲线

表 3-12　生热速率敏感性分析跨中特征点最高温度(℃)

生热速率参数	边纵梁			中纵梁			边侧墙下部			中隔墙下部		
	内部	表面	内外温差	内部	表面	内外温差	内部	表面	内外温差	内部	表面	内外温差
-0.05	63.49	45.96	17.53	65.59	46.66	18.93	42.16	37.39	4.77	44.40	38.28	6.12
-0.125	66.76	48.70	18.06	68.41	49.34	19.07	45.85	39.77	6.08	47.90	40.55	7.35
-0.3	69.05	48.55	20.50	70.39	49.18	21.21	47.78	39.97	7.81	49.97	40.74	9.23

从图 3-53～图 3-54 及表 3-13～表 3-14 可知,降低混凝土生热速率,对于渡槽表面特征点早期拉应力大小没有明显改变,但却推迟了最大拉应力出现时间,以边纵梁表面 2 号点为例,代表生热速率的 a 值分别为 -0.3、-0.125、-0.05 时,最大拉应力出现时间分别为 1.5 d,2.25 d,2.5 d,有利于早期混凝土表面防裂。同时由分析可知,减缓混凝土生热率,对混凝土内部点后期防裂有利,以边纵梁 1 号特征点为例,a 由 -0.125 改为 -0.05 时,即减小生热速率,1 号点后期拉应力减小 10.3%,而改为 -0.3 时,即增大生热速率,1 号点后期拉应力增大 10.3%。

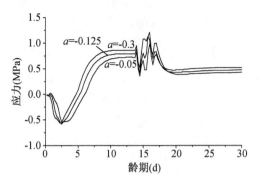

图 3-53　特征点 1 应力时程曲线

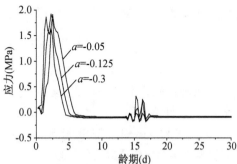

图 3-54　特征点 2 应力时程曲线

表 3-13　生热速率敏感性分析跨中特征点早期应力(MPa)

生热速率参数	边纵梁		中纵梁		次　梁		底　板		边墙下部		中隔墙下部	
	内部	表面	内部	表面	内部	表面	内部	表面	内部	表面	内部	表面
-0.05	-0.54	1.91	-0.50	1.99	-0.13	0.38	0.83	1.30	0.69	0.79	0.70	0.98
-0.125	-0.58	1.92	-0.54	1.93	-0.15	0.41	0.86	1.28	0.62	0.69	0.63	1.06
-0.3	-0.56	1.86	-0.55	1.92	-0.18	0.44	0.89	1.11	0.46	0.84	0.47	1.06

表 3-14　生热速率敏感性分析跨中特征点后期应力(MPa)

生热速率参数	边纵梁		中纵梁		次　梁		底　板		边墙下部		中隔墙下部	
	内部	表面	内部	表面	内部	表面	内部	表面	内部	表面	内部	表面
-0.05	0.70	-0.09	0.77	-0.07	0.14	-0.01	0.03	-0.03	0.82	0.51	0.85	0.56
-0.125	0.78	-0.10	0.89	-0.09	0.16	-0.01	0.03	-0.03	0.88	0.52	0.92	0.57
-0.3	0.86	-0.10	0.99	-0.11	0.17	-0.01	0.04	-0.04	0.94	0.53	0.98	0.58

3.4.5 混凝土早期导热系数

分析混凝土早期温度场时导热系数是重要的热性能参数,计算中一般取用硬化混凝土的导热系数,但实际上混凝土早期导热系数在水化过程中变化较大,采用硬化后的定值不符合实际情况。计算取课题组基于试验研究提出的混凝土早期导热系数计算公式[104],如式(3-7)所示:

$$\lambda_{(t)} = \lambda_{RE}\left[0.999 - 0.1 \cdot e^{-0.5\left[(t-10)/4.615\right]^2}\right] \tag{3-7}$$

式中,$\lambda_{(t)}$ 为龄期为 t 时刻的混凝土导热系数值,$kJ/(m \cdot h \cdot ℃)$;λ_{RE} 为硬化后混凝土导热系数值,由式(3-8)估算,$kJ/(m \cdot h \cdot ℃)$;t 为龄期,h。

$$\lambda_{RE} = \lambda_0 \cdot \gamma_{w/c}\gamma_F\gamma_K\gamma_S\gamma_{S/A}\gamma_{CC}\gamma_{GT}\gamma_{D_{max}}\gamma_T\gamma_{RH} \tag{3-8}$$

式中,λ_0 为标准状态下的导热系数值,$kJ/(m \cdot h \cdot ℃)$;其他参数参见文献[104]。

取硬化混凝土导热系数 λ_{RE} 为 $10.0\ kJ/(m \cdot h \cdot ℃)$,对比分析考虑导热系数早期随龄期变化和不变化情况,并对比分析硬化混凝土导热系数 λ_{RE} 分别为 8.0、10.0、12.0 $kJ/(m \cdot h \cdot ℃)$时渡槽温度场应力场变化规律。$\lambda_{RE}=10.0\ kJ/(m \cdot h \cdot ℃)$时混凝土早期导热系数变化如图 3-55 所示。

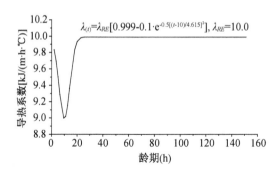

图 3-55 导热系数随龄期变化

图 3-56～图 3-59 为导热系数随龄期变化和不变化时渡槽边纵梁内外特征点早期温度、内外温差及应力时程曲线。从图中可以看出,考虑导热系数随龄期变化后混凝土温度有所增加,且内部点温度增加较表面点大。龄期为 2.25 d 时,特征点 1 的温度由 62.2 ℃增大到 63.6 ℃,增加 2.3%,特征点 2 的温度由 45.5 ℃增大到 45.9 ℃,增加 0.9%;内外温差由 20.1 ℃增大到 21.6 ℃,增加 7.5%。从表面特征点应力变化看,考虑导热系数变化后,1.5 d 龄期时边纵梁早期表面最大拉应力由 1.84 MPa 增大到 1.94 MPa,增加 5.4%。

分析其原因,考虑混凝土早期导热系数随龄期变化后,早期导热系数相对硬化混凝土导热系数小,混凝土热传导能力减弱,导致内部温度和内外温差增大,从而使混凝土表面早期拉应力增加。如不考虑混凝土早期导热系数随龄期变化,则会低估混凝土内外温差和早期应力,因此有必要在仿真计算中考虑混凝土早期导热系数的变化。

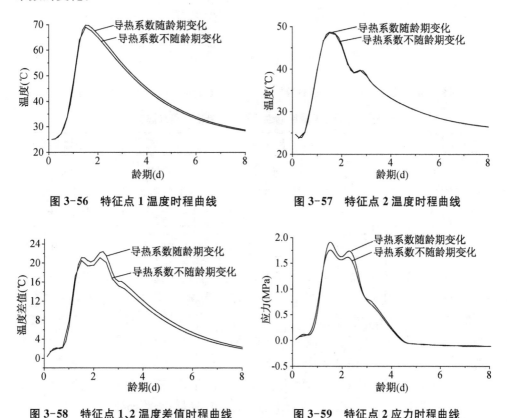

图 3-56　特征点 1 温度时程曲线　　　　图 3-57　特征点 2 温度时程曲线

图 3-58　特征点 1、2 温度差值时程曲线　　图 3-59　特征点 2 应力时程曲线

从图 3-60～图 3-61 及表 3-15 可以看出,增大渡槽混凝土导热系数并考虑其早期随龄期变化时,各特征点到达最高温度的龄期基本相同,但内部点温度降低、表面点温度升高,内外温差逐渐降低。以中纵梁内外特征点为例,导热系数为 8.0、10.0、12.0 kJ/(m·h·℃)对应的内部点温度最大值分别为 71.80 ℃、70.99 ℃、70.22 ℃,表面点温度最大值分别为 48.02 ℃、49.33 ℃、50.32 ℃,相对导热系数 10.0 kJ/(m·h·℃),导热系数增加 20%,内部点温度减小 1.1%、表面点温度增加 2.0%,内外温差减小 8.1%;导热系数减小 20%,内部点温度增加 1.1%、表面点温度减小 2.66%,内外温差增加 9.8%。

可见,虽然导热系数变化对内外特征点最大温度影响较小,但对内外温差影响较大。

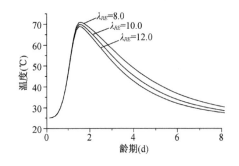

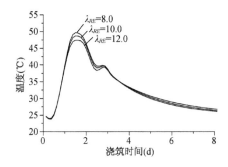

图 3-60　特征点 1 温度时程曲线　　　　图 3-61　特征点 2 温度时程曲线

表 3-15　导热系数敏感性分析跨中特征点最高温度(℃)

导热系数 λ_{RE} [kJ/(m·h·℃)]	边纵梁			中纵梁			边侧墙下部			中隔墙下部		
	内部	表面	内外温差	内部	表面	内外温差	内部	表面	内外温差	内部	表面	内外温差
8.0	70.81	47.46	23.35	71.80	48.02	23.78	49.88	39.18	10.70	52.05	39.73	12.32
10.0	69.83	48.71	21.12	70.99	49.33	21.66	48.69	39.70	8.99	50.86	40.36	10.50
12.0	68.93	49.67	19.26	70.22	50.32	19.90	47.78	40.04	7.74	49.92	40.79	9.13

随着导热系数 λ_{RE} 增大,渡槽混凝土表面早期拉应力逐渐变小,如图 3-62～图 3-63 及表 3-16 所示。以边纵梁内外特征点为例,导热系数 λ_{RE} 为 8.0、10.0、12.0 kJ/(m·h·℃)时,表面点早期最大拉应力分别为 2.15 MPa、1.94 MPa、1.77 MPa,后期中心点最大拉应力为 0.57 MPa、0.51 MPa、0.46 MPa。相对导热系数为 10.0 kJ/(m·h·℃),导热系数增大 20%,表面点拉应力减小 8.76%,导热系数减小 20%,表面点拉应力增大 10.82%;而后期内部点最大拉应力分别减小 9.80%、增大 11.77%。同时可以看出增大 λ_{RE} 也可以减小渡槽侧墙表面早期最大拉应力和中心点后期拉应力,对侧墙早期防裂有利。

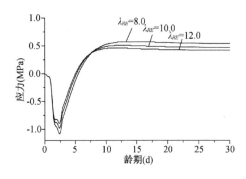

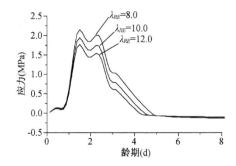

图 3-62　特征点 1 应力时程曲线　　　　图 3-63　特征点 2 应力时程曲线

表 3-16　导热系数敏感性分析跨中特征点早期应力(MPa)

导热系数 λ_{RE} [kJ/(m·h·℃)]	边纵梁		中纵梁		次 梁		底 板		边墙下部		中隔墙下部	
	内部	表面	内部	表面	内部	表面	内部	表面	内部	表面	内部	表面
8.0	−0.47	2.15	−0.41	2.21	−0.25	0.55	1.35	1.01	0.96	0.91	0.98	1.15
10.0	−0.47	1.94	−0.42	1.99	−0.20	0.47	1.25	0.98	0.93	0.79	0.97	1.00
12.0	−0.46	1.77	−0.42	1.82	−0.16	0.41	1.19	0.96	0.91	0.70	0.96	0.90

　　分析原因在于,导热系数增大,增强了混凝土导热性能,降低了混凝土内外温差,因此增大混凝土导热系数有利于混凝土渡槽早期和后期防裂,建议通过优选骨料、优化混凝土配合比等措施增大混凝土导热系数。

3.4.6　混凝土早期热膨胀系数

　　在进行混凝土早期温度应力计算时,热膨胀系数是非常重要的参数,计算中一般采用硬化混凝土的热膨胀系数值,而混凝土早期热膨胀系数在水化过程中变化较大。计算取课题组基于试验研究提出的混凝土早期热膨胀系数计算公式[105],如式(3-9)所示:

$$\alpha = \begin{cases} 17 & T_1 \leqslant t \leqslant T_2 \\ -2.1 \times t + 2.1 \times T_2 + 17 & T_2 \leqslant t \leqslant T_2 + 5 \\ \dfrac{\alpha_{稳} - 6.5}{40} \times t - \dfrac{\alpha_{稳} - 6.5}{40} \times (T_2 + 5) + 6.5 & T_2 + 5 \leqslant t \leqslant T_2 + 45 \\ \alpha_{稳} & t \geqslant T_2 + 45 \end{cases}$$

$$(3-9)$$

式中,T_1 为初凝时间;T_2 为终凝时间;$\alpha_{稳}$ 为试件稳定后的热膨胀系数。

　　取硬化混凝土热膨胀系数为 $10.0 \times 10^{-6}/℃$,对比分析考虑热膨胀系数早期随龄期变化和不变化情况,并对比分析硬化混凝土热膨胀系数分别为 $8.0 \times 10^{-6}/℃$、$10.0 \times 10^{-6}/℃$、$12.0 \times 10^{-6}/℃$ 时渡槽应力场变化规律。硬化混凝土热膨胀系数为 $10.0 \times 10^{-6}/℃$ 时混凝土早期热膨胀系数变化如图 3-64 所示。

　　图 3-65～图 3-66 为混凝土热膨胀系数随龄期变化和不变化的渡槽边纵梁内外特征点应力时程曲线。从图中可以看出,考虑热膨胀系数随龄期变化后,表面特征点 2 在 1.5 d 时边纵梁早期表面最大拉应力由 1.86 MPa 减少到 1.61 MPa℃,减小 13.4%。因此,如不考虑混凝土早期导热系数随龄期变化,则会高估混凝土早期应力,因而有必要在仿真计算中考虑混凝土早期热膨胀系数的变化。

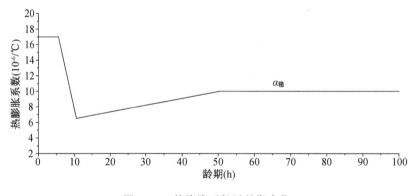

图 3-64　热膨胀系数随龄期变化

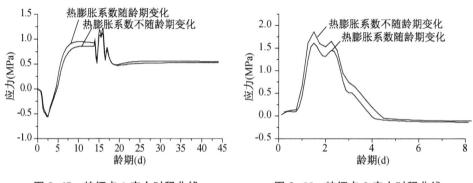

图 3-65　特征点 1 应力时程曲线　　　图 3-66　特征点 2 应力时程曲线

　　随着热膨胀系数 $\alpha_{稳}$ 增大,混凝土渡槽表面早期拉应力逐渐变大,如图 3-67～图 3-68 及表 3-17 所示。以边纵梁内外特征点为例,$\alpha_{稳}$ 为 $8.0\times10^{-6}/℃$、$10.0\times10^{-6}/℃$、$12.0\times10^{-6}/℃$ 时,表面点早期最大拉应力分别为 1.41 MPa、1.61 MPa、1.82 MPa,后期中心点最大拉应力为 0.71 MPa、0.95 MPa、1.19 MPa,相对热膨胀系数 $\alpha_{稳}$ 为 $10.0\times10^{-6}/℃$,$\alpha_{稳}$ 增大 20%,表面点拉应力增大 13.04%,热膨胀系数减小 20%,表面点拉应力减小 12.42%;后期内部点最大拉应力分别增大 25.26%、减小 25.26%。同时可以看出减小 $\alpha_{稳}$ 也可以减小渡槽侧墙表面早期最大拉应力,对侧墙早期防裂有利。热膨胀系数减小,减小了混凝土温度变形,有利于混凝土渡槽早期和后期防裂,建议通过优选骨料、优化混凝土配合比等措施减小混凝土热膨胀系数。

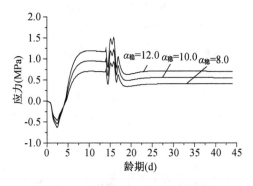

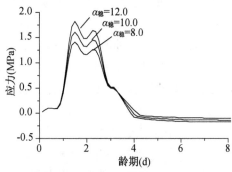

图 3-67　特征点 1 应力时程曲线　　　　图 3-68　特征点 2 应力时程曲线

表 3-17　导热系数敏感性分析跨中特征点早期应力(MPa)

热膨胀系数 (10⁻⁶/℃)	边纵梁		中纵梁		次　梁		底　板		边墙下部		中隔墙下部	
	内部	表面	内部	表面	内部	表面	内部	表面	内部	表面	内部	表面
8.0	−0.34	1.41	−0.31	1.45	−0.15	0.34	0.92	0.41	0.79	0.63	0.84	0.76
10.0	−0.39	1.61	−0.35	1.66	−0.17	0.39	1.05	0.47	0.99	0.74	1.06	0.85
12.0	−0.44	1.82	−0.40	1.87	−0.19	0.44	1.18	0.53	1.18	0.85	1.28	0.94

3.4.7　表面保温与拆模时间

由基本工况分析可知,渡槽纵梁等部位早期表面拉应力主要是由于内外温差及温度非线性分布引起,同时混凝土表面温度受气温影响比较显著,施工时遭遇寒潮或严寒地区、季节施工时由于气温较低,产生裂缝的可能性大大增加,在施工时常采用各种表面保温措施防止混凝土裂缝的产生,保温措施的保温性能越好,混凝土受外界环境温度的影响也就越小。大型矩形混凝土渡槽现场浇筑施工时一般采用钢模板,钢模板无保温作用,一般采用在钢模板外贴保温材料,在仓面覆盖塑料膜和草袋[106]等保温措施。为比较不同保温措施对混凝土温度和应力的影响,取钢模板及钢模板外贴 0.5 cm、1.0 cm、2.0 cm 塑料保温板进行比较分析,自生体积收缩最终值取−200.0 με,其他同基本工况。

由图 3-69～图 3-70 及表 3-18 可知,保温性能越好,渡槽内部最高温度越高,分别采用钢模板、钢模板外贴 0.5 cm 塑料保温板、钢模板外贴 1.0 cm 塑料保温板、钢模板外贴 2.0 cm 塑料保温板时,边纵梁内部特征点 1 在该层混凝土浇筑完毕 1.5 d 时最高温度分别达到 69.05 ℃、71.44 ℃、72.40 ℃、73.27 ℃,表面特征点 2 最高温度分别为 48.53 ℃、59.31 ℃、63.80 ℃、67.82 ℃,分析其原因,混凝土浇筑早期温度变化主要受水泥水化热和混凝土表面散热的影响,水化放热使得混凝土温度升高,而表面散热使得混凝土温度降低。保温效果越好,混凝土表面散热能力越弱,从而使得混凝土温度内外特征点温度越高,但对表面点温度影响程度大。

早期混凝土内外温差随着保温性能的增强而减小。由图 3-71 及表 3-18 可知,分别采用钢模板、钢模板外贴 0.5 cm 塑料保温板、钢模板外贴 1.0 cm 塑料保温板、钢模板外贴 2.0 cm 塑料保温板时,边纵梁内外温差分别为 20.52 ℃、12.13 ℃、8.60 ℃、5.45 ℃。混凝土作为弱导热体,传热和散热速度缓慢,渡槽表面受保温性能的影响较大,内部较小,混凝土表面温度随保温性能加强而增加的幅度远大于内部,从而使得内外温差大幅度减小。

另外,较强的保温性能使得混凝土的温降速度减缓,拆模时混凝土表面温度和气温的差别加大,从而引起表面温度的迅速下降,类似于寒潮的冷击作用,这对混凝土的表面防裂是不利的。比较各温度时程曲线,以边纵梁特征点 1、2 为例,采用钢模板时拆模对混凝土表面温度无任何影响,钢模板外贴 0.5 cm 塑料保温板拆模时混凝土表面温度的变化也不大,采用钢模板外贴 1.0 cm 和 2.0 cm 塑料保温板时,拆模时表面温度在极短时间内下降 8.46 ℃、11.88 ℃,如图 3-71 所示,混凝土表面温差急剧增大,容易导致混凝土表面开裂,因此拆除保温材料的时间要把握好,如可在中午拆除。

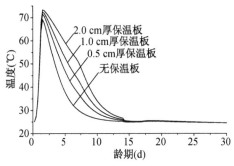

图 3-69　特征点 1 温度时程曲线

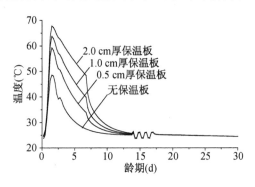

图 3-70　特征点 2 温度时程曲线

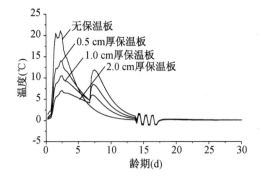

图 3-71　特征点 1、2 温度差值时程曲线

表 3-18 保温板厚度敏感性分析跨中特征点最高温度(℃)

保温板厚度(cm)	边纵梁			中纵梁			边侧墙下部			中隔墙下部		
	内部	表面	内外温差	内部	表面	内外温差	内部	表面	内外温差	内部	表面	内外温差
无保温板	69.05	48.53	20.52	70.39	49.18	21.21	47.78	39.97	7.81	49.97	40.74	9.23
0.5	71.44	59.31	12.13	72.22	59.78	12.44	52.54	47.43	5.11	53.96	48.05	5.91
1.0	72.40	63.80	8.60	72.96	64.17	8.79	54.54	50.96	3.58	55.60	51.48	4.12
2.0	73.27	67.82	5.45	73.62	68.06	5.56	56.33	54.20	2.13	57.08	54.61	2.47

渡槽早期表面拉应力随表面保温性能的增强而减小(图 3-72~图 3-75 及表 3-19),分别采用钢模板、钢模板外贴 0.5 cm 塑料保温板、钢模板外贴 1.0 cm 塑料保温板、钢模板外贴 2.0 cm 塑料保温板时,以边纵梁表面 2 号点为例,早期最大拉应力分别为1.86 MPa、1.13 MPa、0.92 MPa、0.63 MPa(图 3-73),钢模板外贴 0.5 cm、1.0 cm、2.0 cm 塑料保温板后边纵梁表面点拉应力分别减少39.2%、50.5%、66.1%,保温效果比较显著,这对防止混凝土早期表面裂缝是非常有利的。保温效果越好,拆模时渡槽表面拉应力的增幅就越大。由于钢模板无保温性能,拆模时混凝土应力不受影响;钢模板外贴 0.5 cm 塑料保温板具有一定的保温作用,拆模时混凝土表面拉应力增加,但增幅不大;外贴 1.0 cm、2.0 cm 塑料保温板时,由于较强的保温性能使得拆模时表面拉应力急剧增加,特别是在外贴 2.0 cm 塑料保温板工况下拆模时,表面 2 号特征点拉应力由 0.15 MPa 增至 1.25 MPa,有可能引起表面开裂,应该适当推迟拆模时间,并选择恰当拆模时机,如避开寒潮时间及在午后温度较高时候拆模。

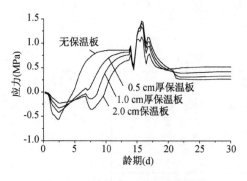

图 3-72 特征点 1 应力时程曲线

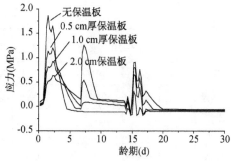

图 3-73 特征点 2 应力时程曲线

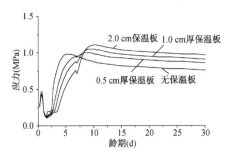
图 3-74 特征点 15 应力时程曲线

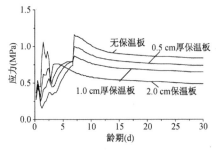
图 3-75 特征点 16 应力时程曲线

　　从温度分析结果可知,保温性能越好,混凝土内部最高温度越高,相应地后期温降幅度也越大。与此相对应,渡槽第二批浇筑混凝土因温降收缩产生的内部拉应力也随保温性能的提高而增大(如图 3-74)。可见,较强的表面保温可以大大减小渡槽早期内外温差和表面拉应力,防止表面裂缝的产生,但同时也引起混凝土内部早期温升和后期温降幅度的增加,使得后期混凝土内部拉应力增大,增加了后期混凝土防裂压力。

　　总之,随着保温力度加大,对混凝土的早期防裂有利,对于渡槽侧墙后期防裂压力加大,过度的保温又会产生其他的问题。但同时也引起混凝土内部早期温升和后期温降幅度的增加,使得后期混凝土内部拉应力增大,增加了后期混凝土防裂压力,见表 3-20。

表 3-19　保温板厚度敏感性分析跨中特征点早期应力(MPa)

保温板厚度(cm)	边纵梁		中纵梁		次 梁		底 板		边墙下部		中隔墙下部	
	内部	表面	内部	表面	内部	表面	内部	表面	内部	表面	内部	表面
无保温板	−0.56	1.86	−0.55	1.92	−0.16	0.44	0.89	1.11	0.94	0.88	0.98	1.06
0.5	−0.42	1.13	−0.40	1.23	−0.13	0.25	0.90	0.99	0.88	0.57	0.83	0.70
1.0	−0.33	0.92	−0.31	0.93	−0.10	0.22	0.88	0.90	0.78	0.35	0.70	0.56
2.0	−0.23	0.63	−0.23	0.62	−0.06	0.15	0.83	0.83	0.63	0.14	0.54	0.37

表 3-20　保温板厚度敏感性分析跨中特征点后期应力(MPa)

保温板厚度(cm)	边纵梁		中纵梁		次 梁		底 板		边墙下部		中隔墙下部	
	内部	表面	内部	表面	内部	表面	内部	表面	内部	表面	内部	表面
无保温板	0.86	−0.11	1.03	−0.11	0.09	−0.04	0.04	−0.03	0.78	0.57	0.89	0.59
0.5	0.81	0.03	0.91	0.05	0.09	−0.02	0.03	−0.03	0.89	0.74	1.00	0.78
1.0	0.73	0.10	0.78	0.10	0.09	−0.01	0.03	−0.03	0.96	0.85	1.05	0.90
2.0	0.59	0.13	0.58	0.12	0.10	0.00	0.04	−0.03	1.02	0.98	1.10	1.04

3.4.8 布置冷却水管

目前混凝土水管冷却技术主要应用在混凝土重力坝、拱坝等大体积混凝土中，在水闸、泵站等水工薄壁结构中也有应用。在大型混凝土渡槽浇筑中拟引入水管冷却技术，计算中冷却水管采用铁管，内径 3.6 cm，外径 4.0 cm，在开始通水后的前1.5 d，流速为 0.8 m/s；1.5～3.0 d，流速 0.4 m/s，每 0.5 d 冷却水流向换向一次，混凝土浇筑即开始通水，水温 20 ℃，其他计算条件同基本工况。

从图 3-76～图 3-81 和表 3-21 可以看出，在纵梁和侧墙下部埋设水管后，以边纵梁特征点 1、2 为例（通 20 ℃冷却水），混凝土浇筑 1.5 d 后内部温度为 44.18 ℃，比不埋设水管温度峰值降低 24.87 ℃，跨中特征点内外温差从 20.50 ℃降到 2.46 ℃，说明冷却水管具有明显"削峰、减差"作用，但由于冷却水管影响范围有限，对次梁、底板以及侧墙上部混凝土温度场基本没有影响。同时可以看出，不同冷却水温对内外温差影响不大，且冷却水温过低，会出现内冷外热的另外一种内外温差，使混凝土早期拉应力增加。

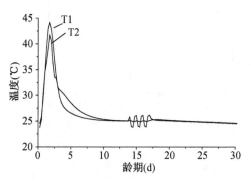

图 3-76 特征点 1、2 温度时程曲线

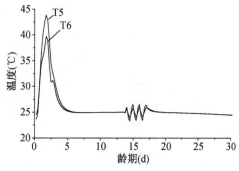

图 3-77 特征点 5、6 温度时程曲线

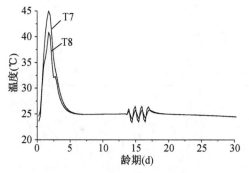

图 3-78 特征点 7、8 温度时程曲线

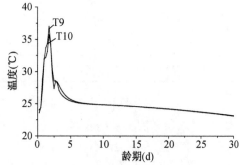

图 3-79 特征点 9、10 温度时程曲线

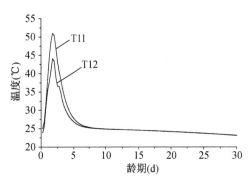

图 3-80　特征点 11、12 温度时程曲线

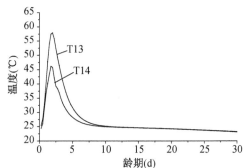

图 3-81　特征点 13、14 温度时程曲线

表 3-21　水管冷却水温敏感性分析跨中特征点最高温度(℃)

水管水温(℃)	边纵梁			中纵梁			次梁			底板		
	内部	表面	内外温差	内部	表面	内外温差	内部	表面	内外温差	内部	表面	内外温差
无冷却水管	69.05	48.55	20.50	70.39	49.18	21.21	49.16	42.65	6.51	48.78	42.28	6.50
20	44.18	41.72	2.46	46.25	42.76	3.49	44.95	40.76	4.19	43.76	39.68	4.08
16	41.82	40.91	0.91	43.93	42.12	1.81	44.95	40.76	4.19	43.76	39.68	4.08
12	39.45	40.09	−0.64	41.61	41.48	0.13	44.95	40.76	4.19	43.76	39.68	4.08

水管水温(℃)	边侧墙下部			边侧墙上部			中隔墙下部			中隔墙上部		
	内部	表面	内外温差	内部	表面	内外温差	内部	表面	内外温差	内部	表面	内外温差
无冷却水管	57.31	46.10	11.21	63.80	47.99	15.81	60.40	47.15	13.25	64.7	48.30	16.4
20	37.02	35.71	1.31	57.46	46.16	11.30	39.05	37.09	1.96	57.27	46.62	10.65
16	34.76	34.41	0.35	57.46	46.16	11.30	36.84	35.93	0.91	57.27	46.62	10.65
12	32.49	33.11	−0.62	57.46	46.16	11.30	34.63	34.76	−0.13	57.27	46.62	10.65

　　在渡槽纵梁和墙体下部埋设冷却水管,从图 3-82~图 3-85 和表 3-22 可以看出,渡槽纵梁和侧墙早期表面点最大拉应力大幅度减小,说明了水管冷却的效果十分明显,同时可以看出,不同冷却水水温对表面点最大拉应力影响程度不是很大,因此冷却水水温未必越低越好。次梁、底板温度虽然变化不大,但纵梁应力变化使次梁、底板应力得到很大改善。

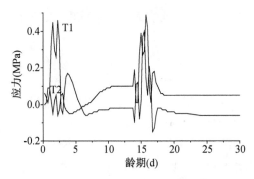

图 3-82　特征点 1、2 应力时程曲线　　　　　图 3-83　特征点 5、6 应力时程曲线

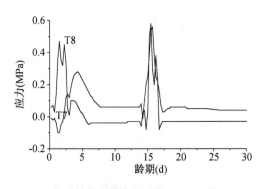

图 3-84　特征点 7、8 应力时程曲线　　　　　图 3-85　特征点 9、10 应力时程曲线

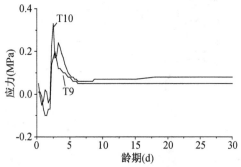

表 3-22　水管冷却水温敏感性分析跨中特征点早期表面最大拉应力（MPa）

水温（℃）	边纵梁	中纵梁	次　梁	底　板	边墙下部	中隔墙下部
无冷却水管	1.84	1.91	0.43	1.12	0.88	1.06
20	0.45	0.55	0.47	0.23	0.33	0.30
16	0.36	0.46	0.44	0.24	0.40	0.36
12	0.28	0.40	0.43	0.25	0.46	0.42

3.4.9　混凝土入仓温度

　　降低混凝土入仓温度作为一个重要的温控措施，在有条件时可采用。降低混凝土温度有自然和人工之分，自然的方法就是在春秋冬低温季节施工，人工的方法如采用冷却骨料、加冰搅拌等措施。自然的方法费用低但施工安排影响大，特别是南水北调大型渡槽工程量大，完全在低温季节施工不太现实；人工方法虽然费用较高，但施工安排不受限制。

取人工冷却入仓温度为 13.0 ℃、19.0 ℃、25.0 ℃，代表人工冷却程度，其他计算条件同基本工况。

从计算结果可以看出，随着入仓温度升高，渡槽内部和表面温度都相应增大，但对内部点影响程度大于表面点，内外温差变大，如图 3-86～图 3-87 和表 3-23 所示。以边纵梁特征点 1、2 为例，入仓温度为 13.0 ℃、19.0 ℃、25.0 ℃时，内部点最高温度分别为 61.36 ℃、64.71 ℃、69.05 ℃，表面点最高温度分别为 46.32 ℃、47.43 ℃、48.55 ℃，入仓温度每升高 6.0 ℃，内部点升高 3.5 ℃左右、表面点升高 1.15 ℃左右，且入仓温度越高内部点温度增幅越大。因此，降低入仓温度有利于减小内外温差、降低温降幅度和温降速率。

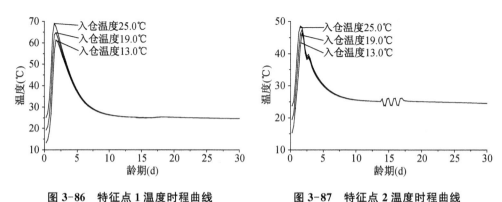

图 3-86　特征点 1 温度时程曲线　　　　图 3-87　特征点 2 温度时程曲线

表 3-23　入仓温度敏感性分析跨中特征点最高温度（℃）

入仓温度（℃）	边纵梁			中纵梁			边侧墙下部			中隔墙下部		
	内部	表面	内外温差	内部	表面	内外温差	内部	表面	内外温差	内部	表面	内外温差
25.0	69.05	48.55	20.5	70.39	49.18	21.21	47.78	39.96	7.82	49.97	40.71	9.26
19.0	64.71	47.43	17.28	65.89	47.96	17.93	45.51	39.59	5.92	47.33	40.19	7.14
13.0	61.36	46.32	15.04	61.97	46.76	15.21	44.48	39.01	5.47	45.81	39.37	6.44

随着入仓温度增大，渡槽表面早期拉应力逐渐变大，如图 3-88～图 3-89 和表 3-24～表 3-25 所示。以边纵梁内外特征点为例，入仓温度为 13.0 ℃、19.0 ℃、25.0 ℃时，表面点早期最大拉应力分别为 1.49 MPa、1.75 MPa、1.86 MPa，后期中心点最大拉应力为 0.55 MPa、0.71 MPa、0.86 MPa，入仓温度从 25.0 ℃降到 19.0 ℃，表面点早期拉应力减小 5.91%，从 19.0 ℃降到 13.0 ℃，早期拉应力减小 14.85%；而后期内部点最大拉应力分别减小 17.44%、22.54%。同时可以看出降低入仓温度对减小渡槽侧墙表面早期最大拉应力和中心点后期拉应力也十分有效。

产生这一现象的原因是由于降低了入仓温度,降低了混凝土达到的最高温度和内外温差,以及减小了混凝土温升之后温降幅度和温降速率的缘故。因此随着入仓温度降低,渡槽早期和后期防裂任务减小,建议施工时降低混凝土入仓温度。

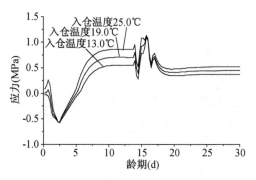

图 3-88　特征点 1 应力时程曲线

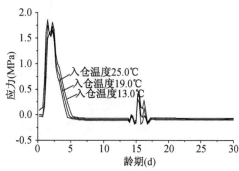

图 3-89　特征点 2 应力时程曲线

表 3-24　入仓温度敏感性分析跨中特征点早期应力(MPa)

入仓温度(℃)	边纵梁		中纵梁		次　梁		底　板		边墙下部		中隔墙下部	
	内部	表面	内部	表面	内部	表面	内部	表面	内部	表面	内部	表面
25.0	−0.56	1.86	−0.55	1.92	−0.18	0.44	0.83	1.21	0.94	0.81	0.98	1.06
19.0	−0.57	1.75	−0.55	1.80	−0.18	0.43	0.80	1.12	0.74	0.62	0.76	0.84
13.0	−0.58	1.49	−0.54	1.51	−0.19	0.39	0.79	0.91	0.55	0.44	0.54	0.61

表 3-25　入仓温度敏感性分析跨中特征点后期应力(MPa)

入仓温度(℃)	边纵梁		中纵梁		次　梁		底　板		边墙下部		中隔墙下部	
	内部	表面	内部	表面	内部	表面	内部	表面	内部	表面	内部	表面
25.0	0.86	−0.11	1.03	−0.11	0.09	0.56	0.04	−0.03	0.76	0.56	0.86	0.57
19.0	0.71	−0.09	0.84	−0.09	0.08	0.45	0.03	−0.03	0.60	0.45	0.69	0.47
13.0	0.55	−0.07	0.66	−0.07	0.06	0.34	0.02	−0.02	0.45	0.34	0.51	0.36

3.4.10　吊空模板

底板和一定高度侧墙同时浇筑,可减小底板对侧墙的约束。为了对比分析不同高度侧墙与底板同时浇筑对侧墙应力的影响,取侧墙与底板同时浇筑高度为0.0 m、0.75 m、1.5 m,其他计算条件同基本工况,如图 3-90 所示。

如图 3-91～图 3-92 和表 3-26 所示,部分侧墙和底板同时浇筑对侧墙应力

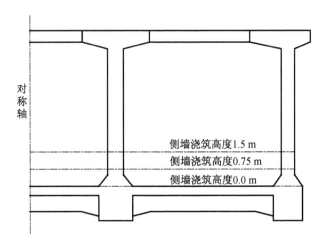

图 3-90　侧墙浇筑高度示意图

有较大影响,以中隔墙下部特征点为例,底板分别与 0.0 m、0.75 m、1.5 m 侧墙同时浇筑时对应的内部点最大拉应力分别为 1.19 MPa、0.98 MPa、0.87 MPa,表面点最大拉应力分别为 0.86 MPa、0.76 MPa、0.70 MPa。相对侧墙和底板同时浇筑 0.0 m,同时浇筑 0.75 m、1.50 m 的侧墙下部特征点内部点最大拉应力分别降低 17.64%、26.89%,表面点分别降低 11.63%、18.60%。由此可见,一定高度侧墙和底板同时浇筑有利于减小老混凝土对侧墙的约束,而且与底板同时浇筑的高度越高,侧墙受老混凝土约束越小,越有利于侧墙早期抗裂,但由于施工时需要吊空模板,施工麻烦,增加跑模概率,所以同时浇筑高度也不能太高。

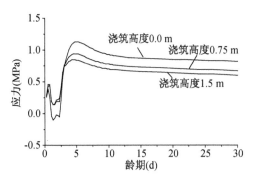

图 3-91　特征点 9 应力时程曲线

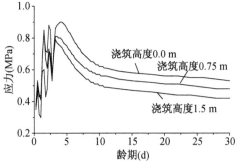

图 3-92　特征点 10 应力时程曲线

表 3-26　侧墙与底板同时浇筑高度敏感性分析跨中特征点早期最大拉应力(MPa)

浇筑高度 (m)	边墙下部		中隔墙下部	
	内部	表面	内部	表面
0.0	1.13	0.90	1.19	0.86
0.75	0.94	0.80	0.98	0.76
1.5	0.84	0.69	0.87	0.70

3.4.11　气温日变幅

南水北调中线工程南北地域跨度大,南方平均气温高,日气温变幅小,北方平均气温低,日气温变幅大。为了比较不同气温日变幅对渡槽的影响,气温日变幅取 20.0 ℃、10.0 ℃、0.0 ℃进行计算,其他条件同基本工况。

计算中只考虑每层浇筑后 3 d 内气温日变化,从图 3-93～图 3-94 和表 3-27 可知,气温日变幅对渡槽内部中心点、表面点温度有一定影响,但不超过 1.5 ℃。尽管如此,气温日变幅增大对表面点影响程度大于内部点,内外温差变大,以边纵梁特征点为例,气温日变幅为 20.0 ℃、10.0 ℃、0.0 ℃时内外温差分别为 21.43 ℃、20.50 ℃、19.58 ℃,相对气温日变幅 0.0 ℃,变幅增加 10.0 ℃、20.0 ℃时内外温差分别增加 0.92 ℃、1.85 ℃。

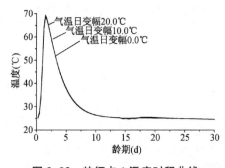

图 3-93　特征点 1 温度时程曲线

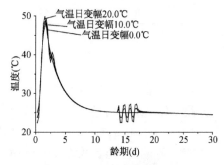

图 3-94　特征点 2 温度时程曲线

表 3-27　气温日变幅敏感性分析跨中特征点最高温度(℃)

日变温幅度(℃)	边纵梁			中纵梁			边侧墙下部			中隔墙下部		
	内部	表面	温差	内部	表面	温差	内部	表面	温差	内部	表面	温差
20.0	68.72	47.29	21.43	70.09	47.74	22.35	47.11	38.07	9.04	49.43	38.83	10.60
10.0	69.05	48.55	20.50	70.39	49.18	21.21	47.78	39.97	7.81	49.97	40.74	9.23
0.0	69.38	49.80	19.58	70.69	50.40	20.29	48.42	40.69	7.73	50.49	41.39	9.10

由图 3-95～图 3-96 及表 3-28 可知,气温日变幅对渡槽表面拉应力有一定影响,以边纵梁表面特征点为例,气温日变幅为 20.0 ℃、10.0 ℃、0.0 ℃时拉应力分别为 1.96 MPa、1.86 MPa、1.76 MPa,相对气温日变幅 0.0 ℃,变幅增加 10.0 ℃、20.0 ℃时最大拉应力分别增加 5.68％、11.36％,对混凝土早期表面抗裂不利。

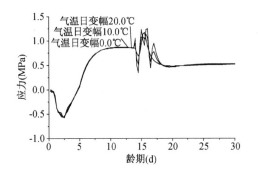

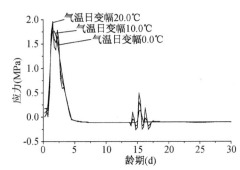

图 3-95　特征点 1 应力时程曲线　　　　图 3-96　特征点 2 应力时程曲线

表 3-28　气温日变幅敏感性分析跨中特征点早期应力(MPa)

日变温幅度(℃)	边纵梁	中纵梁	次梁	底　板	边墙下部	中隔墙下部
20.0	1.96	2.02	0.47	1.27	0.9	1.12
10.0	1.86	1.92	0.44	1.21	0.88	1.06
0.0	1.76	1.82	0.41	1.16	0.81	0.99

3.4.12　风速

大型渡槽施工现场自然条件多变,其中风速更是随时变化,而风速对混凝土表面散热系数有很大影响,为了了解风速变化对渡槽早期温度场、应力场的影响,拟定风速为 1.0 m/s、2.5 m/s、4.0 m/s,其他计算条件同基本工况。

由图 3-97～图 3-98 及表 3-29 可知,风速对渡槽内外特征点温度峰值均有影响,但对表面点影响程度远大于内部点。以边纵梁特征点 1、2 为例,风速分别为 1.0 m/s、2.5 m/s、4.0 m/s 时,内部点最高温度分别为 69.05 ℃、67.52 ℃、66.55 ℃,表面点最高温度分别为 48.55 ℃、42.63 ℃、39.46 ℃,相对风速 1.0 m/s,风速增加 1.5 m/s、3.0 m/s 时,内部点最高温度降低 2.22％、3.62％,而表面点最高温度降低 12.19％、18.72％,内外温差也从 20.50 ℃增加到 24.89 ℃、27.09 ℃,分别增加 21.41％、32.15％。

因此,较大风速对渡槽早期抗裂不利。

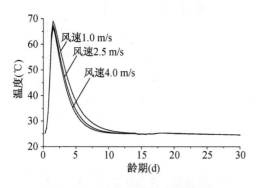

图 3-97　特征点 1 温度时程曲线

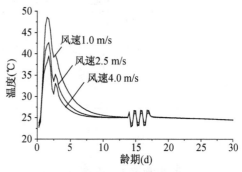

图 3-98　特征点 2 温度时程曲线

表 3-29　风速敏感性分析跨中特征点最高温度(℃)

风速 (m/s)	边纵梁			中纵梁			边侧墙下部			中隔墙下部		
	内部	表面	内外温差	内部	表面	内外温差	内部	表面	内外温差	内部	表面	内外温差
1.0	69.05	48.55	20.50	70.39	49.18	21.21	47.78	39.97	7.81	49.97	40.74	9.23
2.5	67.52	42.63	24.89	69.21	43.20	26.01	44.79	36.34	8.45	47.39	37.04	10.35
4.0	66.55	39.46	27.09	68.45	39.96	28.49	42.95	34.41	8.54	45.78	35.02	10.76

由图 3-99～图 3-100 及表 3-30 可知,风速大小对渡槽早期表面最大拉应力影响明显。以边纵梁表面特征点 2 为例,风速分别为 1.0 m/s、2.5 m/s、4.0 m/s 时,表面最大拉应力分别为 1.86 MPa、2.27 MPa、2.51 MPa,相对风速 1.0 m/s,风速增加 1.5 m/s、3.0 m/s 时,拉应力分别增加 22.04%、34.95%,而中隔墙下部特征点应力分别增加 35.48%、47.31%。由此可见,风速对渡槽早期表面拉应力影响非常大,有必要在施工现场搭设避风棚等挡风措施。

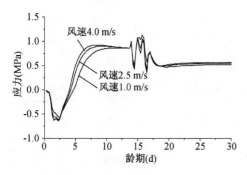

图 3-99　特征点 1 应力时程曲线

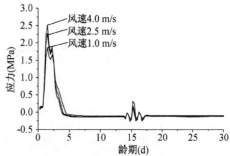

图 3-100　特征点 2 应力时程曲线

表 3-30　风速敏感性分析跨中特征点早期表面最大拉应力(MPa)

风速(m/s)	边纵梁	中纵梁	次　梁	底　板	边墙下部	中隔墙下部
1.0	1.86	1.92	0.44	1.21	0.88	0.93
2.5	2.27	2.38	0.45	1.36	0.95	1.26
4.0	2.51	2.65	0.52	1.42	1.19	1.37

3.4.13　渡槽跨度

为了说明渡槽不同跨度对渡槽应力尤其是渡槽侧墙应力影响,取渡槽跨度分别为 30.0 m、40.0 m、50.0 m 进行分析,其他计算条件同基本工况。

从图 3-101～图 3-104 和表 3-31 可以看出,不同渡槽跨度对渡槽内外点应力几乎没有影响。原因在于,由基本工况分析可知,沿渡槽纵向方向,除了端部温度场和应力场有所变化外,长度方向变化不大,且本次计算只考虑了温度变形、自生体积变形等荷载影响,没有考虑自重等影响。

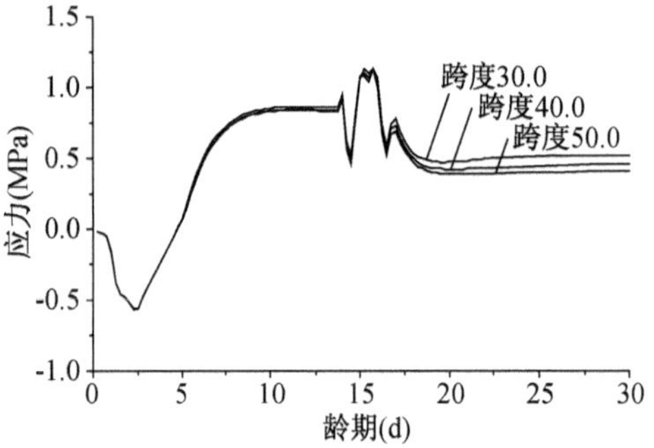

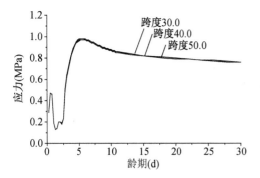

图 3-101　特征点 1 应力时程曲线

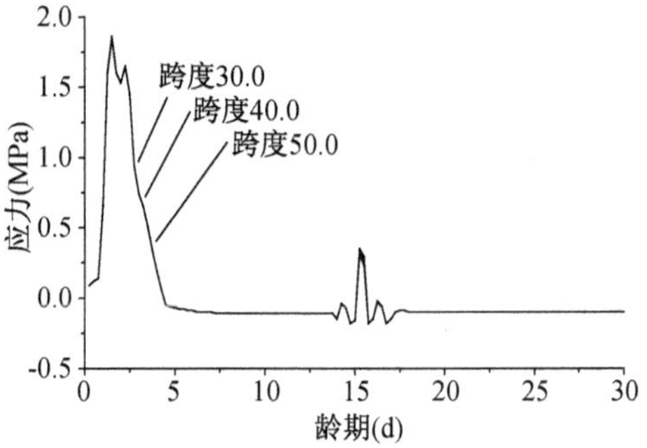

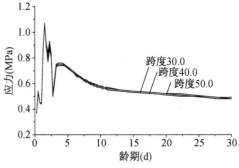

图 3-102　特征点 2 应力时程曲线

图 3-103　特征点 15 应力时程曲线

图 3-104　特征点 16 应力时程曲线

表 3-31　渡槽跨度敏感性分析跨中特征点早期最大拉应力(MPa)

跨度(m)	边纵梁	中纵梁	次　梁	底　　板	边墙下部	中隔墙下部
30.0	1.85	1.88	0.43	1.18	0.82	1.06
40.0	1.86	1.90	0.43	1.19	0.84	1.06
50.0	1.86	1.92	0.44	1.21	0.85	1.07

3.5　湿度场及干缩应力

3.5.1　湿度场

由于缺乏渡槽混凝土具体的干缩试验资料,计算中参数的选取参考有关文献中混凝土的试验资料及经验公式。湿度扩散系数采用 CEB-FIP(90)模型,如式(2-60)所示,混凝土表面湿度转移系数取 $3.5 \times 10^{-3} \text{m}^2/\text{d}$,为反映高性能混凝土自干燥现象给混凝土湿度扩散和湿度应力带来的影响,基于 Baroghel-Bouny(1994)试验结论,混凝土自干燥表达式为:

$$Q = 1 - at/(b+t) \tag{3-10}$$

式中,a 是水化结束时孔中相对湿度与饱和状态相对湿度的差值;b 是相对湿度降至 $1-2/a$ 所经历时间,本书取 $a=0.25, b=8\,\text{d}$[107]。

混凝土渡槽浇筑过程同温度场分析基本工况,采用钢模板,仓面混凝土浇筑后用草袋覆膜覆盖,基本无水分散失,每批混凝土浇筑 7 d 后拆模,空气平均湿度为60.0%。

图 3-105 和图 3-106 为渡槽边纵梁和边墙厚度方向湿度分布。由图可知,渡槽高性能混凝土受自干燥影响,早期内部相对湿度降低很快,约 7 d 时间混凝土内部最高相对湿度就降至 88%,28 d 后混凝土自干燥变化已经比较小,此后内部的相对湿度变化主要以扩散作用为主。相对于温度传导,湿度的传导速度是其 1/1 000,拆模后湿度传导非常缓慢,经过 14 d 后湿度有 10% 变化的区域只限于表层3.5 cm,但拆模后经过一段时间,混凝土表面区域湿度变化还是很明显,渡槽混凝土表层较浅范围内出现较大的湿度梯度,这种内外不均匀湿度梯度很容易导致表面拉应力产生,从而引起表面开裂或促使已有温度裂缝继续开展。

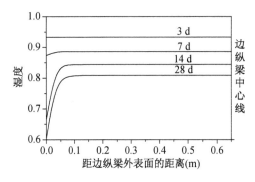

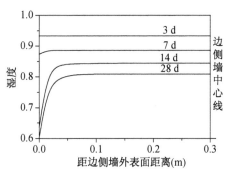

图 3-105　边纵梁不同龄期混凝土相对湿度　　图 3-106　边侧墙不同龄期混凝土相对湿度

3.5.2　干缩应力

图 3-107～图 3-109 为边纵梁、边侧墙和底板干缩应力分布图。由图可知,边纵梁拉应力分布只是在表面浅层,内部干缩应力基本为 0.0 MPa,拆模前尽管渡槽第一批浇筑混凝土湿度整体下降,但由于渡槽为简支结构,受外界约束可以忽略不计,故拆模前没有干缩应力产生。但拆模后渡槽表面湿度急剧下降,混凝土表层较大湿度梯度形成较大干缩应力,拆模后 2.25 d 纵梁表面干缩应力为 0.8 MPa,底板表面达到 1.2 MPa。对于第二批浇筑的墙体混凝土,从图 3-108 可以看出,侧墙模板拆除前内外已有较大拉应力,达到 1.6 MPa,原因在于其自干燥引起的湿度变形受到先期浇筑底板(间歇期 14 d)约束所致,在拆除模板后表面湿度急剧下降,而由于混凝土湿度传导非常缓慢,因而在混凝土表面形成相当大湿度梯度,同时受老混凝土约束,拆模后 2.25 d 表面干缩应力达到 2.88 MPa,与温度变形等产生表面应力相叠加,对混凝土早期防裂非常不利。

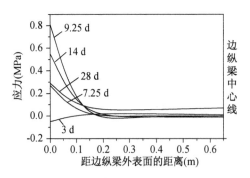

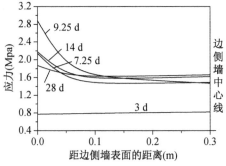

图 3-107　沿边纵梁宽度方向干缩应力　　图 3-108　沿边侧墙厚度方向干缩应力

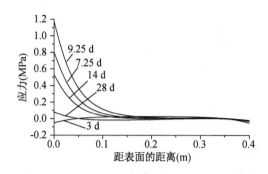

图 3-109　沿底板厚度方向干缩应力

因此,采用含水骨料以补充自干燥作用导致的内部湿度降低不失为一种较好的措施,同时有必要加强拆模后表面保湿工作,以降低由于湿度扩散导致的混凝土表面较大湿度梯度产生的开裂风险。

3.5.3　影响因素

3.5.3.1　环境湿度

南水北调中线工程南北地域跨度大,南方气候湿润、环境湿度高,北方干燥、环境湿度低,为了比较环境湿度变化对渡槽混凝土的影响,环境湿度取 70% 和 80% 分别计算。

对比环境湿度为 70% 和 80% 时渡槽混凝土湿度分布可知(图 3-110～图 3-111),环境湿度越高,拆模后渡槽混凝土内外湿度差越小,表面湿度梯度越小,因此渡槽施工时应尽可能做好混凝土表面湿养护,营造良好气候小环境。

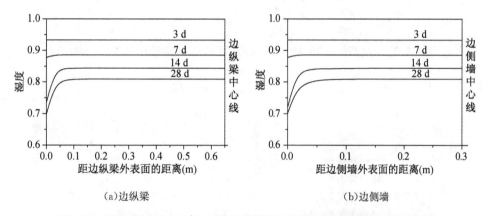

（a）边纵梁　　　　　　　　　（b）边侧墙

图 3-110　环境湿度为 70% 时渡槽边纵梁和边侧墙不同龄期混凝土相对湿度

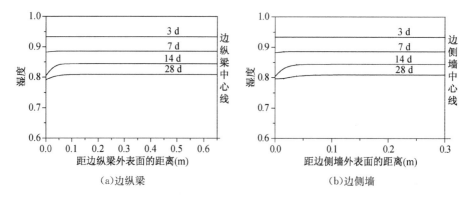

图 3-111 环境湿度为 80％时渡槽边纵梁和边侧墙不同龄期混凝土相对湿度

由图 3-112～图 3-113 可知,环境湿度增大,渡槽表面点拉应力逐渐减小,以边侧墙表面点为例,环境湿度分别为 70％、80％时,拆模后 2.25d 时拉应力分别为 2.67、2.21MPa,相对环境湿度 70％,环境湿度增大 10％,表面拉应力减小 17.2％。究其原因在于环境温度大,渡槽混凝土内外温度差和湿度梯度减小,因此有必要加强施工管理和混凝土湿养护。

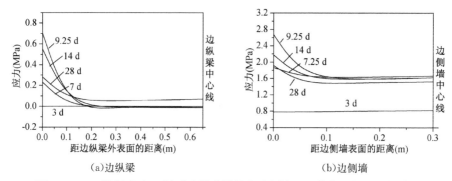

图 3-112 环境湿度为 70％时渡槽边纵梁和边侧墙不同龄期混凝土干缩应力

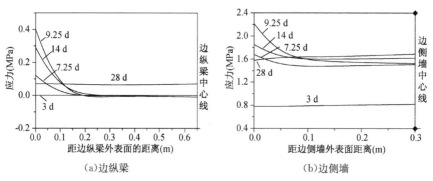

图 3-113 环境湿度为 80％时渡槽边纵梁和边侧墙不同龄期混凝土干缩应力

3.5.3.2　湿度最终自由变形

由式(2-66)可知,在混凝土湿度-干缩变形本构关系中,湿度最终自由变形对混凝土各部位干缩变形影响很大,且为了比较不同湿度最终自由变形$(\varepsilon_{sh})_{ult}$对混凝土干缩应力的影响,分别取为 250、400、550 $\mu\varepsilon$,环境湿度取 60% 计算。

由图 3-114～图 3-115、图 3-107～图 3-108 可知,湿度最终自由变形增大,渡槽混凝土表面点拉应力逐渐增大。对于边纵梁表面点的干缩应力,湿度最终自由变形分别为 250、400、550 $\mu\varepsilon$ 时,拆模后 2.25 d 时底板表面干缩拉应力分别为 0.51、0.81、1.12 MPa,相对湿度最终自由变形 400 $\mu\varepsilon$,最终自由变形为 250 $\mu\varepsilon$ 即降低 37.5%,表面拉应力减小 37.0%,最终自由变形为 550 $\mu\varepsilon$ 即增大 37.5%,表面拉应力增加 38.3%。在边侧墙表面点,拆模后 2.25 d 时底板表面干缩拉应力分别为 1.80、2.88、3.96 MPa,相对湿度最终自由变形 400 $\mu\varepsilon$,最终自由变形为 250、550 $\mu\varepsilon$ 的拉应力分别减小、增加 37.5%、37.5%。因此有必要通过优化混凝土配合比、加强混凝土养护减小混凝土湿度最终自由变形值。

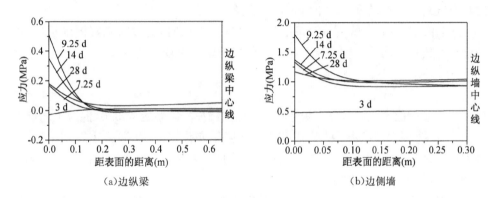

图 3-114　$(\varepsilon_{sh})_{ult} = 250\ \mu\varepsilon$ 时渡槽边纵梁和边侧墙不同龄期混凝土干缩应力

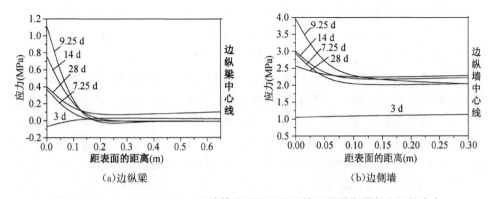

图 3-115　$(\varepsilon_{sh})_{ult} = 550\ \mu\varepsilon$ 时渡槽边纵梁和边侧墙不同龄期混凝土干缩应力

3.6 运行期温度场及温度应力

运行期渡槽温度荷载是由于渡槽结构不同部位受日照或环境气温影响的程度不同导致的温度梯度引起的。槽壁通常内部与水相接触,外部暴露在空气中,因而是最可能产生最大内外温度差的部位。夏季渡槽外壁受强烈的日照,温度明显高于槽内水温;夏季高温时刻,若突遇暴雨降温,短时间内槽壁内外也会产生较大的温度差;秋冬季槽内有水,水温高于气温,加之可能会遇到的突发寒潮,使得外壁温度急剧下降,槽壁内外的温度差急剧增大,这也是秋冬季条件下的最不利工况。基于上述考虑,在槽内均通水后的运行期,分别按以下三种情况进行计算分析。

(1)夏季日照:大型渡槽夏季日照的工况选择气温较高、水温较低时的情况,同时通过太阳实际辐射量或计算辐射量来考虑太阳辐射的影响;

(2)夏季暴雨:夏季暴雨的工况选择气温较高时,突遇暴雨降温的情况,即槽壁与空气接触面的温度急剧下降而产生温差;

(3)秋冬季寒潮:秋冬季寒潮工况选择气温较低时,突发寒潮降温的情况,即槽壁与空气接触面的温度急剧下降从而使内外壁产生较大的温差。

3.6.1 夏季日照

拟定渡槽位于经度120°、纬度35°,取林克氏浑浊度系数为3.0,混凝土初始温度为6:00时刻的环境温度,水温25 ℃,气温年变化、日变化同施工期基本工况。从00:00时刻计算,计算时间步长1 h,计算24 h,考虑各时刻渡槽各部位的太阳直射、散热和地面反射的影响。

夏季日照工况渡槽各特征点温度时程曲线如图3-116所示。由图可知,矩形渡槽顶板最高温度出现在16时左右,温度最高达到37.2 ℃,从10:00—14:00的4 h内温度上升了12.3 ℃,温度上升速率为3.1 ℃/h;东边墙表面最高温度出现在12时左右,最高温度34.3 ℃,此时边壁最大温差为9.3 ℃,;西边墙最大温度出现在17时左右,最高温度为36.8 ℃,此时边壁最大温差为11.8 ℃。

夏季日照工况渡槽内壁与水体接触,温度相对稳定,而槽外壁受到气温、太阳辐射复杂影响变化复杂。在渡槽跨中横向方向,如图3-117所示边纵梁外表面由于同时受到太阳直射、散射和地面反射的影响,温度变化大,而纵梁中心处温度无明显变化,因此边纵梁横向温度分布呈明显的非线性分布,外表面温度梯度很大;由图3-118可知,运行期渡槽外侧墙内壁与槽内水体接触,温度基本上等于水温,外壁受太阳辐射影响温度变化很大,外侧墙温度分布也呈现明显的非线性,在侧墙外表面产生很大温度梯度;同理,渡槽底板厚度方向不同时刻也表现出不同程度温度梯度,如图 3-119 所示。渡槽高度方向,如图 3-120 所示,翼缘上表面附近和纵梁下表面附近,由于受外界环境温度和太阳辐射的影响,温度梯度较大,而侧墙内沿高度方向温度变化不大。

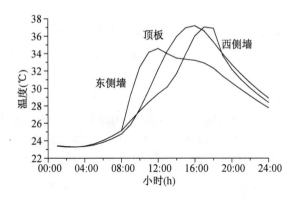

图 3-116　夏季日照工况东侧墙、顶板、西侧墙表面点温度时程曲线

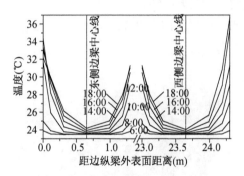

图 3-117　夏季日照工况沿纵梁宽度
方向温度分布

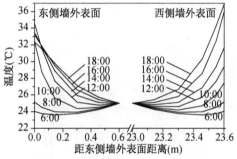

图 3-118　夏季日照工况沿侧墙厚度
方向温度分布

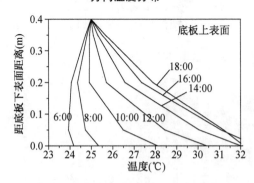

图 3-119　夏季日照工况沿渡槽底板
厚度方向温度分布

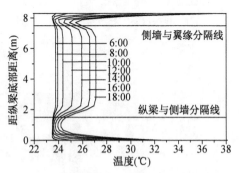

图 3-120　夏季日照工况沿渡槽高度
方向温度分布

矩形渡槽夏季日照工况温度应力计算结果如图 3-121～图 3-123 所示,最大应力及分布统计结果如表 3-32 所示。夏季日照各个时段矩形渡槽的最大主应力出现的部位主要是渡槽外侧墙内表面下部,随时间而变化,最大值由东侧墙逐渐转移到西侧墙,最大值达到 2.21 MPa,此后逐渐减小。夏季日照各个时段矩形渡槽的最大竖向正应力出现的部位主要是渡槽外侧墙内表面下部,由于太阳辐射对东西侧墙的影响在各个时段不同,竖向应力最大值和分布范围均随时间有较大变化,上午东边墙受太阳辐射影响温度急剧上升,最大竖向应力出现在东侧墙内表面下部,西侧墙内表面下部局部区域也出现较大竖向拉应力;下午东侧墙内表面最大拉应力逐渐减小,范围也逐渐减小,而西侧墙内表面竖向拉应力逐渐变大,范围也逐渐变大,最大值达到 2.21 MPa,此后竖向应力逐渐减小。夏季日照工况横向正应力出现的部位主要是渡槽各厢底板上表面和拉杆下部,随着太阳辐射强度增强,底板上横向正应力随时间推移发生明显变化,横向正应力逐渐变大,最大值由渡槽东厢底板转移到西厢底板,最大达到 1.71 MPa,之后逐渐变小。夏季日照工况各个时刻最大纵向应力出现部位主要是东西边墙内壁和各厢底板上表面,范围、大小随时间而变化,最大值由东侧墙逐渐转移到西侧墙,最大值达到 1.19 MPa,此后竖向应力逐渐减小。

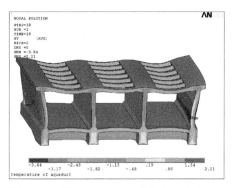

图 3-121　夏季日照工况渡槽竖向正应力云图

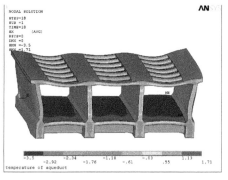

图 3-122　夏季日照工况渡槽横向正应力云图

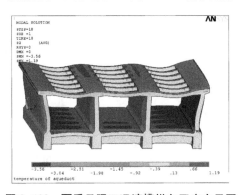

图 3-123　夏季日照工况渡槽纵向正应力云图

表 3-32 大型矩形渡槽夏季日照工况结构拉应力及其分布部位表（MPa）

时刻	应力名称	最大拉应力	最大拉应力部位
06:00	横向正应力	0.24	底板与次梁交界处
	竖向正应力	0.23	侧墙端部
	纵向正应力	0.16	底板与次梁交界处
	第一主应力	0.24	次梁下部
08:00	横向正应力	0.28	次梁、拉杆中下部
	竖向正应力	0.20	侧墙端部
	纵向正应力	0.22	纵梁中心
	第一主应力	0.29	次梁、拉杆中下部
10:00	横向正应力	0.69	拉杆中下部
	竖向正应力	0.51	东侧外墙内表面下部
	纵向正应力	0.54	纵梁中心、东侧墙中心
	第一主应力	0.69	拉杆下部
12:00	横向正应力	1.09	东厢底板上表面、拉杆中下部
	竖向正应力	1.19	东侧外墙内表面下部
	纵向正应力	0.84	东侧外墙内表面、东厢底板上表面、纵梁中心
	第一主应力	1.19	东侧外墙内表面下部
14:00	横向正应力	1.21	各厢底板上表面、拉杆下部
	竖向正应力	1.56	东侧外墙内表面下部
	纵向正应力	1.03	东西侧外墙内表面、底板上表面、纵梁中心
	第一主应力	1.57	东侧外墙内表面下部
16:00	横向正应力	1.49	各厢底板上表面、拉杆中下部
	竖向正应力	1.88	西侧外墙内表面下部
	纵向正应力	1.21	东西侧外墙内表面、底板上表面、纵梁中心
	第一主应力	1.88	东西侧外墙内表面下部
18:00	横向正应力	1.71	各厢底板上表面
	竖向正应力	2.21	西侧外墙内表面下部
	纵向正应力	1.19	东西侧外墙内表面、底板上表面、纵梁中心
	第一主应力	2.21	东西侧外墙内表面下部

3.6.2 秋冬季寒潮

(1) 秋冬季寒潮基本工况

取渡槽结构混凝土初始温度 4 ℃,水温 4 ℃,气温 6 h 内降温幅度为 15 ℃,之后日气温变化为 4 ℃,计算 72 h。

秋冬季寒潮时渡槽内壁与水体接触,温度相对稳定,而外表面受气温影响很大,图 3-124 为顶板和侧墙外壁特征点温度时程曲线,从图中可看出,秋冬季急剧降温,渡槽外表面温度急剧降低,温度变化规律基本同外界气温,但温降幅度滞后,而槽内水温基本不变,从而造成渡槽内外较大温度差。

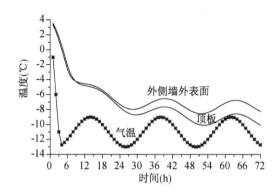

图 3-124 秋冬季寒潮基本工况渡槽顶板及侧墙外壁外表面温度时程曲线

矩形渡槽秋冬季寒潮工况时渡槽混凝土外表面随气温变化很大,混凝土作为热惰性材料,内部温度变化滞后于表面。跨中横向方向,如图 3-125 所示,纵梁外表面温度迅速降低,中心点温度变化较小,沿宽度方向温度分布呈明显的非线性,外表面处温度梯度最大,越往梁内部则温度梯度越小;外侧墙内壁与槽内水体接触,温度基本无变化,外表面则受外界环境温度的影响温度迅速下降,沿侧墙厚度方向温度呈明显的非线性分布(图 3-126)。同理,底板厚度方向温度也呈非线性分布(图 3-127),但由于底板较薄,非线性程度不高。沿渡槽高度方向(图 3-128),翼缘上表面附近和纵梁下表面附近由于受外界环境温度的影响,温度梯度较大,侧墙内沿高度方向各点温度呈均匀变化。

秋冬季寒潮基本工况下最大拉应力如图 3-129~图 3-131 所示,其分布部位如表 3-33 所示。可以看出秋冬季寒潮应力分布与变化规律:寒潮降温后,在持续降温阶段,最大第一主应力主要分布在纵梁底部两侧和外侧墙外壁下部;在维持低气温阶段,最大第一主应力主要分布在次梁底部端部,最大达到 5.81 MPa。各时间段的最大横向正应力主要出现在次梁底部,随着持续降温和降温后维持着较低的气温,最大横向正应力逐渐变大,最大横向正应力可达 4.89 MPa。各时间段的最大竖向正应力主要出现在外侧墙外壁下部,随着持续降温,最大竖向正应力可达4.38 MPa。各时间段的最大纵向正应力主要出现在纵梁底部两侧,最大纵向正应力为 4.47 MPa。

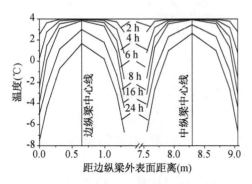

图 3-125　秋冬季寒潮基本工况沿纵梁宽度方向温度分布

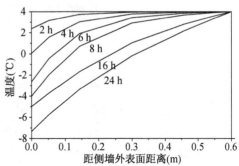

图 3-126　秋冬季寒潮基本工况沿外侧墙宽度方向温度分布

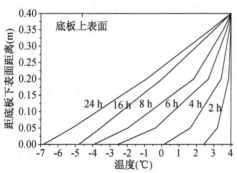

图 3-127　秋冬季寒潮基本工况沿底板厚度方向温度分布

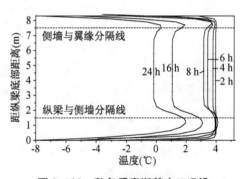

图 3-128　秋冬季寒潮基本工况沿高度方向温度分布

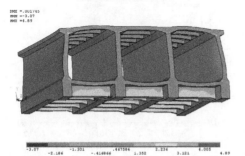

图 3-129　秋冬季寒潮基本工况渡槽横向正应力云图

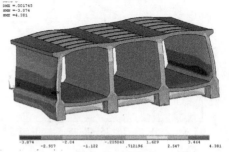

图 3-130　秋冬季寒潮基本工况渡槽竖向正应力云图

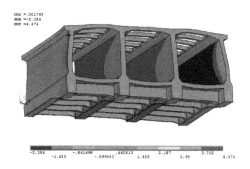

图 3-131　秋冬季寒潮基本工况渡槽纵向正应力云图

（2）秋冬季寒潮不同降温幅度工况

为了比较不同降温幅度时渡槽温度及应力分布情况，拟定降温 10 ℃/6 h、15 ℃/6 h 及 20 ℃/6 h，其他计算条件同寒潮基本工况。

秋冬季寒潮不同降温幅度工况渡槽各部位特征点温度时程曲线如图 3-132～图 3-133 所示。可知寒潮降温幅度越大，渡槽结构表面温度下降越快，降幅也越大，即形成越大内外温差。秋冬季寒潮不同降温幅度时，渡槽各部位内外温差和温度梯度有明显差别，以降温后第 6 h 侧墙温度分布为例，如图 3-134 所示，降温幅度越大，侧墙外表面温度下降速率、下降幅度越大，内外温差也越大，温度分布的非线性程度越高，温度梯度越大。底板厚度方向温度分布规律基本同侧墙，如图 3-135 所示。

秋冬季寒潮不同降温幅度工况各向最大拉应力及其分布部位如表 3-33 所示。可以看出在不同的降温幅度下，最大拉应力的位置分布同基本工况一致，降温幅度越大，拉应力增长越快，最终的拉应力也越大，最大达到 7.67 MPa。相对温降 15 ℃，降温幅度减少 5 ℃时，应力减少 32%～34%；降温幅度增大 5 ℃时，应力增加约 33%。

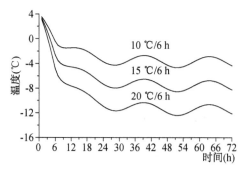

图 3-132　秋冬季寒潮不同降温幅度工况
侧墙外表面温度时程曲线

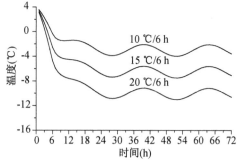

图 3-133　秋冬季寒潮不同降温幅度工况
底板下表面温度时程曲线

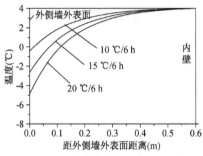

图 3-134　秋冬季寒潮不同降温幅度工况
第 6 h 沿侧墙厚度方向温度分布

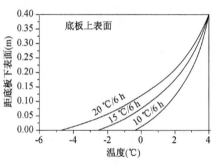

图 3-135　秋冬季寒潮不同降温幅度工况
第 6 h 沿底板厚度方向温度分布

（3）秋冬季寒潮不同降温强度工况

为了比较不同降温强度工况渡槽温度及应力分布情况，拟定 3 h、6 h、9 h 内降温 15 ℃，其他计算条件同寒潮基本工况。

秋冬季寒潮不同降温强度工况，各部位特征点温度变化规律基本一致，如图 3-136～图 3-137 所示，寒潮降温强度越高，渡槽结构表面温度下降越快，降幅也越大，即形成越大的温度梯度和内外温差，但降温结束一段时间后温度趋于一致。秋冬季寒潮不同降温强度工况不同部位温度分布有明显不同，以降温后第 3 h 沿侧墙厚度方向的温度分布为例，如图 3-138 所示，寒潮降温强度越高，侧墙外表面温度下降越迅速且下降幅度越大，内外温差也就越大，温度分布的非线性程度越高，温度梯度越大。底板厚度方向温度分布规律基本同侧墙，如图 3-139 所示。

秋冬季寒潮不同降温强度工况矩形渡槽各向最大拉应力及其分布部位如表 3-34 所示。结果表明：在不同的降温强度下，最大拉应力位置分布基本一致，降温强度越大，降温前期拉应力增长速率越大，但由于降温幅度相同，最终的拉应力基本相同。降温时间由 6 h 减为 3 h，在降温开始后的前 4 h，各部位最大拉应力增加 43%～50%，降温初期的应力增幅最大为 50%，其后增幅逐渐降低。降温时间由 6 h 增加为 9 h，在降温开始后的前 6 h，应力减小 33%～35%，其后增幅逐渐降低。

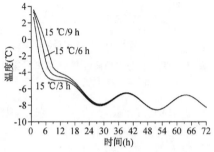

图 3-136　秋冬季寒潮不同降温强度工况
外侧墙外表面温度时程曲线

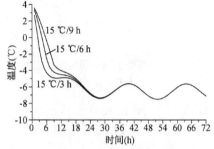

图 3-137　秋冬季寒潮不同降温强度工况
底板下表面温度时程曲线

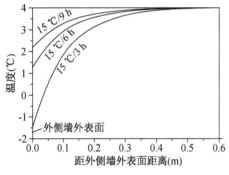
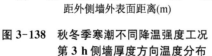

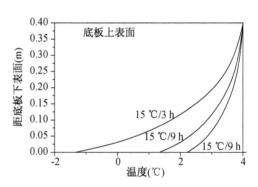

图3-138 秋冬季寒潮不同降温强度工况第3 h侧墙厚度方向温度分布 **图3-139 秋冬季寒潮不同降温强度工况第3 h底板厚度方向温度分布**

（4）秋冬季寒潮不同保温工况

由上述分析可知,秋冬季寒潮在渡槽外表面附近产生很大的温度梯度,为减小温度梯度,在渡槽外表面贴厚度为 2.0 cm 的泡沫保温板或涂保温材料,对比分析保温效果。

在混凝土渡槽外表面加保温材料后,渡槽外侧墙表面特征点温度时程曲线如图 3-140 所示。由图可见,加保温材料后,渡槽结构外表面温度下降幅度与速率显著减缓,大幅度减小了由寒潮气温骤降而引起的结构温度变化。秋冬季寒潮工况加保温材料与否,渡槽各部位温度梯度明显不同,以降温后第 6 h 温度分布为例,如图 3-141 所示,渡槽侧墙加保温材料后渡槽外表面附近温度梯度明显降低。可见秋冬季寒潮加保温材料可以显著降低渡槽结构外表面温度梯度,减小寒潮影响。

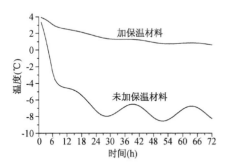

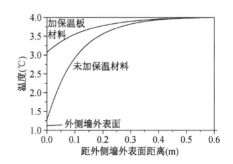

图3-140 秋冬季寒潮不同保温工况外侧墙外表面温度时程曲线 **图3-141 秋冬季寒潮不同保温工况第6 h沿侧墙厚度方向温度分布**

如表 3-35 所示,贴保温板或涂保温材料后,减小了混凝土的内外温差和温度梯度,最大拉应力增长明显减缓,且最终拉应力也显著减小,为基本工况的48.3%。

表 3-33　大型矩形渡槽秋冬季寒潮降温幅度敏感性分析最大拉应力及其分布表（MPa）

降温后小时数 (h)	应力名称	6 h 降温 10 ℃工况		6 h 降温 15 ℃工况（寒潮基本工况）		6 h 降温 20 ℃工况	
		最大拉应力	最大拉应力部位	最大拉应力	最大拉应力部位	最大拉应力	最大拉应力部位
2	横向正应力	0.421	纵梁底部中心与次梁底部两侧	0.632	纵梁底部中心、次梁底部两侧	0.843	纵梁底部中心、次梁底部两侧
	竖向正应力	0.465	外墙外侧下部	0.698	外墙外侧下部	0.930	外墙外侧下部
	纵向正应力	0.541	纵梁底部两侧	0.811	纵梁底部两侧	1.082	纵梁底部两侧
	第一主应力	0.541	纵梁底部两侧、外墙外侧下部	0.811	纵梁底部两侧、外墙外侧下部	1.082	纵梁底部两侧、外墙外侧下部
4	横向正应力	1.044	纵梁底部中心、次梁底部两侧	1.566	纵梁底部中心、次梁底部两侧	2.088	纵梁底部中心、次梁底部两侧
	竖向正应力	1.131	外墙外侧下部	1.697	外墙外侧下部	2.262	外墙外侧下部
	纵向正应力	1.276	纵梁底部两侧	1.914	纵梁底部两侧	2.552	纵梁底部两侧
	第一主应力	1.291	纵梁底部两侧、外墙外侧下部	1.937	纵梁底部两侧、外墙外侧下部	2.582	纵梁底部两侧、外墙外侧下部
6	横向正应力	1.181	纵梁底部中心、次梁底部两侧	2.725	纵梁底部中心、次梁底部两侧	4.174	纵梁底部中心、次梁底部两侧
	竖向正应力	1.888	外墙外侧下部	2.832	外墙外侧下部	3.633	外墙外侧下部
	纵向正应力	2.087	纵梁底部两侧	3.131	纵梁底部两侧	3.776	纵梁底部两侧
	第一主应力	2.189	纵梁底部两侧、外墙外侧下部	3.284	纵梁底部两侧、外墙外侧下部	4.387	纵梁底部两侧、外墙外侧下部

续　表

降温后小时数(h)	应力名称	6 h降温10℃工况		6 h降温15℃工况(渠潮基本工况)		6 h降温20℃工况	
		最大拉应力	最大拉应力部位	最大拉应力	最大拉应力部位	最大拉应力	最大拉应力部位
8	横向正应力	2.804	次梁底部端部	3.483	次梁底部端部	4.634	次梁底部端部
	竖向正应力	2.265	外墙外侧下部	3.382	外墙外侧下部	4.500	外墙外侧下部
	纵向正应力	2.426	纵梁底部两侧	3.625	纵梁底部两侧	4.823	纵梁底部两侧
	第一主应力	2.804	次梁底部端部	4.188	次梁底部端部	5.573	次梁底部端部
16	横向正应力	2.502	次梁底部端部	3.982	次梁底部端部	5.462	次梁底部端部
	竖向正应力	2.261	外墙外侧下部	3.615	外墙外侧下部	4.968	外墙外侧下部
	纵向正应力	2.175	纵梁底部两侧、翼缘两侧拉杆附近	3.658	纵梁底部两侧	5.017	纵梁底部两侧、翼缘两侧拉杆附近
	第一主应力	2.988	支座处次梁底部端部	4.757	支座处次梁底部端部	6.525	支座处次梁底部端部
24	横向正应力	3.321	支座处次梁底部端部	4.890	支座处次梁底部端部	6.458	支座处次梁底部端部
	竖向正应力	3.002	外墙外侧下部	4.381	外墙外侧下部	5.761	外墙外侧下部
	纵向正应力	3.039	纵梁底部两侧、拉杆与翼缘交界处	4.474	纵梁底部两侧、拉杆与翼缘交界处	5.690	纵梁底部两侧、拉杆与翼缘交界处
	第一主应力	3.945	支座处次梁底部端部	5.806	支座处次梁底部端部	7.667	支座处次梁底部端部

表 3-34　大型矩形渡槽秋冬季寒潮降温温度敏感性分析最大拉应力及其分布表（MPa）

降温后小时数(h)	应力名称	降温强度 3 h 15 ℃		降温强度 6 h 15 ℃（基本工况）		降温强度 9 h 15 ℃	
		最大拉应力	最大拉应力部位	最大拉应力	最大拉应力部位	最大拉应力	最大拉应力部位
2	横向正应力	1.264	纵梁底部中心与次梁底部两侧	0.632	纵梁底部中心、次梁底部两侧	0.421	纵梁底部中心、次梁底部两侧
	竖向正应力	1.396	外墙外侧下部	0.698	外墙外侧下部	0.465	外墙外侧下部
	纵向正应力	1.623	纵梁底部两侧	0.811	纵梁底部两侧	0.541	纵梁底部两侧
	第一主应力	1.623	纵梁底部两侧、外墙外侧下部	0.811	纵梁底部两侧、外墙外侧下部	0.541	纵梁底部两侧、外墙外侧下部
4	横向正应力	2.808	纵梁底部中心、次梁底部两侧	1.566	纵梁底部中心、次梁底部两侧	1.044	纵梁底部中心、次梁底部两侧
	竖向正应力	3.015	外墙外侧下部	1.697	外墙外侧下部	1.131	外墙外侧下部
	纵向正应力	3.398	纵梁底部两侧	1.914	纵梁底部两侧	1.276	纵梁底部两侧
	第一主应力	3.440	纵梁底部两侧、外墙外侧下部	1.937	纵梁底部两侧、外墙外侧下部	1.291	纵梁底部两侧、外墙外侧下部
6	横向正应力	3.630	纵梁底部中心、次梁底部两侧	2.725	纵梁底部中心、次梁底部两侧	1.087	纵梁底部中心、次梁底部两侧
	竖向正应力	3.585	外墙外侧下部	2.832	外墙外侧下部	1.888	外墙外侧下部
	纵向正应力	3.846	纵梁底部两侧	3.131	纵梁底部两侧	2.087	纵梁底部两侧
	第一主应力	4.369	纵梁底部两侧、支座处次梁底部端部	3.284	纵梁底部两侧、外墙外侧下部	2.087	纵梁底部两侧

续表

降温后小时数 (h)	应力名称	降温强度 3 h 15 ℃		降温强度 6 h 15 ℃(基本工况)		降温强度 9 h 15 ℃	
		最大拉应力	最大拉应力部位	最大拉应力	最大拉应力部位	最大拉应力	最大拉应力部位
8	横向正应力	3.963	次梁底部端部	3.483	次梁底部端部	2.685	次梁底部端部
	竖向正应力	3.840	外墙外侧下部	3.382	外墙外侧下部	2.698	外墙外侧下部
	纵向正应力	3.854	纵梁底部两侧	3.625	纵梁底部两侧	2.929	纵梁底部两侧
	第一主应力	4.762	次梁底部端部	4.188	次梁底部端部	3.231	次梁底部端部
16	横向正应力	4.084	次梁底部端部	3.982	次梁底部端部	3.869	次梁底部端部
	竖向正应力	3.678	外墙外侧下部	3.615	外墙外侧下部	3.567	外墙外侧下部
	纵向正应力	3.749	纵梁底部两侧,拉杆与翼缘交界处	3.658	纵梁底部两侧	3.554	纵梁底部两侧,拉杆与翼缘交界处
	第一主应力	4.870	支座处次梁底部端部	4.757	支座处次梁底部端部	4.627	支座处次梁底部端部
24	横向正应力	4.923	支座处次梁底部端部	4.890	支座处次梁底部端部	4.845	支座处次梁底部端部
	竖向正应力	4.406	外墙外侧下部	4.381	外墙外侧下部	4.358	外墙外侧下部
	纵向正应力	4.501	纵梁底部两侧,拉杆与翼缘交界处	4.474	纵梁底部两侧,拉杆与翼缘交界处	4.445	纵梁底部两侧,拉杆与翼缘交界处
	第一主应力	5.875	支座处次梁底部端部	5.806	支座处次梁底部端部	5.772	支座处次梁底部端部

表 3-35　大型矩形渡槽秋冬寒潮保温敏感性分析最大拉应力及其分布表（MPa）

降温后小时数(h)	应力名称	降温幅度 6 h 15 ℃(基本工况)		降温幅度 6 h 15 ℃(保温工况)	
		最大拉应力	最大拉应力部位	最大拉应力	最大拉应力部位
2	横向正应力	0.632	纵梁底部中心,次梁底部两侧	0.185	拉杆下部中部
	竖向正应力	0.698	外墙外侧下部	0.090	外墙外侧下部
	纵向正应力	0.811	纵梁底部两侧	0.284	翼缘下表面(相邻拉杆中间部分)
	第一主应力	0.811	纵梁底部两侧,外墙外侧下部	0.284	翼缘下表面(相邻拉杆中间部分)
4	横向正应力	1.566	纵梁底部中心,次梁底部两侧	0.486	拉杆与翼缘交界处下部
	竖向正应力	1.697	外墙外侧下部	0.244	外墙外侧下部
	纵向正应力	1.914	纵梁底部两侧	0.771	翼缘下表面(相邻拉杆中间部分)
	第一主应力	1.937	纵梁底部两侧,外墙外侧下部	0.771	翼缘下表面(相邻拉杆中间部分)
6	横向正应力	2.725	纵梁底部中心,次梁底部两侧	0.843	拉杆与翼缘交界处下部
	竖向正应力	2.832	外墙外侧下部	0.443	外墙外侧下部
	纵向正应力	3.131	纵梁底部两侧	1.369	翼缘下表面(相邻拉杆中间部分)
	第一主应力	3.284	纵梁底部两侧,外墙外侧下部	1.369	翼缘下表面(相邻拉杆中间部分)

续表

降温后小时数(h)	应力名称	降温幅度 6 h 15 ℃（基本工况）		降温幅度 6 h 15 ℃（保温工况）	
		最大拉应力	最大拉应力部位	最大拉应力	最大拉应力部位
8	横向正应力	3.483	次梁底部端部	1.056	拉杆与翼缘交界处下部
	竖向正应力	3.382	外墙外侧下部	0.597	外墙外侧下部
	纵向正应力	3.625	纵梁底部两侧	1.772	翼缘下表面（相邻拉杆中间部分）
	第一主应力	4.188	次梁底部端部	1.772	翼缘下表面（相邻拉杆中间部分）
16	横向正应力	3.982	次梁底部端部	1.217	拉杆与翼缘交界处下部
	竖向正应力	3.615	外墙外侧下部	0.935	外墙外侧下部
	纵向正应力	3.658	纵梁底部两侧	2.182	翼缘下表面（相邻拉杆中间部分）
	第一主应力	4.757	支座处次梁底部端部	2.183	翼缘下表面（相邻拉杆中间部分）
24	横向正应力	4.890	支座处次梁底部端部	1.587	拉杆与翼缘交界处下部
	竖向正应力	4.381	外墙外侧下部	1.347	外墙外侧下部
	纵向正应力	4.474	纵梁底部两侧,拉杆与翼缘交界处	2.799	翼缘下表面（相邻拉杆中间部分）
	第一主应力	5.806	支座处次梁底部端部	2.807	翼缘下表面（相邻拉杆中间部分）

3.6.3　夏季暴雨

（1）夏季暴雨基本工况

夏季暴雨时，由于暴雨雨水与较高温度混凝土表面之间存在雨水汽化、热交换与热传导等复杂固、液、气耦合问题，问题较为复杂，计算取气温年变幅和日变幅同施工期基本工况，拟定 14:00 开始暴雨降温，暴雨之前考虑太阳辐射，之后不考虑其影响，受暴雨影响的渡槽顶面及东西外侧墙外壁温度降低效果通过 0.25 h 表面点降温 15 ℃模拟，之后表面温度保持不变，计算 24 h，计算时间步长 0.125 h。

夏季午后暴雨之后，渡槽混凝土外表面温度由于雨水冲刷等原因温度急剧降低，而与水接触的内壁温度基本不变，较短时间内形成较大内外温差，且暴雨前后温度梯度反向，如图 3-142～图 3-143 所示，温度分布呈明显的非线性。因此在混凝土表面形成较大拉应力，横向方向拉应力主要分布在拉杆上表面（图 3-144），达到 3.11 MPa；竖直向拉应力主要分布在边纵梁端部外表面（图 3-145），达到 3.44 MPa；纵向拉应力主要分布在东侧墙外表面（图 3-146），达到 2.61 MPa。

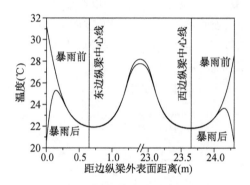

图 3-142　夏季暴雨基本工况沿边纵梁
宽度方向温度分布

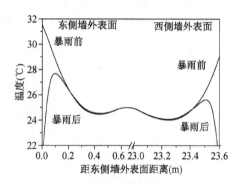

图 3-143　夏季暴雨基本工况沿侧墙
厚度方向温度分布

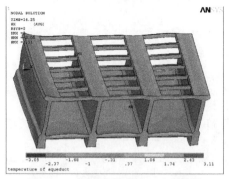

图 3-144　夏季暴雨基本工况渡槽横
向正应力云图

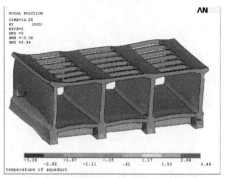

图 3-145　夏季暴雨基本工况渡槽竖向
正应力云图

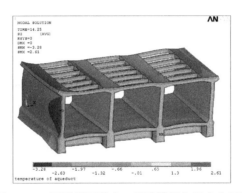

图3-146　夏季暴雨基本工况渡槽纵向正应力云图

（2）夏季暴雨不同降温幅度工况

为了比较不同暴雨降温幅度工况渡槽温度及应力情况，通过对渡槽顶面及侧面表面降温 10 ℃/0.25 h、15 ℃/0.25 h 及 20 ℃/0.25 h 进行模拟，其他计算条件同暴雨降温基本工况。

不同暴雨降温幅度工况渡槽内外温差和温度梯度有明显差别，以侧墙温度分布为例，如图3-147所示，降温幅度越大，侧墙外表面温降速度、温降幅度越大，内外温差越大，温度分布的非线性程度越高，温度梯度越大。因此不同暴雨降温程度产生的拉应力大小有显著差异，如表3-36所示，以竖向拉应力为例，相对 15 ℃/0.25 h，降温减小 33.3%，拉应力减小 63.0%，降温增加 33.3%，拉应力增加 63.1%。

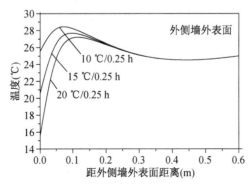

图3-147　夏季暴雨不同降温幅度工况沿侧墙厚度方向温度分布

表3-36　夏季暴雨降温幅度敏感性分析渡槽最大拉应力及分布（MPa）

应力名称	10 ℃/0.25 h	15 ℃/0.25 h	20 ℃/0.25 h	分布
横向拉应力	1.09	3.11	5.42	拉杆上表面
竖向拉应力	1.27	3.44	5.61	边纵梁端部外表面
纵向拉应力	1.42	2.62	4.23	东边墙外表面

（3）夏季暴雨不同降温强度工况

为了比较不同降温强度工况渡槽温度及应力情况，计算通过渡槽顶面及外侧墙外壁表面温度分别降低 15 ℃/0.1 h、15 ℃/0.25 h、15 ℃/0.5 h、15 ℃/1.0 h 模拟，其他计算条件同寒潮降温基本工况。

夏季暴雨不同降温强度工况渡槽内外温差相同，但由于混凝土的热传导，温度梯度有所不同，如图 3-148 所示，暴雨降温强度越大，温度分布非线性越大、温度梯度越大。相应渡槽各方向最大拉应力随暴雨降温强度增大而增大，如表 3-37 所示。

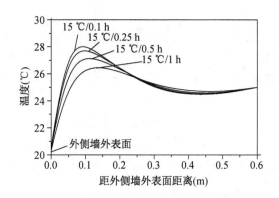

图 3-148   夏季暴雨不同降温强度工况沿侧墙厚度方向温度分布

表 3-37   夏季暴雨降温强度敏感性分析渡槽最大拉应力及分布（MPa）

应力名称	15 ℃/0.1 h	15 ℃/0.25 h	15 ℃/0.5 h	15 ℃/1.0 h	分布
横向拉应力	3.15	3.11	3.17	2.82	拉杆上表面
竖向拉应力	3.55	3.44	3.13	3.18	边纵梁端部外表面
纵向拉应力	2.71	2.62	2.42	2.18	东边墙外表面

3.7   大型矩形混凝土渡槽开裂机理及防裂方法

3.7.1   开裂机理

3.7.1.1   施工期

（1）侧墙

对于分层浇筑的大型矩形渡槽，侧墙等上部结构在底板等一期混凝土浇筑完一段时间后再浇筑，相当于工程中常见的混凝土长墙问题。资料表明[108]，长墙中应力主要是沿长度方向,渡槽仿真分析结果也证实了这点,如图 3-149～图 3-150 所示,因此渡槽墙体如出现裂缝,走向一般呈竖直向。

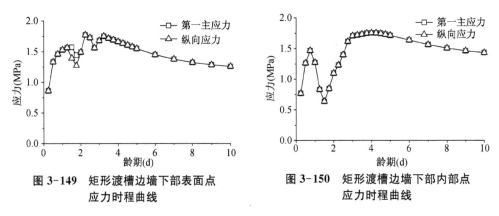

图 3-149　矩形渡槽边墙下部表面点　　　图 3-150　矩形渡槽边墙下部内部点
　　　　　　应力时程曲线　　　　　　　　　　　　应力时程曲线

如图 3-151～图 3-152 所示,各厢侧墙在仓面以上几十厘米处早期内部和表面拉应力达到 1.5 MPa,超过混凝土即时抗拉强度,墙体下部贯穿性裂缝有可能发生,而侧墙墙体中上部虽然内外温差较下部大,但内外表面拉应力却较小,到侧墙顶部内部应力甚至为压应力(图 3-28～图 3-30)。

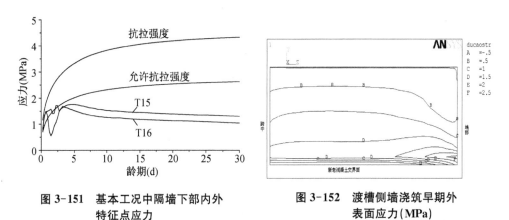

图 3-151　基本工况中隔墙下部内外　　　图 3-152　渡槽侧墙浇筑早期外
　　　　　　特征点应力　　　　　　　　　　　　　表面应力(MPa)

不考虑渡槽混凝土自生体积收缩,侧墙混凝土在温度达到峰值时内外温差为 8.4 ℃(图 3-22),由图 3-153 可知,混凝土内外特征点应力变化规律在温度达到峰值前内部为压应力、外部为拉应力,中隔墙下部特征点表面拉应力在温度达到峰值(1.5 d)时达到最大,为 0.69 MPa,此时内部特征点压应力也达到最大,为－0.17 MPa;温度峰值过后温度开始下降,但内部温降幅度和温降速率均大于表面,内部收缩受到表面约束,同时温降收缩受到老混凝土约束,混凝土内部由早期压应力逐渐变为拉应力,表面拉应力逐渐变小,后期中隔墙内部拉应力在龄期为 5 d 时为 0.45 MPa 左右。由此可见,侧墙混凝土早期在内外温差及底板老混凝土约束下应力并不大,不至于使侧墙混凝土产生裂缝,原因除与内外温差不大有关外,还与计算时侧墙与底板采用吊空模板技术同时浇筑了 0.75 m,从而减弱了底板老混凝土约束有关。但漕河渡槽等已建渡槽侧墙拆模时就发现仓面以上几十厘米处出现竖直裂缝[7,109],致使其开裂的应该另有原因。

　　计算时考虑高性能混凝土自生体积收缩,仿真分析结果(图 3-154)表明,龄期为 1.5 d 时侧墙下部、仓面以上几十厘米处内外特征点早期拉应力达到 1.57 MPa 左右,超过即时抗拉强度,贯穿性裂缝有可能发生。通过分析,其原因在于渡槽高性能混凝土自生体积收缩值大、发展迅速,墙体混凝土早期自收缩变形在老混凝土较强约束下拉应力发展很快。

　　同时可以看出,龄期为 1.5 d 时内外温差在渡槽侧墙混凝土表面产生的拉应力为 0.69 MPa,占总应力的 43.9%;自生体积收缩变形产生的拉应力为 0.88 MPa,占总应力的 56.1%,自生体积收缩变形产生的拉应力所占比重较大。

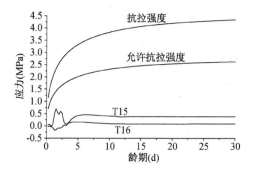 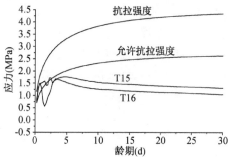

图 3-153　不考虑自生体积收缩中隔墙下部内外特征点应力　　**图 3-154　考虑自生体积收缩中隔墙下部内外特征点应力**

　　同时,如果侧墙混凝土浇筑后养护不到位,拆模后 2.25 d 由于侧墙混凝土自干燥和表面水分散失引起的表面拉应力可达到 2.8 MPa(图 3-108),与温度变形引起的拉应力叠加,加剧侧墙开裂风险。

　　由上述分析可知,高性能混凝土自生体积收缩受到老混凝土的外部约束、内外温差引起的温度非线性分布导致的自约束是矩形渡槽侧墙下部混凝土产生竖直向裂缝主要原因,同时干缩应力不容忽视。同常见长墙裂缝问题一样,第一条裂缝常在墙体中部产生,然后可能在二分之一处继续发展,如图 3-155 所示。同时在渡槽墙体端部,同长墙应力状态,由于剪应力较大,局部应力也较大(图 3-152),有可能产生斜裂缝,应注意斜钢筋配置。

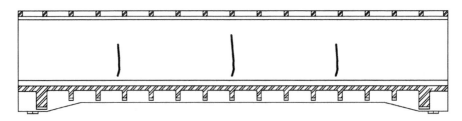

图 3-155　矩形渡槽侧墙裂缝分布示意图

（2）纵梁

大型渡槽现场施工一般采用高性能泵送混凝土，其绝热温升高、早期生热率大，由矩形渡槽基本工况仿真计算结果可知（图 3-156），混凝土浇筑后 1.5 d 中纵梁内部点温度升到最高，达到 70.39 ℃，此时表面点温度为 49.18 ℃，内外温差 21.21 ℃，在纵梁混凝土中形成很大温度梯度（图 3-157），中纵梁从中心到表面 0.75 m 范围内温差为 21.21 ℃，温度梯度达到 28.28 ℃/m，从而产生相对变形、引起混凝土自约束，早期在渡槽纵梁表面形成拉应力，内部出现压应力，表面拉应力在内部混凝土温度达到最高时即龄期为 1.5 d 时达到最大，中纵梁、边纵梁外表面早期拉应力分别达到 1.92 MPa、1.86 MPa（图 3-158～图 3-159），超过混凝土即时允许抗拉强度，容易产生"由表及里"的表面裂缝，特别是梁体跨中部位（图 3-160）。同时，如果渡槽混凝土表面养护不到位，纵梁表面干缩应力可达到 0.8 MPa 左右（图 3-107），增加混凝土表面开裂风险或促使温度裂缝继续开展。

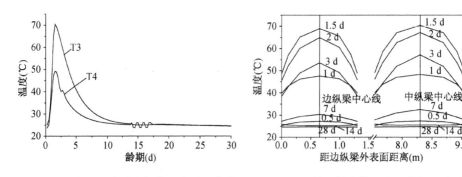

图 3-156　中纵梁内外特征点温度时程曲线　　图 3-157　第一批浇筑混凝土纵梁温度分布

纵梁混凝土温度达到最高后，温度开始下降，混凝土收缩占主导，但由于后期内部温降幅度和温降速率均大于表面，内部收缩受到表面约束，混凝土内部由早期压应力逐渐变为拉应力，表面拉应力逐渐变为压应力。如图 3-158～图 3-159 所示，由于渡槽纵梁几乎不受外部约束，因此渡槽纵梁混凝土温降收缩引起的内部拉应力并不大，10 d 龄期时中纵梁内部拉应力为 1.0 MPa，远小于即时抗拉强度，发生"由里及表"裂缝的可能性不大。

总之,大型矩形渡槽施工期纵梁表面裂缝产生的主要原因是内外温差在混凝土表面形成的较大温度梯度引起的。

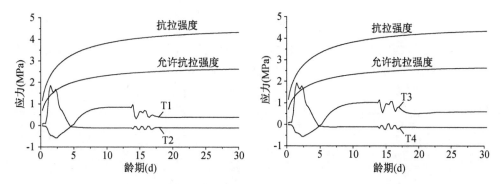

图 3-158　边纵梁跨中内外特征点应力时程曲线　图 3-159　中纵梁跨中内外特征点应力时程曲线

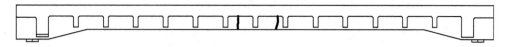

图 3-160　矩形渡槽纵梁裂缝分布示意图

（3）次梁

矩形渡槽次梁混凝土浇筑早期由于散热条件较好,内外温差不大,仅 6.5 ℃,次梁跨中侧表面点和底表面点早期拉应力远小于混凝土即时抗拉强度,该处发生早期温度裂缝的可能性也不大。但在次梁和主梁交界处,龄期为 1.5 d 时拉应力达到 2.30 MPa(图 3-161),超过混凝土即时允许抗拉强度,次梁很有可能在端部产生温度裂缝(图 3-162)。

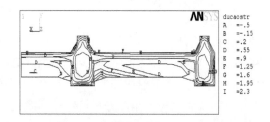

图 3-161　早期次梁外表面应力(MPa)

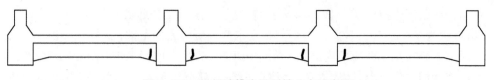

图 3-162　矩形渡槽次梁裂缝分布示意图

通过分析,次梁和底板、主梁相互约束,空间作用明显,变形在时空上都不协调是其开裂的主要原因。

（4）底板

由基本工况仿真计算可知,尽管底板厚度不大,早期底板内部最高温度只有38.76 ℃,温升幅度为13.76 ℃,最大内外温差仅为4.1 ℃左右,底板温度分布非线性并不明显,但底板内外在早期却均表现为较大拉应力,1.5 d时底板表面应力达到1.69 MPa(图3-163),超过混凝土即时允许抗拉强度,同时如果仓面收仓后保湿养护不到位,拆模后干缩应力达到1.2 MPa(图3-109),早期裂缝有可能产生。

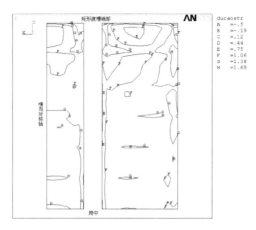

图 3-163　早期底板上表面应力(MPa)

通过分析,在于底板比较薄,受到纵梁、次梁的较强约束,相当于四周受约束的嵌固板变形不协调,约束作用和干燥收缩是其拉应力较大的主要原因。

3.7.1.2　运行期

由矩形渡槽运行期温度应力仿真分析可知,混凝土渡槽在太阳辐射、秋冬季降温和暴雨等短时温度骤变影响下,在纵梁、底板、侧墙等结构内外形成较大温度梯度,渡槽混凝土在自约束和各部件相互约束下形成较大温度应力。本书侧重研究温度应力对渡槽结构的作用,因此下面从温度应力角度分析可能致使渡槽开裂的原因。

（1）夏季日照工况

夏季日照工况,渡槽在太阳辐射和高温影响下,渡槽外壁温度高于内壁,主要在结构内壁产生拉应力。横向最大拉应力主要分布在各厢底板上表面和拉杆下部,最大为1.71 MPa;竖向方向则分布在东西侧墙内表面下部,最大为2.21 MPa;纵向方向分布在东西边墙内壁和各厢底板上表面,最大值为1.19 MPa。综合考虑运行期渡槽受力状况,在渡槽东、西边墙内壁下部形成不利应力状态,有可能形成水平裂缝。

（2）秋冬季降温工况

秋冬季寒潮工况，渡槽在较低气温影响下，渡槽外壁温度低于内壁，主要在结构外壁产生拉应力。横向最大拉应力主要分布在次梁底部，最大达到 4.89 MPa，多数次梁底部横向拉应力达到 3.0 MPa 左右；竖向最大拉应力分布在东西侧墙外壁下部，最大达到 4.38 MPa；纵向最大拉应力分布在纵梁底部两侧和外侧墙外壁下部，最大值达到 4.47 MPa。因此，在次梁、纵梁底部及外侧墙外壁下部裂缝可能产生。

（3）夏季暴雨降温工况

夏季高温、午后暴雨工况，渡槽外表面温度急剧降低。横向最大拉应力主要分布在拉杆上表面，最大为 3.11 MPa；竖向最大拉应力分布在边纵梁端部外表面，最大为 3.44 MPa；纵向最大拉应力分布在东边墙外表面，最大为 2.62 MPa。因此，拉杆上表面及纵梁端部等部位可能产生裂缝。

3.7.2　防裂方法

3.7.2.1　施工期

根据大型矩形渡槽施工期基本工况和各种防裂方法敏感性分析计算结果，渡槽施工期防裂方法主要包括：

（1）分层浇筑时减小侧墙高性能混凝土自生体积收缩值

由混凝土自生体积收缩值敏感性分析可知，由于渡槽第二批浇筑侧墙混凝土受到第一批浇筑的老混凝土的较强约束，自生体积收缩变形致使侧墙在底板约束区域内产生较大拉应力。自生体积变形为较小收缩或呈膨胀型，侧墙早期拉应力比较明显减小。仿真计算结果显示，最终自生体积变形为 $-479.0~\mu\varepsilon$、$-200.0~\mu\varepsilon$、$0.0~\mu\varepsilon$、$120.0~\mu\varepsilon$ 时对应的中隔墙内部最大拉应力分别为 1.76 MPa、0.98 MPa、0.45 MPa、0.15 MPa，表面拉应力分别为 1.72 MPa、1.06 MPa、0.69 MPa、0.47 MPa，可见减小自生体积收缩值对侧墙早期防裂有利。

（2）增大混凝土导热系数、减小热膨胀系数

仿真结果显示，热膨胀系数为 $8.0 \times 10^{-6}/℃$、$10.0 \times 10^{-6}/℃$、$12.0 \times 10^{-6}/℃$ 时，渡槽边纵梁表面点早期最大拉应力分别为 1.41 MPa、1.61 MPa、1.82 MPa，后期中心点最大拉应力为 0.71 MPa、0.95 MPa、1.19 MPa，相对热膨胀系数为 $10.0 \times 10^{-6}/℃$，热膨胀系数增大 20%，表面点拉应力增大 13.04%，热膨胀系数减小 20%，表面点拉应力减小 12.42%；而后期内部点最大拉应力分别增大 25.26%、减小 25.26%。导热系数为 $8.0~kJ/(m \cdot h \cdot ℃)$、$10.0(m \cdot h \cdot ℃)$、$12.0~kJ/(m \cdot h \cdot ℃)$ 时，渡槽边纵梁表面点早期最大拉应力分别为 2.15 MPa、1.94 MPa、1.77 MPa，后期中心点最大拉

应力为 0.57 MPa、0.51 MPa、0.46 MPa,相对导热系数为 10.0 kJ/(m·h·℃),导热系数增大 20%,表面点拉应力减小 8.76%,导热系数减小 20%,表面点拉应力增大 10.82%;而后期内部点最大拉应力分别减小 9.80%、增大 11.77%。

因此,有必要通过优选骨料、优化混凝土配合比等措施增大混凝土导热系数、减小热膨胀系数,以利于渡槽混凝土早期和后期防裂。

(3)降低水化热量、减缓生热速率

通过选择低热水泥,掺加矿物掺合料和水化热调控材料等措施优化混凝土配合比,降低混凝土放热量和减缓生热速率,有利于降低混凝土最高温度、内外温差,推迟混凝土最高温度出现时间,有利于早期防裂。仿真结果显示,最终绝热温升为 40.0 ℃、50.0 ℃、60.0 ℃对应的渡槽中纵梁表面早期最大拉应力分别为 1.54 MPa、1.92 MPa、2.28 MPa,相对最终绝热温升 50.0 ℃,绝热温升增加 10.0 ℃(增加 20%),表面拉应力增加 18.8%;绝热温升减小 10.0 ℃(减小 20%),表面拉应力减小 19.8%。降低混凝土生热速率,对于渡槽表面特征点早期拉应力大小没有明显的改变,但却推迟了最大拉应力出现时间,以边纵梁表面 2 号点为例,代表生热速率的 a' 分别为 −0.3、−0.125、−0.05 时,最大拉应力出现龄期分别为 1.5 d、2.25 d、2.5 d,有利于早期混凝土表面防裂。

(4)混凝土表面适度保温并适时拆模

混凝土渡槽浇筑时,在钢模板外表面粘贴塑料保温板,底板顶面和仓面形成后立即覆盖一层塑料膜,再覆盖草袋或土工膜,在早期混凝土表面起到保温和保湿作用。仿真计算结果显示,取钢模板、钢模板外贴 0.5 cm、1.0 cm、2.0 cm 塑料保温板,边纵梁表面早期最大拉应力分别为 1.86 MPa、1.13 MPa、0.92 MPa、0.63 MPa,相对于钢模板,钢模板外贴 0.5 cm、1.0 cm、2.0 cm 塑料保温板后边纵梁表面点拉应力分别减少 39.2%、50.5%、66.1%,保温效果比较显著。但也不宜过度保温,过度保温使侧墙内部后期拉应力增加,加大侧墙后期防裂压力,同时注意拆模时间,避免拆模时表面温度下降过快、过多,引起表面拉应力突然增加,不利于表面早期防裂。

(5)必要时在纵梁和墙体下部布置冷却水管

选用铁质水管,内径 3.6 cm,外径 4.0 cm,在矩形混凝土渡槽每道纵梁中布置一根水管,竖向 5 层、层距 0.40 m;在上层浇筑每个侧墙中布置一根水管,竖向 6 层、层距 0.50 m,第一层水管距仓面 0.50 m。在混凝土达到峰值前冷却水流量适当加大,达到最高温度后适当减小流量,以控制温降速度和幅度。仿真计算结果显示,纵梁通 20.0 ℃冷却水后,纵梁表面早期拉应力从 1.84 MPa 减小到 0.45 MPa,可见冷却水管降温作用明显。但同时注意冷却水温不宜过低,避免在水管周围形成较大温度梯度,产生起裂点位于水管周围的水管裂缝。

（6）降低混凝土入仓温度

通过预冷骨料、冷水拌和混凝土等措施降低混凝土入仓温度，可以有效降低混凝土最高温度、内外温差和温降幅度，从而有利于早期防裂。仿真结果显示，入仓温度为 13.0 ℃、19.0 ℃、25.0 ℃时，边纵梁表面点早期最大拉应力分别为 1.49 MPa、1.75 MPa、1.86 MPa，中隔墙下部表面点最大拉应力分别为 0.61 MPa、0.84 MPa、1.06 MPa，可见采取必要措施降低混凝土入仓温度对混凝土早期防裂十分有利。

（7）采用吊空模板技术，尽量减少老混凝土约束

一定高度侧墙和底板同时浇筑有利于减小老混凝土对侧墙的约束，而且和底板同时浇筑高度越高，侧墙受老混凝土约束越小。仿真结果显示，底板分别和 0.0 m、0.75 m、1.5 m 侧墙同时浇筑，中隔墙下部对应内部点最大拉应力分别为 1.19 MPa、0.98 MPa、0.87 MPa，表面点最大拉应力分别为 0.86 MPa、0.76 MPa、0.70 MPa，相对侧墙和底板同时浇筑 0.0 m，同时浇筑 0.75 m、1.50 m 的侧墙时中隔墙下部特征点内部点最大拉应力分别降低 17.64%、26.89%，表面点分别降低 11.63%、18.60%。但吊空模板技术增加了施工难度，增加跑模概率，因此侧墙同时浇筑高度不宜过高。

（8）其他措施

加强施工管理，严格控制混凝土均匀性。加强混凝土养护，一定时间内保持混凝土表面湿润，尽可能使新浇混凝土减少水分损失，给混凝土硬化创造良好条件，防止混凝土干缩裂缝发生。搭设遮阳棚或避风棚，减小环境气温、较大风速的影响。

3.7.2.2 运行期

从大型矩形渡槽运行期温度应力产生机理出发，通过对太阳日照、秋冬季降温等不利工况仿真分析，结果表明在渡槽混凝土表面粘贴一层保温板或涂保温材料，可以有效减小环境气温对渡槽混凝土的影响，从而减小渡槽混凝土表层温度梯度和拉应力，有利于运行期渡槽混凝土防裂。仿真计算结果显示，秋冬季降温采用保温材料后，温度应力显著减小，为不保温工况的 50% 左右。

第4章
大型 U 形混凝土渡槽间接荷载
作用及防裂方法

U 形渡槽具有自重轻,用料省,结构简单、受力明确,有足够的强度、刚度和稳定性,结构安全可靠等优点。然而 U 形混凝土渡槽属于薄壁混凝土结构,在施工期受结构内外温差、内外湿度,材料干燥收缩以及外部约束影响,极易形成"由表及里"的表面裂缝;在运行期受太阳辐射、寒潮降温等影响,短期内温度骤变亦可导致混凝土结构内产生较大温度梯度进而开裂,危害 U 形渡槽的安全性、耐久性。本章依托具体工程,采用有限元仿真模拟 U 形渡槽施工期、运行期温度场、湿度场及应力场,定量分析防裂措施的防裂效果,提出大型 U 形混凝土渡槽开裂机理及防裂措施。

4.1 工程资料

南水北调中线某 U 形渡槽单跨 40.0 m,槽身横向断面为三槽并联 U 形结构,轮廓总宽为 35.3 m,总高 8.7 m,槽孔内半径 4.5 m,外半径 4.85 m,槽壁厚35 cm,如图 4-1～图 4-4 所示。

4.2 有限元仿真模型

4.2.1 计算模型

仿真计算以槽身单跨 40.0 m 为研究对象,根据工程结构对称性,计算建模取四分之一结构,仿真计算模型如图 4-5 所示,共划分 13 621 节点和 10 216 单元。
计算中直角坐标系为:坐标原点选在渡槽端部拉杆顶部对称面上,X 轴为垂直

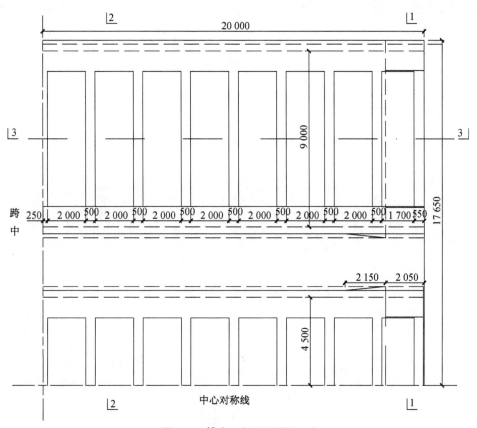

图 4-1　槽身 1/4 平面图 (mm)

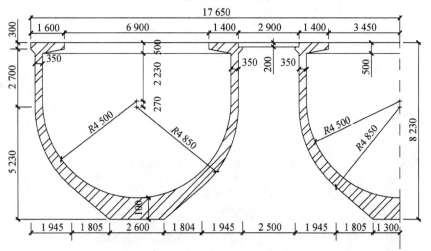

图 4-2　槽身支座 1-1 横断面图 (mm)

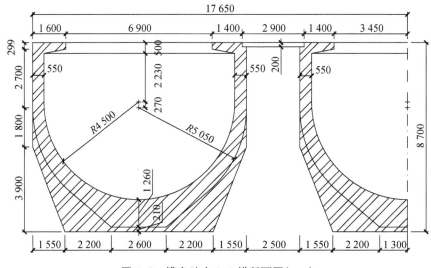

图 4-3　槽身跨中 2-2 横断面图(mm)

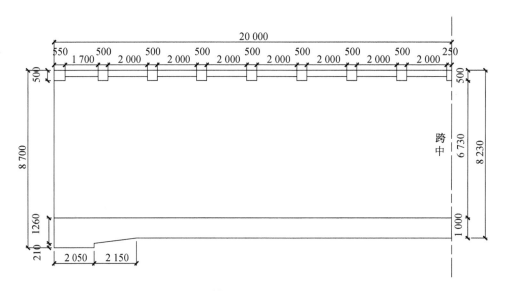

图 4-4　槽身 3-3 纵断面图(mm)

于渡槽水流方向,Y 轴为轴垂直向上,Z 轴沿渡槽水流方向。$Z=20.0$ m 为 Z 方向的中间面,$X=0.0$ m 为 X 方向的对称面。

温度场计算时假定计算域支座底面、计算域对称面为绝热边界,其他面为散热边界,按第三类边界条件处理。应力场计算时,假定渡槽支座底部为铰支座,计算域对称面为连杆支座,其余为自由边界。

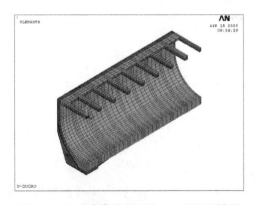

图 4-5 U 形渡槽单跨四分之一有限元模型

4.2.2 特征点与特征路径

为便于计算结果分析整理,U 形渡槽跨中特征点如图 4-6 所示,特征路径如图 4-7 所示。

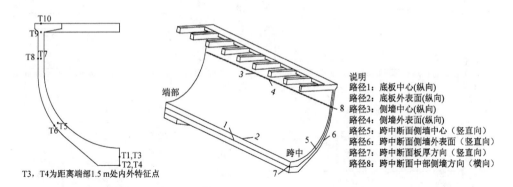

说明
路径1:底板中心(纵向)
路径2:底板外表面(纵向)
路径3:侧墙中心(纵向)
路径4:侧墙外表面(纵向)
路径5:跨中断面侧墙中心(竖直向)
路径6:跨中断面侧墙外表面(竖直向)
路径7:跨中断面板厚方向(竖直向)
路径8:跨中断面中部侧墙方向(横向)

T3,T4 为距离端部 1.5 m 处内外特征点

图 4-6 U 形渡槽特征点布置图   **图 4-7 U 形渡槽特征路径示意图**

4.2.3 基本工况

混凝土施工开始浇筑时间拟定为 7 月 1 日,施工现场采用钢模板,侧模 7 d 拆模,槽身结构分二层施工,第一层混凝土浇筑到侧墙圆弧段顶部,间歇时间 14 d,混凝土浇筑温度在日平均气温基础上加 5.0 ℃,但不超过 25.0 ℃,混凝土浇筑 3 d 内考虑 ±5 ℃的昼夜温差,此施工过程定义为基本工况。

气温资料,力学、热学参数同矩形渡槽,详见第 3 章。

4.3 基本工况仿真计算结果

4.3.1 基本工况温度场变化规律

U形混凝土渡槽各路径温度分布如图4-8~图4-13所示。U形渡槽混凝土沿纵向方向(图4-8~图4-9),槽身端部由于体积较大、端面散热缘故,底板内部距端部1.5 m左右温度最高,端面温度最低,除端部温度分布有所不同外,槽身沿纵向温度分布基本相同;槽身跨中断面侧墙在高度方向温度分布也呈明显的非线性(图4-10~图4-11);由图4-12可以看出底板在厚度方向温度分布具有明显非线性特征,1.5 d时底板内、外点温度变化17.6 ℃左右;由图4-13可以看出,槽身跨中断面侧墙厚度方向温度分布也呈非线性特征。

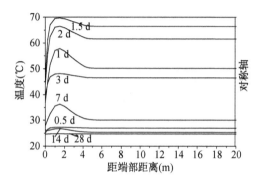

图4-8 基本工况路径1温度分布曲线

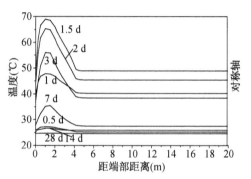

图4-9 基本工况路径2温度分布曲线

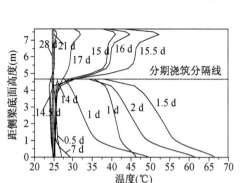

图4-10 基本工况路径5温度分布曲线

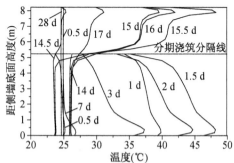

图4-11 基本工况路径6温度分布曲线

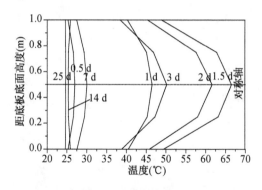

图 4-12　基本工况路径 7 温度分布曲线

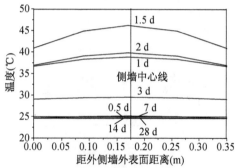

图 4-13　基本工况路径 8 温度分布曲线

　　跨中及端部截面各典型点温度时程曲线及特征温度如图 4-14～图 4-18 及表 4-1 所示。U 形渡槽端部底板是槽身混凝土结构尺寸较大的部位,由于高性能泵送混凝土水化热大,由图 4-15 可知,第一层混凝土浇筑后 1.5 d 时端部底板内部特征点 3 温度升到最高 69.50 ℃,由于气温日变幅影响,内外温差在 1.75 d 时达 20.92 ℃左右。随着底板混凝土热量的散发,混凝土温度逐渐降低,第一层浇筑完约 11.0 d,底板内部温度降到 25.6 ℃,后期受外界环境温度影响,混凝土温度逐渐和气温趋于一致。由图4-16 可以看出,槽身侧墙第一层混凝土浇筑 1.5 d 达到最高温度 54.21 ℃,此后温度开始下降,由于侧墙属于薄壁结构,散热条件相对较好,内外温差为 9.66 ℃左右。经过 14.0 d 间隙期后进行上层墙体结构混凝土浇筑,此时下层混凝土温度接近环境温度。上层墙体散热条件较好,由内墙体特征点 7、8(图 4-17)可知,早期墙体下部内部点在浇筑后 1.5 d 左右温度达到峰值 46.19 ℃,此时表面点温度 40.87 ℃,墙体混凝土内外温差 5.32 ℃,内外温差不大。由图 4-18 可知,顶板翼缘混凝土由于体积相对较大,在龄期为 1.5 d 时温度达到最高 52.21 ℃,此时表面温度为 43.16 ℃,内外温差 9.05 ℃。

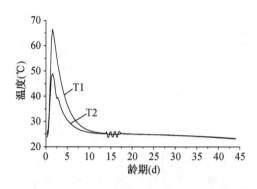

图 4-14　基本工况特征点 1、2 温度时程曲线

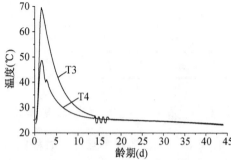

图 4-15　基本工况特征点 3、4 温度时程曲线

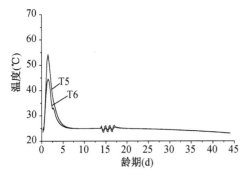

图 4-16　基本工况特征点 5、6 温度时程曲线

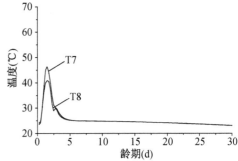

图 4-17　基本工况特征点 7、8 温度时程曲线

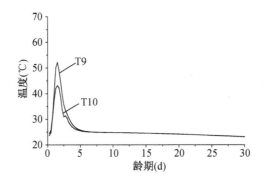

图 4-18　基本工况特征点 9、10 温度时程曲线

表 4-1　U 形渡槽基本工况各部位特征温度(℃)

位　置	跨中断面最高温度			端部断面最高温度		
	表面	内部	内外温差	表面	内部	内外温差
底　板	48.89	66.51	17.62	48.58	69.50	20.92
侧墙圆弧段	44.55	54.21	9.66	48.96	68.70	19.74
侧墙竖直段	40.87	46.19	5.32	45.12	54.44	9.32
侧墙顶部	43.16	52.21	9.05	44.08	55.32	11.24

4.3.2　基本工况应力变化规律

由跨中截面各典型点应力时程曲线可以看出,底板等第一批浇筑混凝土内外特征点表现出明显的内外温差作用下的应力发展规律,第二批浇筑墙体应力发展规律除受内外温差影响外,后期温降收缩、自生体积收缩受第一批浇筑老混凝土约

束作用较明显。

第一层浇筑完后混凝土渡槽温度迅速升高,但内部温升幅度和温升速率均大于表面,如上小节所述,底板混凝土早期内外温差大,而且在厚度方向温度分布呈明显非线性,温度梯度大,2、4 号等表面特征点初期表现为拉应力,在内部温度达到峰值时早期表面拉应力也达到最大,达到 1.39 MPa,接近即时允许抗拉强度(见图 4-19～图 4-20),U 形渡槽底板表面有可能出现裂缝。但后期底板应力都远小于混凝土即时允许抗拉强度,可见底板防裂重点在早期混凝土表面。在第一批浇筑的墙体圆弧段,由于内外温差不大,故表面早期拉应力远小于抗拉强度,如图 4-21 所示。

第二批浇筑墙体等薄壁结构散热条件相对较好,仿真计算结果(图 4-22～图 4-23)显示,尽管后期浇筑墙体直线段内外温差不大,但墙体内外均表现为较大拉应力,2.25 d 时表面最大拉应力约 1.32 MPa,究其原因在于渡槽高性能混凝土自收缩收缩值大、发展迅速,墙体混凝土早期自收缩在老混凝土约束下拉应力发展很快,同时由于水化放热、气温日变化影响,墙体直线段下部早期应力变化复杂。

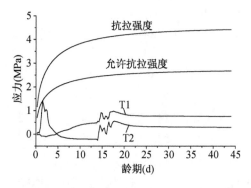

图 4-19　基本工况特征点 1、2 应力时程曲线　　图 4-20　基本工况特征点 3、4 应力时程曲线

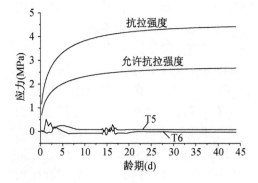

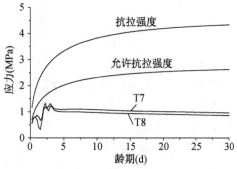

图 4-21　基本工况特征点 5、6 应力时程曲线　　图 4-22　基本工况特征点 7、8 应力时程曲线

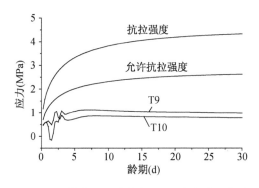

图 4-23　基本工况特征点 9、10 应力时程曲线

4.4　各种防裂措施抗裂效果量化研究

U 形渡槽基本工况温度和应力计算结果显示,U 形渡槽各部位拉应力相对来讲不大,但渡槽底板和端部等体积较大部位表面拉应力仍相当可观,接近允许即时抗拉强度,如果考虑自重及其他因素,仍有开裂可能,因此有必要采取一定措施减小温度应力。

4.4.1　掺加膨胀剂

由 U 形渡槽基本工况分析可知,第二批浇筑墙体直线段下部混凝土早期内外表面拉应力较大,有可能引起贯穿性裂缝,原因在于墙体混凝土自生体积收缩受到老混凝土的较强约束。为了减小或消除混凝土的体积收缩变形,采用膨胀水泥或掺加一定量微膨胀剂,部分或全部补偿混凝土的温度及自生体积收缩变形,计算时体积变形的变化同矩形混凝土渡槽。

采用膨胀水泥或掺加膨胀剂对渡槽结构温度场影响较小。对于渡槽第一批浇筑混凝土,自生体积大小变化对渡槽底板等第一批浇筑混凝土早期应力几乎没有影响,如图 4-24、图 4-25 所示,究其原因是由于渡槽为简支结构,受外部约束可以忽略不计,且自生体积变形比较均匀。但第二批墙体混凝土浇筑后,对与第二批浇筑混凝土距离较近的侧墙圆弧段的老混凝土应力有一定影响,随着自生体积变形逐渐变大,圆弧段上部侧墙内部和表面特征点最大拉应力有较明显变化,最终体积变形为 $-479.0~\mu\varepsilon$,$-200.0~\mu\varepsilon$,$0.0~\mu\varepsilon$,$120.0~\mu\varepsilon$ 时对应的中心点最大拉应力分别为 0.25 MPa、0.35 MPa、1.47 MPa、1.50 MPa,表面拉应力分别为 0.43 MPa、0.38 MPa、1.50 MPa、1.54 MPa,相对最终体积变形 $-479.0~\mu\varepsilon$ 而言,采用膨胀水泥或掺加微膨胀剂后(以 $120.0~\mu\varepsilon$ 为例),中心点拉应力增加了 5 倍,表面点拉应力增加了 2.6 倍,对先期浇筑的侧墙上部后期防裂不利,对距离新浇混凝土较远的底板应力影响不大且有利(图 4-26～图 4-27)。

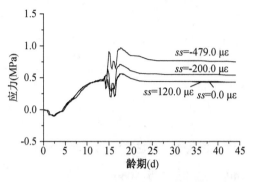

图 4-24　特征点 1 应力时程曲线　　　　图 4-25　特征点 2 应力时程曲线

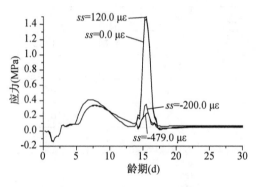
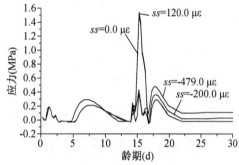

图 4-26　特征点 5 应力时程曲线　　　　图 4-27　特征 6 应力时程曲线

从图 4-28～图 4-29 及表 4-2 可以看出,采用膨胀水泥或掺加膨胀剂之后对侧墙直线段尤其是侧墙下部应力影响明显,最终自生体积变形为 -479.0 $\mu\varepsilon$、-200.0 $\mu\varepsilon$、0.0 $\mu\varepsilon$、120.0 $\mu\varepsilon$ 时对应的内部点最大拉应力分别为 1.31 MPa、0.67 MPa、0.19 MPa、0.18 MPa,表面拉应力分别为 1.32 MPa、0.65 MPa、0.16 MPa、0.14 MPa,相对最终体积变形 -479.0 $\mu\varepsilon$ 而言,采用膨胀水泥或掺加微膨胀剂后(以 120.0 $\mu\varepsilon$ 为例),中心点拉应力减小了 86.3%,表面点拉应力减小了 89.4%。究其原因在于渡槽侧墙是在底板等第一批混凝土浇筑一段时间后浇筑的,侧墙混凝土自生体积收缩变形是受老混凝土较强约束引起的,因此随着自生体积变形减小,墙体下部应力状态有很大改善,但同时可以看出,自生体积收缩最终值大于 0.0 $\mu\varepsilon$ 以后,对墙体拉应力影响已经不大。

由上述分析可见,采用膨胀水泥或掺加膨胀剂后对侧墙混凝土早期防裂十分有利,但第一批浇筑混凝土后期防裂压力增大。

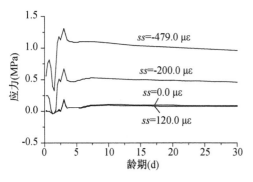

图 4-28 特征点 7 应力时程曲线

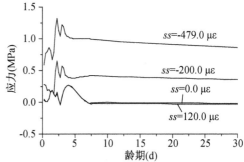

图 4-29 特征点 8 应力时程曲线

表 4-2 墙体混凝土浇筑后跨中特征点早期应力(MPa)

自生体积收缩 最终值	底板		侧墙圆弧段		侧墙竖直段	
	内部	表面	内部	表面	内部	表面
$ss = -479.0\ \mu\varepsilon$	0.97	0.55	0.25	0.43	1.31	1.32
$ss = -200.0\ \mu\varepsilon$	0.71	0.10	0.35	0.38	0.67	0.65
$ss = 0.0\ \mu\varepsilon$	0.56	-0.29	1.47	1.50	0.19	0.16
$ss = 120.0\ \mu\varepsilon$	0.56	-0.29	1.50	1.54	0.18	0.14

4.4.2 缩短分层浇筑间歇期

由基本工况分析可知,U 形渡槽第二批浇筑的墙体直线段混凝土自生体积收缩变形、温度变形在第一批浇筑老混凝土约束作用下产生比较大的拉应力,为了减小分层浇筑块之间变形差值,计算取间歇期为 1 d、3 d、7 d、14 d,自生体积收缩最终值取 $-200.0\ \mu\varepsilon$,其他计算条件同基本工况。

从图 4-30~图 4-33 和表 4-3 可以看出,渡槽分层浇筑间歇期对侧墙直线段早期应力影响非常大,对第一批浇筑混凝土后期应力有一定影响。第一、二层混凝土间歇期为 1 d、3 d、7 d、14 d 时对应的侧墙直线段下部内部特征点的最大拉应力分别为 0.42 MPa、0.84 MPa、0.91 MPa、0.96 MPa,表面特征点拉应力分别为 0.32 MPa、0.81 MPa、0.84 MPa、0.86 MPa,相对于间歇期 14 d 的内部最大拉应力,间歇期为 7 d、3 d、1 d 时分别减小 5.21%、12.5%、56.25%,表面特征点最大拉应力分别减小 2.33%、5.81%、62.79%。缩短间歇期对第一批浇筑的底板后期内部应力也有较大影响,对表面应力影响不大,如图 4-30 所示,以底板内部点为例,间歇期为 1 d、3 d、7 d、14 d 时对应的最大拉应力分别为 0.64 MPa、0.81 MPa、

0.87 MPa、0.96 MPa,相对于间歇期 14 d 的内部最大拉应力,间歇期为 7 d、3 d、1 d 时分别减小 9.38%、15.63%、33.33%。

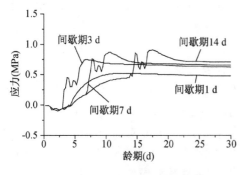

图 4-30　特征点 1 应力时程曲线

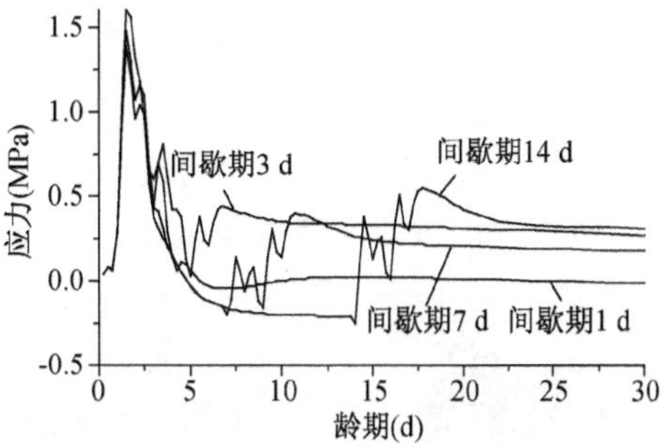

图 4-31　特征点 2 应力时程曲线

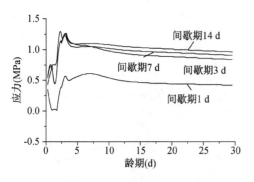

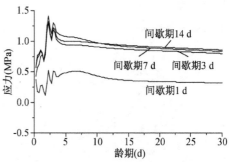

图 4-32　特征点 7 应力时程曲线

图 4-33　特征点 8 应力时程曲线

由此可见,缩短间歇期对于渡槽分层浇筑是非常重要、有效的防裂措施,对 U 形渡槽第二批浇筑侧墙早期防裂很有利。当浇筑间歇期大于 3 d 时,缩短底板和侧墙间歇期对减小混凝土应力效果不明显,但间歇期为 1 d 时,应力有明显减小,所以对于混凝土 U 形渡槽,建议采用一次浇筑。

表 4-3　墙体混凝土浇筑后跨中特征点早期应力(MPa)

间歇期	底板		侧墙圆弧段		侧墙竖直段	
	内部	表面	内部	表面	内部	表面
1 d	0.64	0.02	0.08	−0.07	0.42	0.32
3 d	0.81	0.34	0.07	−0.07	0.84	0.81
7 d	0.87	0.39	0.08	−0.07	0.91	0.84
14 d	0.96	0.55	0.08	−0.07	0.96	0.86

4.4.3 混凝土早期导热系数

如第 3 章所述,取硬化混凝土导热系数分别为 8.0 kJ/(m·h·℃)、10.0 kJ/(m·h·℃)、12.0 kJ/(m·h·℃),反映不同导热系数对渡槽应力场影响,一次浇筑,其他计算条件同基本工况。

从图 4-34~图 4-35 及表 4-4 可以看出,增大渡槽混凝土硬化后的导热系数,各特征点到达最高温度的龄期基本相同,内部点温度降低、表面点温度升高,内外温差逐渐降低。以底板内外特征点为例,导热系数为 8.0 kJ/(m·h·℃)、10.0 kJ/(m·h·℃)、12.0 kJ/(m·h·℃) 对应的内部点温度最大值分别为 68.29 ℃、67.29 ℃、66.45 ℃,表面点温度最大值分别为 48.02 ℃、49.15 ℃、50.06 ℃,相对导热系数 10.0 kJ/(m·h·℃),导热系数增加 20%,内部点最高温度减小 1.2%、表面点增加 1.9%,内外温差减小 9.6%;导热系数减小 20%,内部点最高温度增加 1.5%、表面点减小 2.3%,内外温差增加 11.7%。可见,导热系数变化对内外温差影响较大。

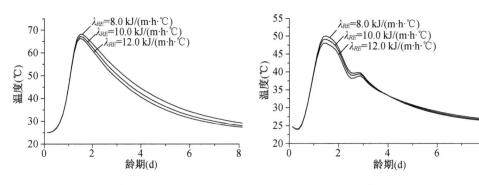

图 4-34 特征点 1 温度时程曲线   图 4-35 特征点 2 温度时程曲线

表 4-4 导热系数敏感性分析跨中特征点最高温度(℃)

导热系数 λ_{RE} [kJ/(m·h·℃)]	底板			侧墙圆弧段			侧墙竖直段		
	内部	表面	内外温差	内部	表面	内外温差	内部	表面	内外温差
8.0	68.29	48.02	20.27	56.61	44.12	12.49	47.70	40.81	6.89
10.0	67.29	49.15	18.14	55.32	45.11	10.21	46.73	41.12	5.61
12.0	66.45	50.06	16.39	54.38	45.60	8.78	46.06	41.33	4.73

随着导热系数 λ_{RE} 增大,渡槽混凝土表面早期拉应力逐渐变小,如图 4-36~图 4-37 及表 4-5 所示。以底板内外特征点为例,导热系数 λ_{RE} 为 8.0 kJ/(m·h·℃)、

10.0 kJ/(m·h·℃)、12.0 kJ/(m·h·℃)时,表面点早期最大拉应力分别为
1.18 MPa、1.01 MPa、0.88 MPa,后期中心点最大拉应力为 0.55 MPa、0.50 MPa、
0.46 MPa,相对导热系数为 10.0 kJ/(m·h·℃),导热系数增大 20%,表面点拉
应力减小 12.9%;导热系数减小 20%,表面点拉应力增大 16.8%。同时增大 λ_{RE} 也
可以减小渡槽侧墙表面早期最大拉应力和中心点后期拉应力,对侧墙早期防裂有利。

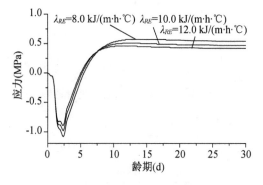

图 4-36　特征点 1 应力时程曲线

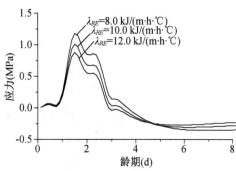

图 4-37　特征点 2 应力时程曲线

表 4-5　导热系数敏感性分析跨中特征点应力(MPa)

导热系数 λ_{RE} [kJ/(m·h·℃)]	底板		侧墙圆弧段		侧墙竖直段	
	内部	表面	内部	表面	内部	表面
8.0	0.55	1.18	0.43	0.83	0.05	0.15
10.0	0.50	1.01	0.41	0.74	0.04	0.12
12.0	0.46	0.88	0.39	0.68	0.04	0.10

4.4.4　混凝土早期热膨胀系数

取硬化混凝土热膨胀系数分别为 $8.0 \times 10^{-6}/℃$、$10.0 \times 10^{-6}/℃$、$12.0 \times 10^{-6}/℃$,分析 U 形渡槽应力场变化规律,一次浇筑,其他计算条件同基本工况。

随着热膨胀系数 $\alpha_{稳}$ 增大,渡槽混凝土表面早期拉应力逐渐变大,如图 4-38~
图 4-39 及表 4-6 所示。以底板内外特征点为例,$\alpha_{稳}$ 为 $8.0 \times 10^{-6}/℃$、$10.0 \times 10^{-6}/℃$、$12.0 \times 10^{-6}/℃$时,表面点早期最大拉应力分别为 0.75 MPa、0.86 MPa、
0.97 MPa,后期中心点最大拉应力为 0.40 MPa、0.54 MPa、0.68 MPa,相对热膨
胀系数 $\alpha_{稳}$ 为 $10.0 \times 10^{-6}/℃$,$\alpha_{稳}$ 增大 20%,表面点拉应力增大 12.79%,热膨胀系
数减小 20%,表面点拉应力减小 12.79%;而后期内部点最大拉应力分别增大
25.93%、减小 25.93%。热膨胀系数 $\alpha_{稳}$ 减小,有利于渡槽混凝土早期和后期防
裂,建议通过优选骨料、优化混凝土配合比等措施减小混凝土热膨胀系数。

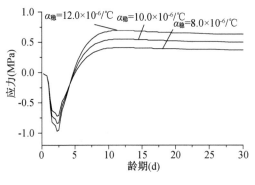

图 4-38　特征点 1 应力时程曲线

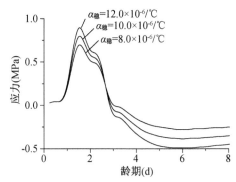

图 4-39　特征点 2 应力时程曲线

表 4-6　导热系数敏感性分析跨中特征点应力(MPa)

热膨胀系数 $\alpha_稳$ (10^{-6}/℃)	底板		侧墙圆弧段		侧墙竖直段	
	内部	表面	内部	表面	内部	表面
8.0	0.40	0.75	0.33	0.55	0.06	0.09
10.0	0.54	0.86	0.43	0.63	0.08	0.10
12.0	0.68	0.97	0.52	0.71	0.10	0.12

4.4.5　表面保温与拆模时间

由基本工况分析可知,U 形渡槽底板等体积较大部位早期表面拉应力主要是由于内外温差及温度非线性分布引起,同时混凝土表面温度受气温影响比较显著。为比较不同保温措施对混凝土温度和应力的影响,取钢模板,钢模板外贴 0.5 cm、1.0 cm、2.0 cm 塑料保温板进行比较分析,自生体积收缩最终值取 −200.0 $\mu\varepsilon$,一次整体浇筑,其他同基本工况。

保温性能越好,渡槽混凝土内部最高温度越高。分别采用钢模板、钢模板外贴 0.5 cm 塑料保温板、钢模板外贴 1.0 cm 塑料保温板、钢模板外贴 2.0 cm 塑料保温板时,底板 1 号特征点该层混凝土浇筑完毕 1.75 d 达到最高温度 64.58 ℃、68.95 ℃、70.74 ℃、72.32 ℃(图 4-40、表 4-7),2 号特征点在该层混凝土浇筑完毕 1.75 d 达到最高温度 48.89 ℃、59.77 ℃、64.22 ℃、68.13 ℃(图 4-41、表 4-7)。分析其原因,混凝土的温度变化主要受水泥水化热和混凝土表面散热的影响,水化放热使得混凝土温度升高,而表面散热使得混凝土温度降低。保温效果越好,混凝土表面散热能力越弱,从而使得混凝土温度越高。

早期混凝土内外温差随着保温性能的增强而减小。分别采用钢模板、钢模板外贴 0.5 cm 塑料保温板、钢模板外贴 1.0 cm 塑料保温板、钢模板外贴 2.0 cm 塑料保温板时,跨中底板特征点 1、2 内外温差最大值分别为 15.69 ℃、9.18 ℃、6.52 ℃、4.19 ℃(表 4-7)。混凝土作为弱导热体,传热和散热速度缓慢,渡槽表面受保温性能的影响较大,内部较小,混凝土表面温度随保温性能加强而增加的幅度远大于内部,从而使得内外温差大幅度减小。

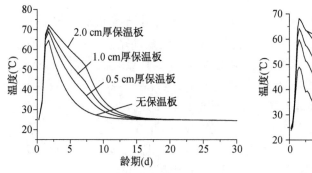

图 4-40　特征点 1 温度时程曲线　　　　图 4-41　特征点 2 温度时程曲线

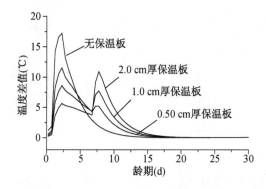

图 4-42　特征点 1、2 温度差值时程曲线

表 4-7　保温板厚度敏感性分析跨中特征点最高温度(℃)

保温板厚度(cm)	底板			侧墙圆弧段			侧墙竖直段		
	内部	表面	内外温差	内部	表面	内外温差	内部	表面	内外温差
无保温板	64.58	48.89	15.69	54.21	44.55	9.66	45.86	40.55	5.31
0.5	68.95	59.77	9.18	62.46	56.19	6.27	56.33	52.54	3.79
1.0	70.74	64.22	6.52	65.98	61.38	4.60	61.26	58.38	2.88
2.0	72.32	68.13	4.19	69.17	66.19	2.98	65.97	64.04	1.93

另外,较强的保温性能使得混凝土的温降速度减缓,拆模时混凝土表面温度和气温的差别加大,从而引起表面温度的迅速下降,类似于寒潮的冷击作用,这对混凝土的表面防裂是不利的。比较各温度时程曲线,采用钢模板时拆模对混凝土表面温度无任何影响;钢模板外贴 0.5 cm 塑料保温板拆模时混凝土表面温度的变化也不大;采用钢模板外贴 2.0 cm 塑料保温板时,拆模时内外温差急剧增大,达到 10.92 ℃,容易导致混凝土表面开裂。

大型 U 形混凝土渡槽早期表面拉应力随表面保温性能的增强而减小(图 4-43)。分别采用钢模板、钢模板外贴 0.5 cm 塑料保温板、钢模板外贴 1.0 cm 塑料保温板、钢模板外贴 2.0 cm 塑料保温板时,早期底板表面 2 号点最大拉应力分别为 1.14 MPa、0.81 MPa、0.62 MPa、0.43 MPa(图 4-44),采用 0.5 cm、1.0 cm、2.0 cm 塑料保温板后边底板表面点拉应力分别减少 28.9%、45.6%、62.3%,保温效果比较显著,这对防止混凝土早期表面裂缝是非常有利的;墙体直线段下部表面特征点最大拉应力随保温性能增强也有所改善(表 4-8),但应力均较小,可见 U 形渡槽一次浇筑施工时只需对底板等体积较大部位进行保温即可。

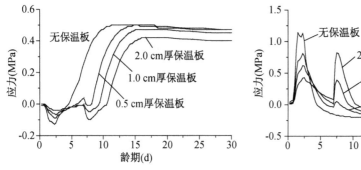 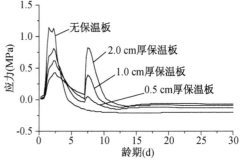

图 4-43　特征点 1 应力时程曲线　　图 4-44　特征点 2 应力时程曲线

表 4-8　保温板厚度敏感性分析跨中特征点早期应力(MPa)

保温板厚度 (cm)	底板		侧墙圆弧段		侧墙竖直段	
	内部	表面	内部	表面	内部	表面
无保温板	0.26	1.14	0.34	0.73	0.16	0.18
0.5	0.04	0.81	0.34	0.56	0.04	0.13
1.0	0.00	0.62	0.34	0.46	0.03	0.10
2.0	−0.01	0.43	0.31	0.34	0.02	0.07

从温度分析结果可知,保温性能越好,混凝土内部最高温度越高,相应地后期

温降幅度也越大。但由于 U 形渡槽为一次性整体浇筑,不存在新老混凝土之间约束,因此对 U 形渡槽后期应力影响不大(表 4-9)。此外,表面保温性能越强,拆模的影响也就越大(图 4-44),有可能产生表面裂缝,应该适当推迟拆模时间,并选择恰当拆模时机。

表 4-9　保温板厚度敏感性分析跨中特征点后期应力(MPa)

保温板厚度 (cm)	底板		侧墙圆弧段		侧墙竖直段	
	内部	表面	内部	表面	内部	表面
无保温板	0.50	−0.2	0.08	−0.07	0.17	0.08
0.5	0.50	−0.11	0.06	−0.06	0.12	0.04
1.0	0.47	−0.04	0.09	−0.06	0.10	0.02
2.0	0.42	0.07	0.21	0.05	0.09	0.02

4.4.6　掺加矿物掺合料降低水化热量

计算取最终绝热温升为 60.0 ℃、50.0 ℃、40.0 ℃三种,反映不同绝热温升对应力的影响,一次浇筑,其他计算条件同基本工况。

从图 4-45～图 4-46 及表 4-10 可以看出,降低渡槽混凝土最终绝热温升值,有效降低了渡槽结构内部点、表面点的最高温度,并明显降低了温度到达峰值后的温降幅度、温降速率以及内外温差。以底板内外特征点为例,最终绝热温升为 40.0 ℃、50.0 ℃、60.0 ℃对应的渡槽底板中心点早期最高温度分别为 57.26 ℃、66.51 ℃、75.33 ℃,表面点温度最大值分别为 43.42 ℃、48.89 ℃、54.00 ℃,底板最大内外温差分别为 13.84 ℃、17.62 ℃、21.33 ℃。相对绝热温升 50.0 ℃,绝热温升增加 10.0 ℃(增加 20%),内部点温度最大值增加 13.3%、外部点温度最大值增加 10.5%,内外温差增加 21.1%;绝热温升减小 10.0 ℃(减小 20%),内部点温度最大值减小 13.9%、外部点温度最大值减小 11.2%,内外温差减小 21.5%。从温度达到峰值后的温降速率来看,以底板内部特征点为例,温度达到峰值后 7 d 内,最终绝热温升为 40.0 ℃、50.0 ℃、60.0 ℃对应的温降速率分别为 4.30 ℃/d、5.54 ℃/d、6.73 ℃/d,相对绝热温升 50.0 ℃,绝热温升增加 10 ℃,温降速率增加 21.4%,减小 10 ℃,温降速率减小 12.7%,可见降低绝热温升值对渡槽混凝土温控非常有利。

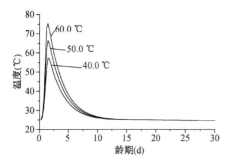

图 4-45　特征点 1 温度时程曲线

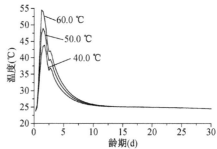

图 4-46　特征点 2 温度时程曲线

表 4-10　绝热温升值敏感性分析跨中特征点最高温度(℃)

绝热温升值(℃)	底板			侧墙圆弧段			侧墙竖直段		
	内部	表面	内外温差	内部	表面	内外温差	内部	表面	内外温差
60.0	75.33	54.00	21.33	60.82	49.09	11.73	50.87	44.39	6.48
50.0	66.51	48.89	17.62	54.21	44.55	9.66	45.86	40.55	5.31
40.0	57.26	43.42	13.84	47.43	39.86	7.57	40.87	36.70	4.17

从图 4-47~图 4-48 和表 4-11~表 4-12 可以看出,最终绝热温升值对渡槽混凝土表面早期应力和内部后期应力影响十分明显,而对内部早期应力和表面后期应力影响不大。最终绝热温升为 40.0 ℃、50.0 ℃、60.0 ℃对应的渡槽底板表面早期最大拉应力分别为 0.93 MPa、1.14 MPa、1.38 MPa。相对最终绝热温升 50.0 ℃,绝热温升增加 10.0 ℃(增加 20%),表面拉应力增加 21.1%;绝热温升减小 10.0 ℃(减小 20%),表面拉应力减小 18.4%。对于后期底板内部点拉应力分别为 0.40 MPa、0.50 MPa、0.61 MPa,绝热温升增加、减小 20%,内部点后期拉应力分别增加、减小 22%、20%。由此可见,减小绝热温升值对渡槽底板早期表面抗裂和后期内部抗裂十分有利。同时可以看出,绝热温升减小对 U 形渡槽墙体圆弧段有一定影响,对直线段影响有限,但均有利于拉应力减小。

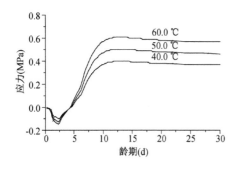

图 4-47　特征点 1 应力时程曲线

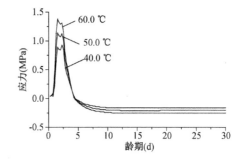

图 4-48　特征点 2 应力时程曲线

表 4-11　绝热温升值敏感性分析跨中特征点早期应力（MPa）

绝热温升值 （℃）	底板		侧墙圆弧段		侧墙竖直段	
	内部	表面	内部	表面	内部	表面
60.0	−0.01	1.38	0.40	0.90	0.10	0.22
50.0	−0.01	1.14	0.34	0.73	0.08	0.18
40.0	−0.01	0.93	0.26	0.57	0.07	0.14

表 4-12　绝热温升值敏感性分析跨中特征点后期应力（MPa）

绝热温升值 （℃）	底板		侧墙圆弧段		侧墙竖直段	
	内部	表面	内部	表面	内部	表面
60.0	0.61	−0.16	0.06	−0.05	0.13	0.06
50.0	0.50	−0.21	0.08	−0.06	0.17	0.08
40.0	0.40	−0.25	0.10	−0.08	0.20	0.09

4.4.7　掺加水化热抑制剂减缓生热速率

计算取绝热温升公式中代表生热速率的参数 a 为 -0.05、-0.125、-0.3。

从图 4-49～图 4-50 和表 4-13 可以看出，混凝土放热速率对渡槽内、外温度达到的最大值及最大值出现的龄期影响明显。以底板内部特征点 1 为例，代表生热速率的参数 a 分别为 -0.3、-0.125、-0.05 时，最高温度值分别为 66.51 ℃、64.11 ℃、60.54 ℃，出现时间分别为 1.5 d、2.0 d、2.75 d，由此可见，减缓混凝土生热率不但有利于降低内外温差以及温度峰值后温降幅度和速率，还有利于推迟温度峰值出现的时间。

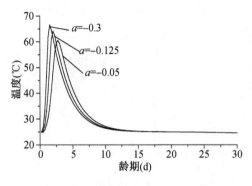

图 4-49　特征点 1 温度时程曲线

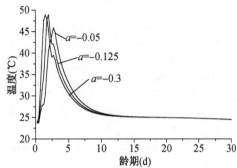

图 4-50　特征点 2 温度时程曲线

表 4-13　绝热温升值敏感性分析跨中特征点最高温度(℃)

生热速率参数	底板			侧墙圆弧段			侧墙竖直段		
	内部	表面	内外温差	内部	表面	内外温差	内部	表面	内外温差
−0.05	60.54	45.87	14.67	46.44	40.73	5.71	39.36	36.93	2.43
−0.125	64.11	48.90	15.21	51.48	44.22	7.26	44.17	40.44	3.73
−0.30	66.51	48.89	17.62	54.21	44.55	9.66	45.86	40.55	5.31

从图 4-51～图 4-52 及表 4-14～表 4-15 可知,降低混凝土生热速率,对于渡槽表面特征点早期拉应力大小没有明显的改变,但却推迟了最大拉应力出现时间,以底板表面 2 号点为例,代表生热速率的参数 a 分别为 −0.3、−0.125、−0.05 时,最大拉应力出现时间分别为 1.5 d、2.25 d、2.5 d,有利于早期混凝土表面防裂。同时由分析可知,减缓混凝土生热率,对混凝土内部点后期防裂有利,以底板 1 号特征点为例,a 由 −0.125 改为 −0.05 时,即减小生热速率,1 号点后期拉应力减小 8.7%,而改为 −0.3 时,即增大生热速率,1 号点后期拉应力增大 8.7%。

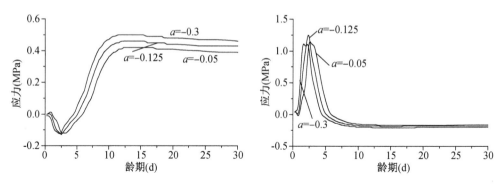

图 4-51　特征点 1 应力时程曲线　　　　图 4-52　特征点 2 应力时程曲线

表 4-14　生热速率敏感性分析跨中特征点早期应力(MPa)

生热速率参数	底板		侧墙圆弧段		侧墙竖直段	
	内部	表面	内部	表面	内部	表面
−0.05	0.02	1.18	0.32	0.71	0.05	0.10
−0.125	0.01	1.27	0.33	0.71	0.06	0.17
−0.3	−0.01	1.14	0.34	0.73	0.08	0.18

表 4-15　生热速率敏感性分析跨中特征点后期应力(MPa)

生热速率参数	底板		侧墙圆弧段		侧墙竖直段	
	内部	表面	内部	表面	内部	表面
−0.05	0.42	−0.17	0.06	−0.05	0.15	0.08
−0.125	0.46	−0.18	0.07	−0.05	0.16	0.08
−0.3	0.50	−0.21	0.08	−0.06	0.17	0.08

4.4.8　混凝土入仓温度

取混凝土入仓温度为 13.0 ℃、19.0 ℃、25.0 ℃,代表人工冷却程度,一次浇筑,其他计算条件同基本工况。

从图 4-53～图 4-54 和表 4-16 可以看出,降低入仓温度对渡槽混凝土内外点温度峰值均有影响,但对内部点影响程度大于表面点。以底板特征点 1、2 为例,入仓温度为 13.0 ℃、19.0 ℃、25.0 ℃时,内部点最高温度分别为 59.24 ℃、62.20 ℃、66.51 ℃,表面点最高温度分别为 46.35 ℃、47.33 ℃、48.89 ℃,随着入仓温度升高,渡槽混凝土内部和表面温度都相应增大,且浇筑温度越高内部点温度增幅越大。因此,降低入仓温度有利于减小内外温差、降低温度峰值后的温降幅度和温降速率。

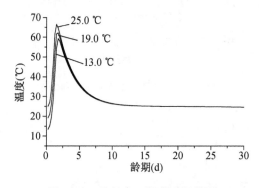

图 4-53　特征点 1 温度时程曲线

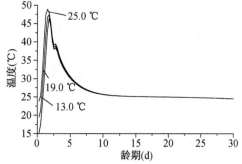

图 4-54　特征点 2 温度时程曲线

表 4-16　入仓温度敏感性分析跨中特征点最高温度(℃)

入仓温度(℃)	底板			侧墙圆弧段			侧墙竖直段		
	内部	表面	内外温差	内部	表面	内外温差	内部	表面	内外温差
25.0	66.51	48.89	17.62	54.21	44.55	9.66	45.86	40.55	5.31
19.0	62.20	47.33	14.87	52.14	43.92	8.22	44.98	40.46	4.52
13.0	59.24	46.35	12.89	50.78	43.80	6.98	44.31	40.70	3.61

由图 4-55～图 4-58 和表 4-17～表 4-18 可知,降低入仓温度对减小渡槽混凝土早期表面点拉应力和后期内部点拉应力有利。以底板内外特征点为例,入仓温度为 13.0 ℃、19.0 ℃、25.0 ℃时,表面点早期拉应力分别为 0.82 MPa、0.99 MPa、1.14 MPa,中心点后期拉应力分别为 0.34 MPa、0.42 MPa、0.50 MPa,入仓温度从 25.0 ℃降到 19.0 ℃,表面点早期拉应力减小 13.16%,从 19.0 ℃降到 13.0 ℃,早期拉应力减小 17.17%;而后期内部点最大拉应力分别减小 16.00%、19.05%。可见降低入仓温度对 U 形渡槽底板等体积较大部位早期表面拉应力十分有效。同时可以看出,降低入仓温度对降低侧墙圆弧段和直线段早期表面拉应力也有一定作用,但影响程度有限且拉应力不大,因此建议 U 形渡槽浇筑底板时应采用措施降低混凝土温度,浇筑侧墙可以适当放宽混凝土入仓温度限制。

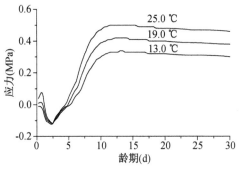

图 4-55　特征点 1 应力时程曲线

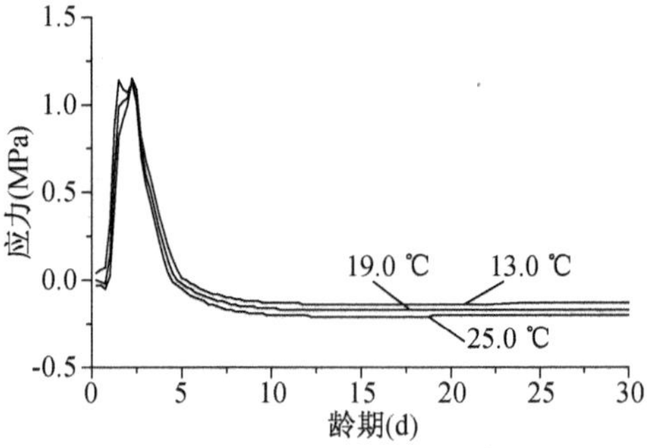

图 4-56　特征点 2 应力时程曲线

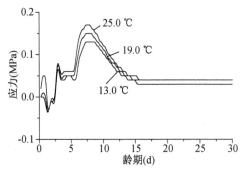

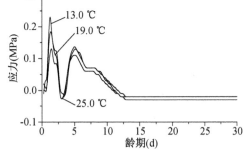

图 4-57　特征点 7 应力时程曲线

图 4-58　特征点 8 应力时程曲线

表 4-17　入仓温度敏感性分析跨中特征点早期应力(MPa)

入仓温度 (℃)	底板		侧墙圆弧段		侧墙竖直段	
	内部	表面	内部	表面	内部	表面
25.0	−0.01	1.14	0.33	0.73	0.08	0.26
19.0	0.03	0.99	0.32	0.67	0.08	0.19
13.0	0.11	0.82	0.31	0.69	0.07	0.14

表 4-18　入仓温度敏感性分析跨中特征点后期应力(MPa)

入仓温度 (℃)	底板		侧墙圆弧段		侧墙竖直段	
	内部	表面	内部	表面	内部	表面
25.0	0.50	−0.21	0.08	−0.06	0.17	0.11
19.0	0.42	−0.17	0.06	−0.05	0.15	0.13
13.0	0.34	−0.14	0.05	−0.04	0.13	0.13

4.4.9　气温日变幅

为了比较不同气温日变幅对渡槽混凝土影响,气温日变幅取 20.0 ℃、10.0 ℃、0.0 ℃进行计算,一次浇筑,其他计算条件同基本工况。

计算中只考虑每层浇筑后 3 d 内气温日变化,从图 4-59~图 4-60 和表 4-19 可知,气温日变幅对渡槽混凝土内部中心点、表面点温度有一定影响,但不超过 3.0 ℃。尽管如此,气温日变幅增大对表面点影响程度大于内部点,内外温差变大,以底板特征点为例,气温日变幅为 20.0 ℃、10.0 ℃、0.0 ℃时内外温差分别为 18.47 ℃、17.62 ℃、16.75 ℃,相对气温日变幅 0.0 ℃,变幅增加 10.0 ℃、20.0 ℃,内外温差分别增加 0.87 ℃、1.72 ℃。

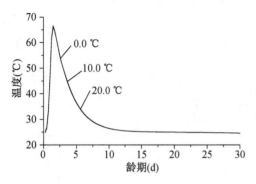

图 4-59　特征点 1 温度时程曲线

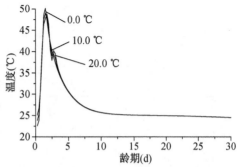

图 4-60　特征点 2 温度时程曲线

表 4-19　气温日变幅敏感性分析跨中特征点最高温度(℃)

日变温幅度 (℃)	底板			侧墙圆弧段			侧墙竖直段		
	内部	表面	内外 温差	内部	表面	内外 温差	内部	表面	内外 温差
20.0	66.15	47.68	18.47	53.41	43.17	10.24	44.67	41.26	3.41
10.0	66.51	48.89	17.62	54.21	44.55	9.66	45.86	40.55	5.31
0.0	66.86	50.11	16.75	54.97	45.90	9.07	47.02	42.04	4.98

由图 4-61～图 4-62 及表 4-20 可知,气温日变幅对渡槽混凝土表面拉应力有一定影响,以底板表面特征点为例,气温日变幅为 20.0 ℃、10.0 ℃、0.0 ℃时拉应力分别为 1.16 MPa、1.09 MPa、1.01 MPa,相对气温日变幅 0.0 ℃,变幅增加 10.0 ℃、20.0 ℃,最大拉应力分别增加 7.92%、14.85%,对混凝土早期表面抗裂不利。

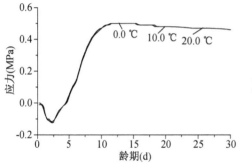

图 4-61　特征点 1 应力时程曲线　　　　图 4-62　特征点 2 应力时程曲线

表 4-20　气温日变幅敏感性分析跨中特征点早期应力(MPa)

日变温幅度(℃)	底板	侧墙圆弧段	侧墙竖直段
20.0	1.16	0.77	0.21
10.0	1.09	0.73	0.18
0.0	1.01	0.71	0.17

4.4.10　风速

拟定风速为 1.0 m/s、2.5 m/s、4.0 m/s,一次浇筑,其他计算条件同基本工况。

由图 4-63～图 4-64 及表 4-21 可知,风速对渡槽混凝土内外特征点温度峰值均有影响,但对表面点影响程度远大于内部点。以底板特征点 1、2 为例,风速分别为 1.0 m/s、2.5 m/s、4.0 m/s 时,内部点最高温度分别为 66.51 ℃、64.06 ℃、62.44 ℃,表面点最高温度分别为 48.89 ℃、42.21 ℃、38.93 ℃,相对风速 1.0 m/s,风速增加 1.5 m/s、3.0 m/s 时,内部点最高温度降低 3.68%、6.12%,而外部点最高温度降低 13.66%、20.37%,内外温差也从 17.62 ℃增加到 21.85 ℃、23.51 ℃,分别增加 24.01%、33.43%,较大风速对渡槽混凝土早期抗裂不利。

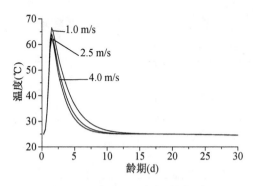

图 4-63　特征点 1 温度时程曲线

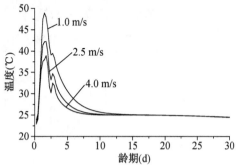

图 4-64　特征点 2 温度时程曲线

表 4-21　风速敏感性分析跨中特征点最高温度(℃)

风速 (m/s)	底板			侧墙圆弧段			侧墙竖直段		
	内部	表面	内外温差	内部	表面	内外温差	内部	表面	内外温差
1.0	66.51	48.89	17.62	54.21	44.55	9.66	45.86	40.55	5.31
2.5	64.06	42.21	21.85	49.32	38.09	11.23	40.43	35.67	4.76
4.0	62.44	38.93	23.51	46.38	34.38	12.00	37.42	33.54	3.88

由图 4-65～图 4-66 及表 4-22～表 4-23 可知,风速大小对渡槽混凝土早期表面最大拉应力影响明显,而对内部点应力影响不大。以底板表面点 2 为例,风速分别为 1.0 m/s、2.5 m/s、4.0 m/s 时,表面早期应力分别为 1.14 MPa、1.40 MPa、1.55 MPa,相对风速 1.0 m/s,风速增加 1.5 m/s、3.0 m/s 时,拉应力分别增加 22.8%、35.96%,而侧墙圆弧段表面特征点应力分别增加 12.33%、17.80%。由此可见,风速对渡槽混凝土早期表面拉应力影响非常大,有必要在施工现场搭设避风棚等挡风措施。

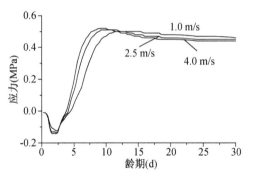

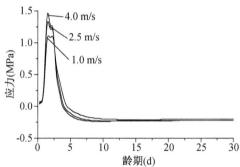

图 4-65　特征点 1 应力时程曲线　　图 4-66　特征点 2 应力时程曲线

表 4-22　风速敏感性分析跨中特征点早期应力（MPa）

风速（m/s）	底板		侧墙圆弧段		侧墙竖直段	
	内部	表面	内部	表面	内部	表面
1.0	0.05	1.14	0.33	0.73	0.08	0.18
2.5	0.13	1.40	0.34	0.82	0.12	0.20
4.0	0.19	1.55	0.35	0.86	0.14	0.20

表 4-23　风速敏感性分析跨中特征点后期应力（MPa）

风速（m/s）	底板		侧墙圆弧段		侧墙竖直段	
	内部	表面	内部	表面	内部	表面
1.0	0.5	−0.200	0.08	−0.06	0.17	0.14
2.5	0.5	−0.22	0.08	−0.07	0.20	0.15
4.0	0.5	−0.23	0.09	−0.07	0.20	0.15

4.4.11　整体预制

为避免环境因素影响，有条件情况下可以在槽址附近设置槽场，室内整体预制 U 形渡槽，养护结束后可以采用提槽机和架槽机进行施工安装。为说明 U 形渡槽室内预制工况下的渡槽结构应力，计算取渡槽一次性整体浇筑，混凝土入仓温度 25.0 ℃，养护温度 25.0 ℃，其他条件同基本工况。

由图 4-67～图 4-68 可知，室内预制工况，U 形渡槽混凝土温升幅度和内外温差均相对减小,以体积较大底板混凝土为例,底板内部点在龄期为 1.5 d 时温度达到峰值,为 67.04 ℃,此时表面点温度为 50.04 ℃,内外温差为 17.0 ℃。相应由于内外温差引起的混凝土表面早期和内部后期拉应力均不大(图 4-69～图 4-70),底板表面点早期拉应力为 1.0 MPa,后期内部点拉应力不超过 0.5 MPa,远小于混凝土即时抗拉强度,因此室内预制 U 形渡槽早期开裂可能性比较小。

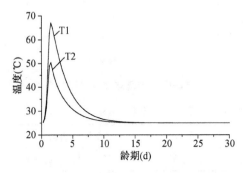

图 4-67 特征点 1、2 温度时程曲线　　　图 4-68 特征点 7、8 温度时程曲线

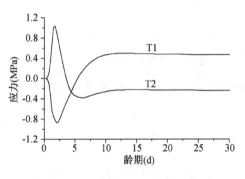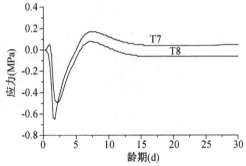

图 4-69 特征点 1、2 应力时程曲线　　　图 4-70 特征点 7、8 应力时程曲线

4.4.12 渡槽跨度

为了说明渡槽不同跨度对渡槽应力尤其是渡槽侧墙应力的影响,取渡槽跨度分别为 30.0 m、40.0 m、50.0 m 进行分析,一次浇筑,其他计算条件同基本工况。

从图 4-71～图 4-72 和表 4-24～表 4-25 可以看出,不同跨度对渡槽内外点应力几乎没有影响。原因在于,由基本工况分析可知,沿渡槽纵向方向,除了端部温度场有所变化外,长度方向变化不大,且本次计算只考虑了温度变形、自生体积变形等荷载影响,没有考虑自重等。

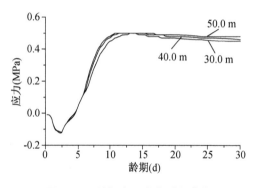

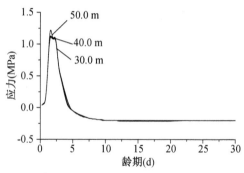

图 4-71　特征点 1 应力时程曲线　　　　图 4-72　特征点 2 应力时程曲线

表 4-24　渡槽跨度敏感性分析跨中特征点早期应力(MPa)

跨度(m)	底板		侧墙圆弧段		侧墙竖直段	
	内部	表面	内部	表面	内部	表面
30.0	−0.01	1.16	0.31	0.74	0.09	0.18
40.0	−0.01	1.14	0.33	0.73	0.08	0.18
50.0	−0.01	1.29	0.34	0.73	0.08	0.18

表 4-25　渡槽跨度敏感性分析跨中特征点后期应力(MPa)

跨度(m)	底板		侧墙圆弧段		侧墙竖直段	
	内部	表面	内部	表面	内部	表面
30.0	0.5	−0.2	0.08	−0.06	0.09	0.09
40.0	0.5	−0.2	0.08	−0.06	0.17	0.14
50.0	0.5	−0.2	0.08	−0.06	0.28	0.17

4.5　湿度场及干缩应力

混凝土湿度场计算参数同大型矩形渡槽,详见第 3 章。

4.5.1　湿度场

从图 4-73～图 4-74 可以看出,渡槽高性能混凝土受自干燥影响,早期内部相对湿度降低很快,约 7 d 时间后混凝土内部最高相对湿度就降至 88%。拆模后湿度传导非常缓慢,经过 14 d 后湿度有 10% 变化的区域只限于距表层 3.5 cm 的深

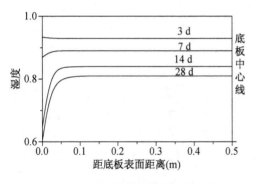

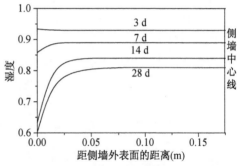

图 4-73　底板不同龄期混凝土相对湿度　　图 4-74　侧墙圆弧段不同龄期混凝土相对湿度

度,但拆模后经过一段时间,混凝土表面区域湿度变化还是很明显,渡槽混凝土内外出现较大的湿度梯度,这种内外不均匀湿度梯度很容易导致表面拉应力产生,从而引起表面开裂或促使已有温度裂缝继续开展。

4.5.2　干缩应力

由图 4-75～图 4-76 可以看出,U 形混凝土渡槽拉应力分布只是在表面浅层,内部干缩应力基本为 0.0 MPa,拆模前尽管渡槽混凝土湿度整体下降,但由于渡槽为简支结构,受外界约束可以忽略不计,故拆模前没有干缩应力产生。但拆模后渡槽表面湿度急剧下降,混凝土内外较大湿度差以及由此产生的湿度梯度形成较大干缩应力,拆模后底板表面 9.25 d 龄期时表面干缩应力为 0.9 MPa 左右。

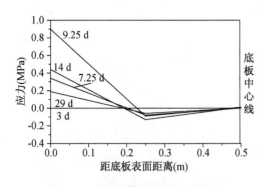

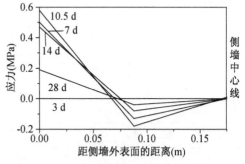

图 4-75　沿底板厚度方向干缩应力　　　图 4-76　沿侧墙圆弧段厚度方向干缩应力

4.5.3　影响因素

4.5.3.1　环境湿度

为了比较环境湿度变化对渡槽混凝土的影响,环境湿度分别取 70% 和 80%

计算。

  对比环境湿度为70％和80％时渡槽混凝土湿度分布可知(图4-77～图4-78),环境湿度越高,渡槽内外湿度差越小,表面浅层湿度梯度越小,因此渡槽施工时应尽可能做好混凝土表面湿养护,营造良好气候小环境。

  由图4-79、图4-80可知,环境湿度增大,渡槽混凝土表面点拉应力逐渐减小,以底板表面点为例,环境湿度分别为70％、80％时,拆模后9.25 d时底板拉应力分别为0.65 MPa、0.39 MPa,相对环境湿度70％,环境湿度增加10％,表面拉应力降低40％。究其原因在于环境湿度大,渡槽混凝土内外湿度差和湿度梯度减小。

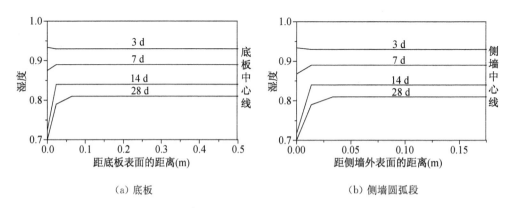

(a)底板   (b)侧墙圆弧段

图4-77 环境湿度为70％时渡槽底板和侧墙圆弧段不同龄期混凝土相对湿度

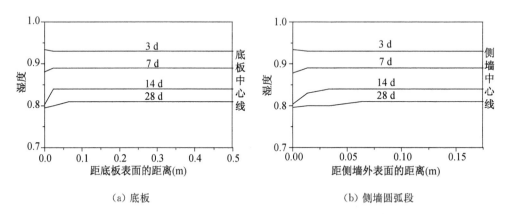

(a)底板   (b)侧墙圆弧段

图4-78 环境湿度为80％时渡槽底板和侧墙圆弧段不同龄期混凝土相对湿度

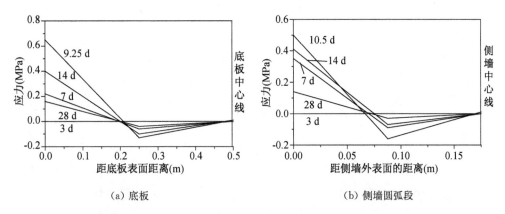

(a) 底板 　　　　　　　　　　　(b) 侧墙圆弧段

图 4-79　环境湿度为 70%时渡槽底板和侧墙圆弧段厚度方向不同龄期混凝土干缩应力

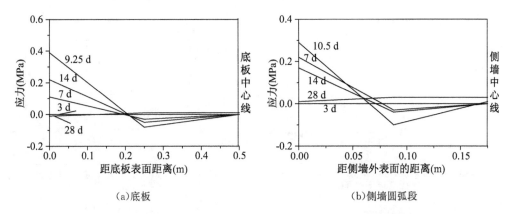

(a)底板 　　　　　　　　　　　(b)侧墙圆弧段

图 4-80　环境湿度为 80%时渡槽底板和侧墙圆弧段厚度方向不同龄期混凝土干缩应力

4.5.3.2　湿度最终自由变形

为了比较不同湿度最终自由变形$(\varepsilon_{sh})_{ult}$对混凝土干缩应力的影响,取$(\varepsilon_{sh})_{ult}$分别为 250 $\mu\varepsilon$、400 $\mu\varepsilon$、550 $\mu\varepsilon$,环境湿度取 60%进行敏感性分析。

由图 4-81～图 4-82、图 4-75～图 4-76 可知,$(\varepsilon_{sh})_{ult}$增大,渡槽混凝土表面点拉应力逐渐增大。以底板表面点为例,$(\varepsilon_{sh})_{ult}$分别为 250 $\mu\varepsilon$、400 $\mu\varepsilon$、550 $\mu\varepsilon$时,拆模后 9. 25 d 时底板表面干缩拉应力分别为 0. 49 MPa、0. 90 MPa、1. 08 MPa,相对$(\varepsilon_{sh})_{ult}$为 400 $\mu\varepsilon$,$(\varepsilon_{sh})_{ult}$为 250 $\mu\varepsilon$即降低 37. 5%,表面拉应力减小 45. 6%,$(\varepsilon_{sh})_{ult}$为 550 $\mu\varepsilon$即增大 37. 5%,表面拉应力增加 20%。因此有必要通过优化混凝土配合比、加强混凝土养护来减小混凝土湿度最终自由变形值。

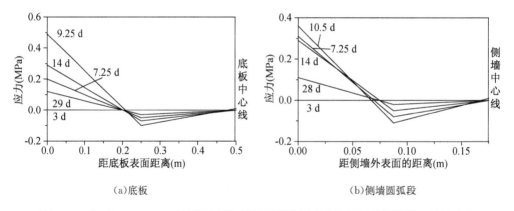

（a）底板 （b）侧墙圆弧段

图 4-81 $(\varepsilon_{sh})_{ult}=250\mu\varepsilon$ 时渡槽底板和侧墙圆弧段厚度方向不同龄期混凝土干缩应力

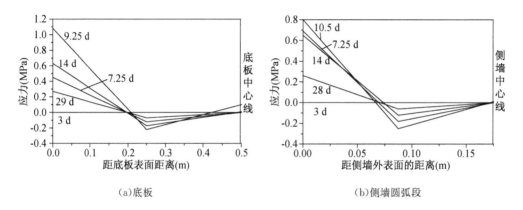

（a）底板 （b）侧墙圆弧段

图 4-82 $(\varepsilon_{sh})_{ult}=550\mu\varepsilon$ 时渡槽底板和侧墙圆弧段厚度方向不同龄期混凝土干缩应力

4.6 运行期温度场及温度应力

4.6.1 夏季日照

计算条件同矩形渡槽工况,详见第 3 章。夏季日照工况,U 形渡槽各特征点温度时程曲线如图 4-83 所示。由图可知,U 形渡槽顶板最高温度出现在 16 时左右,温度最高达到 37.6 ℃,从 10:00—14:00 的 4 h 内温度上升了 9.06 ℃,温度上升速率达到 2.27 ℃/h;东边墙表面最高温度出现在 12 时左右,最高温度 35.0 ℃,此时边壁最大温差为 10.0 ℃,温度上升速率在 8:00—10:00 达到最大,为 3.48 ℃/h;西边墙考虑三槽并排情况,不计入太阳直射的影响,最大温度出现在 16 时左右,最高温度为 28.91 ℃,此时西侧边壁温差仅为 6.91 ℃,温度上升速率相对较小。

夏季日照工况时渡槽内壁与水体接触,温度相对稳定,而槽外壁受到气温、太阳辐射影响变化复杂。在渡槽跨中横向方向,由图 4-84 可知,外壁受太阳辐射影响变化很大,外侧墙温度分布呈明显的非线性,在侧墙外表面产生很大温度梯度,达到 28.6 ℃/m;同理,渡槽底板厚度方向不同时刻也表现出不同程度温度梯度,如图 4-85 所示。渡槽高度方向,如图 4-86 所示,翼缘上表面附近,由于受外界环境温度和太阳辐射的影响,温度梯度较大,而侧墙内沿高度方向温度变化不大。

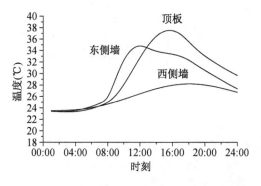

图 4-83　夏季日照工况东侧墙、顶板、西侧墙
表面点温度时程曲线

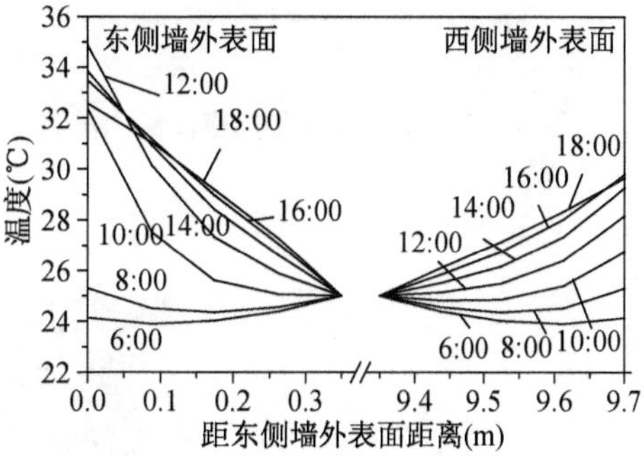

图 4-84　夏季日照工况沿东西侧墙
厚度方向温度分布

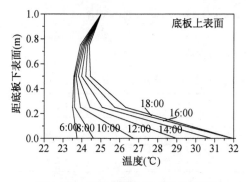

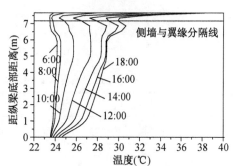

图 4-85　夏季日照工况沿底板厚度
方向温度分布

图 4-86　夏季日照工况沿侧墙高度
方向温度分布

从 U 形渡槽夏季日照工况时的温度应力计算结果(详见图 4-87～图 4-89 和表 4-26)可知:第一主应力主要出现在东边墙竖直段内壁,最大为 1.77 MPa;纵向应力主要分布在东边墙圆弧段内侧上部及竖直段下部,最大为 1.77 MPa;竖向应力出现在东边墙内侧中部,最大为 1.67 MPa;而横向应力主要分布在拉杆中下部,最大为 1.06 MPa。

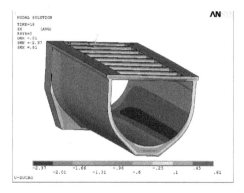

图4-87 夏季日照工况横向应力分布

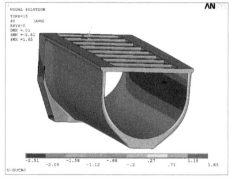

图4-88 夏季日照工况竖向应力分布

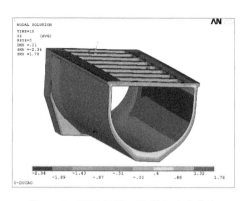

图4-89 夏季日照工况纵向应力分布

表4-26 大型U形渡槽夏季日照工况结构最大拉应力及其分布部位表(MPa)

时刻	应力名称	最大拉应力	最大拉应力部位
06:00	横向正应力	0.09	跨中拉杆侧面
	竖向正应力	0.24	端部侧墙竖直段外侧
	纵向正应力	0.14	底板内部
	第一主应力	0.25	端部侧墙竖直段外侧
08:00	横向正应力	0.20	跨中拉杆侧面
	竖向正应力	0.18	端部侧墙竖直段外侧
	纵向正应力	0.25	翼缘中心
	第一主应力	0.25	翼缘中心

时刻	应力名称	最大拉应力	最大拉应力部位
10:00	横向正应力	0.67	跨中拉杆侧面
	竖向正应力	0.51	东边墙内侧中部
	纵向正应力	0.71	翼缘中心
	第一主应力	0.71	翼缘中心
12:00	横向正应力	1.00	拉杆侧面
	竖向正应力	1.14	东边墙竖直段内侧下部
	纵向正应力	1.08	东边墙圆弧段内侧
	第一主应力	1.14	东边墙竖直段内侧下部
14:00	横向正应力	1.06	拉杆侧面
	竖向正应力	1.49	东边墙竖直段内侧下部
	纵向正应力	1.49	东边墙圆弧段内侧上部、竖直段下部
	第一主应力	1.50	东边墙竖直段内侧下部
16:00	横向正应力	0.98	拉杆侧面
	竖向正应力	1.67	东边墙内侧中部
	纵向正应力	1.73	东边墙圆弧段内侧上部、竖直段下部
	第一主应力	1.74	东边墙竖直段内侧下部
18:00	横向正应力	0.81	拉杆侧面
	竖向正应力	1.65	东边墙内侧中部
	纵向正应力	1.77	东边墙圆弧段内侧上部、竖直段下部
	第一主应力	1.77	东边墙竖直段内侧下部

4.6.2　秋冬季寒潮

（1）秋冬季寒潮基本工况

图 4-90 为 U 形渡槽秋冬季寒潮基本工况顶板和侧墙外壁特征点温度时程曲

线。从图中可看出,秋冬季急剧降温,渡槽外表面温度急剧降低,温度变化规律基本同外界气温,但温降幅度滞后,而槽内水温基本不变,从而造成渡槽内外较大温差。沿侧墙厚度方向温度呈明显的非线性,在第6h降温结束时,温度梯度最大,如图4-91所示。底板外表面温度迅速降低,沿底板高度方向温度分布呈明显的非线性,外表面处温度梯度最大,越往底板内部则温度梯度越小,如图4-92所示。沿渡槽高度方向(图4-93),翼缘上表面由于受外界环境温度的影响,温度梯度较大,侧墙内沿高度方向各点温度呈均匀变化。

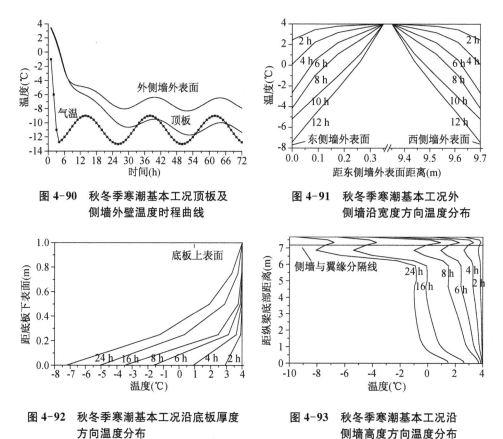

图4-90　秋冬季寒潮基本工况顶板及
侧墙外壁温度时程曲线

图4-91　秋冬季寒潮基本工况外
侧墙沿宽度方向温度分布

图4-92　秋冬季寒潮基本工况沿底板厚度
方向温度分布

图4-93　秋冬季寒潮基本工况沿
侧墙高度方向温度分布

　　U形渡槽秋冬季寒潮基本工况最大拉应力及其分布部位如图4-94～图4-96和表4-27所示,由表可以看出应力分布与变化规律如下:

　　第一主应力:寒潮降温后,在持续降温阶段,最大第一主应力主要分布在边墙外侧和底板底面;在维持低气温阶段,最大第一主应力主要分布在底板底面,最大达到3.45 MPa。

　　纵向正应力:各时间段最大纵向正应力主要出现在边墙外侧面和底板底面,随着持续降温和降温后维持着较低的气温,最大纵向正应力逐渐变大,最大纵向正应力为 3.41 MPa。

竖向正应力:寒潮降温后各时间段的最大竖向正应力主要分布在边墙圆弧段外侧上部,随着持续降温和降温后维持着较低的气温,最大竖向正应力逐渐变大,最大竖向正应力为 3.41 MPa。

横向正应力:寒潮降温后各时间段的最大横向正应力主要分布在底板底面,随着持续降温和降温后维持着较低的气温,最大横向正应力逐渐变大,最大横向正应力为 3.10 MPa。

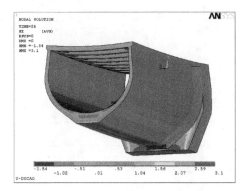 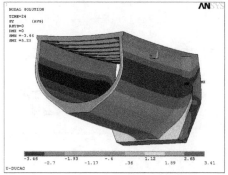

图 4-94　秋冬季寒潮基本工况横向应力分布　图 4-95　秋冬季寒潮基本工况竖向应力分布

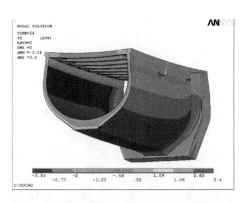

图 4-96　秋冬季寒潮基本工况纵向应力分布

(2) 秋冬季寒潮不同降温幅度工况

为了比较不同降温幅度工况渡槽温度及应力分布情况,拟定降温 10 ℃/6 h、15 ℃/6 h、20 ℃/6 h,其他计算条件同寒潮基本工况。

秋冬季寒潮不同降温幅度工况渡槽各部位特征点温度时程曲线如图 4-97~图 4-98 所示,可知寒潮降温幅度越大,渡槽结构表面温度下降越快,降幅也越大,即形成越大的温度梯度和内外温差。不同降温幅度时渡槽温度梯度有明显差别，以降温后第 6 h 侧墙温度分布为例，如图 4-99 所示，降温幅度越大，侧墙外表面温度下降越迅速且下降幅度越大，内外温差也就越大，温度分布的非线性程度越高，温度梯度越大。底板厚度方向温度分布规律基本同侧墙，如图 4-100 所示。

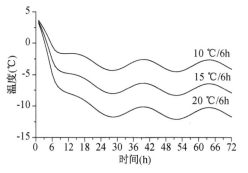

图 4-97　秋冬季寒潮不同降温幅度工况
外侧墙外表面温度时程曲线

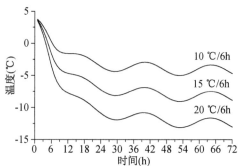

图 4-98　秋冬季寒潮不同降温幅度工况
底板下表面温度时程曲线

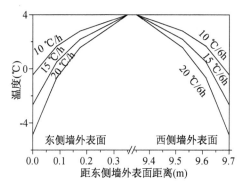

图 4-99　秋冬季寒潮不同降温幅度工况
第 6 h 沿侧墙厚度方向温度分布

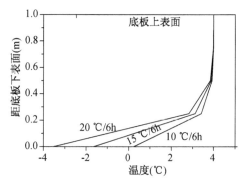

图 4-100　秋冬季寒潮不同降温幅度工况
第 6 h 沿底板厚度方向温度分布

　　秋冬季寒潮不同降温幅度时渡槽最大拉应力及其分布部位如表 4-27 所示，可以看出在不同的降温幅度下，渡槽结构最大拉应力的位置分布同基本工况一致，6 h 内降温幅度越大，拉应力增长越快，最终的拉应力也越大，最大达到 4.50 MPa。降温幅度减少 5 ℃时，应力减少 30%～35%，当降温幅度增大 5 ℃时，应力增加 25%～30%。

　　（3）秋冬季寒潮不同降温强度工况

　　为了比较不同降温强度工况渡槽温度及应力情况，拟定 3 h、6 h、9 h 降温 15 ℃，其他计算条件同寒潮降温基本工况。

　　秋冬季寒潮不同降温强度工况，各部位特征点温度变化规律基本一致，如图 4-

101～图 4-102 所示,寒潮降温强度越大,渡槽结构表面温度下降越快,降幅也越大,即形成越大的温度梯度和内外温差,但降温结束一段时间后温度趋于一致。不同降温强度渡槽温度分布明显不同,以降温后第 3 h 沿侧墙厚度方向的温度分布为例,如图 4-103 所示,寒潮降温强度越大,侧墙外表面温度下降越快且降幅越大,内外温差也就越大,温度分布的非线性程度越高,温度梯度越大。底板厚度方向温度分布规律基本同侧墙,如图 4-104 所示。

秋冬季寒潮不同降温强度工况渡槽最大拉应力及其分布部位如表 4-28 所示,可知在不同的降温强度下,应力位置分布基本一致,降温强度越大,拉应力发展越快。降温时间由 6 h 减为 3 h,在降温早期拉应力增加约 50%。降温时间由 6 h 增加为 9 h,在降温早期应力减小 45%～55%。

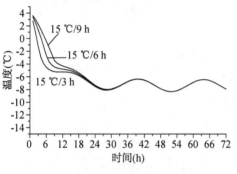

图 4-101　秋冬季寒潮不同降温强度工况　　　图 4-102　秋冬季寒潮不同降温强度工况
　　　　外侧墙外表面温度时程曲线　　　　　　　　　　底板下表面温度时程曲线

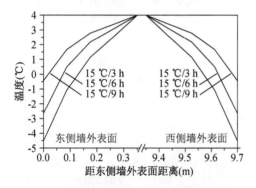
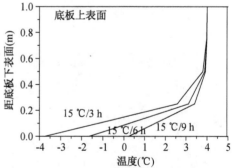

图 4-103　秋冬季寒潮不同降温强度工况　　　图 4-104　秋冬季寒潮不同降温强度工况
　　　　第 3 h 侧墙厚度方向温度分布　　　　　　　　第 3 h 底板厚度方向温度分布

（4）秋冬季寒潮不同保温工况

由上述分析可知,秋冬季寒潮在渡槽外表面附近产生很大的温度梯度,为减小温度梯度,计算拟在渡槽外表面贴 2.0 cm 泡沫保温板或涂保温材料,对比分析保温后效果。

在渡槽混凝土外表面加保温材料后,渡槽特征点温度时程曲线如图 4-105～图 4-106 所示,由图可见,加保温材料后,渡槽结构外表面温度下降幅度与速率显著减缓,大幅度减小了由寒潮气温骤降而引起的结构温度变化。

秋冬季寒潮工况加保温材料与否时渡槽各部位温度梯度明显不同,以降温后第 6 h 温度分布为例,如图 4-107～图 4-108 所示,渡槽侧墙和底板加保温材料后渡槽外表面附近温度梯度明显降低。可见秋冬季寒潮加保温材料可以显著降低渡槽结构外表面温度梯度,有效减小寒潮影响。

加保温材料后,最大拉应力出现的位置有所不同(表 4-29)。在未加保温板时,最大拉应力出现在侧墙外侧,在渡槽外表面加上保温板后最大拉应力出现在侧墙外侧上部,但侧墙外侧的拉应力有明显减小,仅为基本工况的 45%～50%。

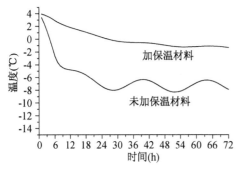

图 4-105　秋冬季寒潮不同保温工况外侧
墙外表面温度时程曲线

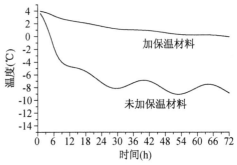

图 4-106　秋冬季寒潮不同保温工况底板下
表面温度时程曲线

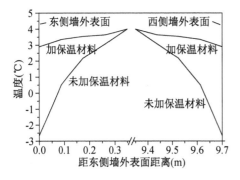

图 4-107　秋冬季寒潮不同保温工况
第 6 h 侧墙厚度方向温度分布

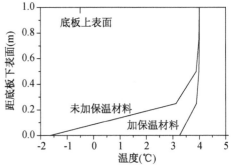

图 4-108　秋冬季寒潮不同保温工况
第 6 h 底板厚度方向温度分布

表4-27　大型U形渡槽秋冬季寒潮降温幅度敏感性分析最大拉应力及其分布表 (MPa)

降温后小时数(h)	应力名称	降温幅度 6 h 10 ℃		降温幅度 6 h 15 ℃ (基本工况)		降温幅度 6 h 20 ℃	
		最大拉应力	最大拉应力部位	最大拉应力	最大拉应力部位	最大拉应力	最大拉应力部位
2	横向正应力	0.415	端部底板底面	0.624	端部底板底面	0.832	端部底板底面
	竖向正应力	0.392	边墙圆弧段外侧上部	0.600	边墙圆弧段外侧上部	0.785	边墙圆弧段外侧上部
	纵向正应力	0.444	边墙外侧	0.697	边墙外侧	0.888	边墙外侧
	第一主应力	0.444	端部边墙圆弧段外侧	0.697	端部边墙圆弧段外侧	0.888	端部边墙圆弧段外侧
4	横向正应力	0.953	端部底板底面	1.434	端部底板底面	1.906	端部底板底面
	竖向正应力	0.921	边墙圆弧段外侧上部	1.446	边墙圆弧段外侧上部	1.843	边墙圆弧段外侧上部
	纵向正应力	0.978	边墙圆弧段外侧	1.532	边墙圆弧段外侧	1.955	边墙圆弧段外侧
	第一主应力	0.978	边墙圆弧段外侧	1.532	边墙圆弧段外侧	1.957	边墙圆弧段外侧
6	横向正应力	1.556	端部底板底面	2.34	端部底板底面	3.113	端部底板底面
	竖向正应力	1.499	边墙圆弧段外侧上部	2.394	边墙圆弧段外侧上部	2.998	边墙圆弧段外侧上部
	纵向正应力	1.491	边墙圆弧段外侧下部	2.331	边墙圆弧段外侧下部	2.983	边墙圆弧段外侧下部
	第一主应力	1.551	边墙圆弧段外侧	2.465	边墙圆弧段外侧	3.123	边墙圆弧段外侧

续 表

降温后小时数(h)	应力名称	降温幅度 6 h 10 ℃		降温幅度 6 h 15 ℃（基本工况）		降温幅度 6 h 20 ℃	
		最大拉应力	最大拉应力部位	最大拉应力	最大拉应力部位	最大拉应力	最大拉应力部位
8	横向正应力	1.803	底板底面	2.699	底板底面	3.584	底板底面
	竖向正应力	1.729	边墙圆弧段外侧上部	2.819	边墙圆弧段外侧上部	3.44	边墙圆弧段外侧上部
	纵向正应力	1.753	边墙圆弧段外侧、底板底面	2.617	边墙圆弧段外侧、底板底面	3.482	边墙圆弧段外侧、底板底面
	第一主应力	1.808	边墙圆弧段外侧、底板底面	2.988	边墙圆弧段外侧、底板底面	3.595	边墙圆弧段外侧、底板底面
16	横向正应力	1.584	底板底面	2.552	底板底面	3.504	底板底面
	竖向正应力	1.592	边墙圆弧段外侧上部	2.833	边墙圆弧段外侧上部	3.501	边墙圆弧段外侧上部
	纵向正应力	1.821	边墙圆弧段外侧下部、底板底面	2.902	边墙圆弧段外侧、底板底面	3.983	边墙圆弧段外侧、底板底面
	第一主应力	1.821	边墙圆弧段外侧、底板底面	3.163	边墙圆弧段外侧上部、底板底面	3.983	底板底面
24	横向正应力	2.136	底板底面	3.103	底板底面	4.404	底板底面
	竖向正应力	2.193	边墙圆弧段外侧上部	3.414	边墙圆弧段外侧上部	4.193	边墙圆弧段外侧上部
	纵向正应力	2.313	边墙圆弧段外侧下部、底板底面	3.405	边墙圆弧段外侧、底板底面	4.497	边墙圆弧段外侧、底板底面
	第一主应力	2.313	边墙圆弧段外侧、底板底面	3.448	边墙圆弧段外侧上部、底板底面	4.497	边墙圆弧段外侧上部、底板底面

表 4-28 大型 U 形渡槽秋冬季寒潮降温强度敏感性分析最大拉应力及其分布表(MPa)

降温后小时数 (h)	应力名称	降温强度 3 h 15 ℃		降温强度 6 h 15 ℃ (基本工况)		降温强度 9 h 15 ℃	
		最大拉应力	最大拉应力部位	最大拉应力	最大拉应力部位	最大拉应力	最大拉应力部位
2	横向正应力	1.247	端部底板底面	0.624	端部底板底面	0.430	端部底板底面
	竖向正应力	1.177	边墙圆弧段外侧上部	0.600	边墙圆弧段外侧上部	0.392	边墙圆弧段外侧上部
	纵向正应力	1.332	边墙外侧	0.697	边墙外侧	0.440	边墙外侧
	第一主应力	1.332	端部边墙圆弧段外侧	0.697	端部边墙圆弧段外侧	0.450	端部边墙圆弧段外侧
4	横向正应力	2.536	端部底板底面	1.434	端部底板底面	0.962	端部底板底面
	竖向正应力	2.439	边墙圆弧段外侧上部	1.446	边墙圆弧段外侧上部	0.921	边墙圆弧段外侧上部
	纵向正应力	2.563	边墙圆弧段外侧	1.532	边墙圆弧段外侧	0.978	边墙圆弧段外侧
	第一主应力	2.571	边墙圆弧段外侧	1.532	边墙圆弧段外侧	1.002	边墙圆弧段外侧
6	横向正应力	2.861	端部底板底面	2.34	端部底板底面	1.556	端部底板底面
	竖向正应力	2.734	边墙圆弧段外侧上部	2.394	边墙圆弧段外侧上部	1.499	边墙圆弧段外侧上部
	纵向正应力	2.773	边墙圆弧段外侧、底板底面	2.331	边墙圆弧段外侧下部	1.491	边墙圆弧段外侧
	第一主应力	2.868	边墙圆弧段外侧	2.465	边墙圆弧段外侧	1.561	边墙圆弧段外侧

续表

降温后小时数 (h)	应力名称	降温强度 3 h 15 ℃		降温强度 6 h 15 ℃（基本工况）		降温强度 9 h 15 ℃	
		最大拉应力	最大拉应力部位	最大拉应力	最大拉应力部位	最大拉应力	最大拉应力部位
8	横向正应力	2.858	底板底面	2.699	底板底面	2.181	端部底底面
	竖向正应力	2.753	边墙圆弧段外侧上部	2.819	边墙圆弧段外侧上部	2.103	边墙圆弧段外侧上部
	纵向正应力	2.964	边墙圆弧段外侧,底板底面	2.617	边墙圆弧段外侧,底板底面	2.057	边墙圆弧段外侧,底板底面
	第一主应力	2.964	边墙圆弧段外侧,底板底面	2.988	边墙圆弧段外侧,底板底面	2.186	边墙圆弧段外侧,底板底面
16	横向正应力	2.547	底板底面	2.552	底板底面	2.533	端部底底面
	竖向正应力	2.588	边墙圆弧段外侧上部	2.833	边墙圆弧段外侧上部	2.509	边墙圆弧段外侧上部
	纵向正应力	2.94	边墙圆弧段外侧,底板底面	2.902	边墙圆弧段外侧,底板底面	2.843	边墙圆弧段外侧下部,底板底面
	第一主应力	2.94	底板底面	3.163	边墙圆弧段外侧上部,底板底面	2.843	边墙圆弧段外侧下部,底板底面
24	横向正应力	3.081	底板底面	3.103	底板底面	3.098	底板底面
	竖向正应力	3.215	边墙圆弧段外侧上部	3.414	边墙圆弧段外侧上部	3.171	边墙圆弧段外侧上部
	纵向正应力	3.398	边墙圆弧段外侧,底板底面	3.405	边墙圆弧段外侧,底板底面	3.408	边墙圆弧段外侧,底板底面
	第一主应力	3.398	边墙圆弧段外侧上部,底板底面	3.448	边墙圆弧段外侧上部,底板底面	3.408	边墙圆弧段外侧上部,底板底面

表4-29 大型U形渡槽秋冬季保温敏感性分析最大拉应力及其分布表（MPa）

降温后小时数(h)	应力名称	降温强度6h15℃（基本工况）		贴保温板或涂保温材料	
		最大拉应力	最大拉应力部位	最大拉应力	最大拉应力部位
2	横向正应力	0.624	端部底板板底面	0.648	拉杆底部
	竖向正应力	0.600	边墙圆弧段外侧上部	0.354	边墙竖直段内侧上部,拉杆底部
	纵向正应力	0.697	边墙外侧	0.621	边墙竖直段内侧上部,拉杆底部
	第一主应力	0.697	端部边墙圆弧段外侧	0.648	边墙竖直段内侧上部,拉杆底部
4	横向正应力	1.434	端部底板板底面	1.414	拉杆底部
	竖向正应力	1.446	边墙圆弧段外侧上部	0.788	边墙竖直段内侧上部,拉杆底部
	纵向正应力	1.532	边墙圆弧段外侧	1.544	边墙竖直段内侧上部,拉杆底部
	第一主应力	1.532	边墙圆弧段外侧	1.572	边墙竖直段内侧上部,拉杆底部
6	横向正应力	2.34	端部底板板底面	2.201	拉杆底部
	竖向正应力	2.394	边墙圆弧段外侧上部	1.188	边墙竖直段内侧上部
	纵向正应力	2.331	边墙圆弧段外侧下部	2.682	边墙竖直段内侧上部
	第一主应力	2.465	边墙圆弧段外侧	2.757	边墙竖直段内侧上部

续 表

降温后小时数 (h)	应力名称	降温强度6h15℃（基本工况）		贴保温板或涂保温材料	
		最大拉应力	最大拉应力部位	最大拉应力	最大拉应力部位
8	横向正应力	2.699	底板底面	2.372	拉杆底部
	竖向正应力	2.819	边墙圆弧段外侧上部	1.242	边墙竖直段内侧上部
	纵向正应力	2.617	边墙圆弧段外侧、底板底面	3.395	边墙竖直段内侧上部
	第一主应力	2.988	边墙圆弧段外侧、底板底面	3.485	边墙竖直段内侧上部
16	横向正应力	2.552	底板底面	1.654	拉杆底部
	竖向正应力	2.833	边墙圆弧段外侧上部	0.750	边墙圆弧段外侧上部
	纵向正应力	2.902	边墙圆弧段外侧、底板底面	3.471	边墙竖直段内侧上部
	第一主应力	3.163	边墙圆弧段外侧上部、底板底面	3.55	边墙竖直段内侧上部
24	横向正应力	3.103	底板底面	1.864	拉杆底部
	竖向正应力	3.414	边墙圆弧段外侧上部	3.171	边墙圆弧段外侧上部
	纵向正应力	3.405	边墙圆弧段外侧、底板底面	3.408	边墙圆弧段外侧、底板底面
	第一主应力	3.448	边墙圆弧段外侧上部、底板底面	3.408	边墙圆弧段外侧上部、底板底面

4.6.3　夏季暴雨

（1）夏季暴雨基本工况

计算条件同矩形渡槽夏季暴雨基本工况，详见本书第 3 章。夏季午后暴雨之后，U 形渡槽混凝土外表面温度由于雨水冲刷等原因急剧降低，而与水接触的内壁温度基本不变，较短时间内形成较大内外温差，且暴雨前后温度梯度反向，如图 4-109 所示，温度分布呈明显的非线性，由于西侧墙未受降雨影响，温度几乎没有变化。因此在混凝土表面形成较大拉应力，横向方向拉应力主要分布在拉杆上表面，达到 2.85 MPa；竖直向拉应力主要分布在东侧翼缘侧面，达到 3.32 MPa；纵向拉应力主要分布在东侧翼缘上表面及侧墙直线段外表面，达到 2.15 MPa。

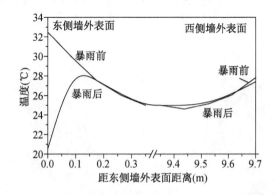

图4-109　夏季暴雨基本工况沿侧墙厚度方向温度分布

（2）夏季暴雨不同降温幅度工况

为了比较不同暴雨降温幅度渡槽温度及应力情况，通过渡槽顶面及侧面表面温度降温 10 ℃/0.25 h、15 ℃/0.25 h 及 20 ℃/0.25 h 模拟，其他计算条件同暴雨降温基本工况。

不同暴雨降温幅度工况渡槽内外温差和温度梯度有明显差别，以侧墙温度分布为例，如图 4-110 所示，降温幅度越大，侧墙外表面温降速度、温降幅度越大，内外温差越大，温度分布的非线性程度越高、温度梯度越大。因此不同暴雨降温程度产生拉应力大小有显著差异，如表 4-30 所示，以竖向拉应力为例，相对于 15 ℃/0.25 h，降温减小 33.3%，拉应力减小 42.7%，降温增加 33.3%，拉应力增加 46.1%。

从 U 形渡槽夏季保温工况温度应力计算结果（图 4-111～图 4-113）可知：横向拉应力主要分布在拉杆上表面，最大为 2.85 MPa；竖向拉应力主要分布在东侧翼缘侧面，最大为 3.32 MPa；纵向拉应力主要分布在东侧翼缘上表面及侧墙直线段外表面，最大为 2.15 MPa。

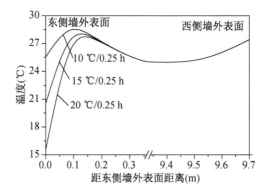

图 4-110　夏季暴雨不同降温幅度工况沿侧墙厚度方向温度分布

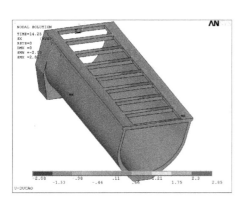

图 4-111　夏季暴雨不同降温幅度工况
横向应力分布

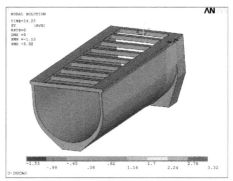

图 4-112　夏季暴雨不同降温幅度工况
纵向应力分布

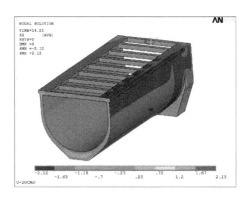

图 4-113　夏季暴雨不同降温幅度工况竖向应力分布

表 4-30 夏季暴雨降温幅度敏感性分析渡槽最大拉应力及分布（MPa）

应力名称	10 ℃/0.25 h	15 ℃/0.25 h	20 ℃/0.25 h	分布
横向拉应力	0.88	2.85	5.37	拉杆上表面
竖向拉应力	1.90	3.32	4.85	东侧翼缘侧面
纵向拉应力	0.94	2.15	3.81	东侧翼缘上表面、侧墙直线段外表面

（3）夏季暴雨不同降温强度工况

为了比较不同降温强度工况渡槽温度及应力情况，计算通过渡槽顶面及外侧墙外壁表面温度分别降低 15 ℃/0.1 h、15 ℃/0.25 h、15 ℃/0.5 h、15 ℃/1.0 h 模拟，其他计算条件同夏季暴雨基本工况。

夏季暴雨不同降温强度工况渡槽内外温差相同，但由于混凝土热传导，温度梯度不同，如图 4-114 所示，暴雨降温强度越大，温度分布分布非线性越大、温度梯度越大。渡槽各部位产生的最大竖向和纵向拉应力随暴雨强度增大而增大，如表 4-31 所示，但拉杆上表面横向拉应力减小，原因在于拉杆应力除受温度梯度影响外，受横向框架作用较强。

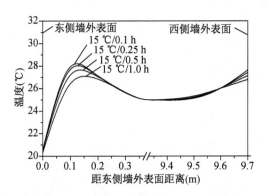

图 4-114 夏季暴雨不同降温强度工况沿侧墙厚度方向温度分布

表 4-31 夏季暴雨降温强度敏感性分析渡槽最大拉应力及分布（MPa）

应力名称	15 ℃/0.1 h	15 ℃/0.25 h	15 ℃/0.5 h	15 ℃/1.0 h	分布
横向拉应力	2.80	2.85	2.94	3.12	拉杆上表面
竖向拉应力	3.67	3.32	2.83	2.32	边纵梁端部外表面
纵向拉应力	2.26	2.15	2.03	1.95	东侧翼缘上表面、侧墙直线段外表面

4.7 大型U形混凝土渡槽开裂机理及防裂方法

4.7.1 开裂机理

4.7.1.1 施工期

（1）底板

仿真分析结果显示，U形渡槽跨中底板内部特征点 1.5 d 最高温度达到 66.51 ℃，此时表面点温度为 48.89 ℃，内外温差为 17.62 ℃（图 4-115），在底板内形成较大温度梯度，达到 35.24 ℃/m。因此底板混凝土浇筑早期，内外点应力发展呈明显的内外温差作用下的发展规律，表面点在温度达到峰值时达到最大，为 1.35 MPa，接近即时允许抗拉强度（图 4-116），U形渡槽底板表面有可能出现裂缝。

大型U形简支渡槽，由于支座等外部约束可以忽略不计，引起渡槽混凝土早期开裂的外部约束不存在，同时混凝土自生体积收缩变形对应力变化影响也可不计，所以导致U形渡槽混凝土开裂的因素只有混凝土早期温度非线性分布引起的自约束。同时，底板表面拆模后 2.25 d 干缩应力达到 0.9 MPa（图 4-75），也是不容忽视的原因。

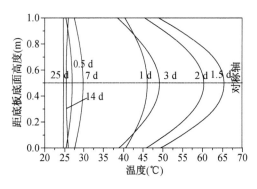

图 4-115 U形渡槽沿底板厚度方向早期温度分布

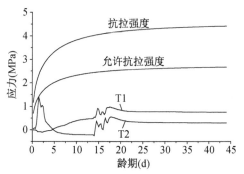

图 4-116 U形渡槽底板内外特征点应力时程曲线

（2）渡槽端部扩大部分

大型U形渡槽支座附近扩大部分，是渡槽体积较大部分，水泥水化温升影响相对较大（图 4-117），内部特征点 1.5 d 最高温度达到 69.50 ℃，此时表面点温度为 48.58 ℃，内外温差为 20.92 ℃，同时由于端部散热，在纵向也形成较大温度梯度。因此在渡槽端部由于混凝土自约束作用产生的温度应力也较大，龄期为 1.5 d

时外表面拉应力达到 1.39 MPa(图 4-118),接近即时允许抗拉强度。因此,导致端部混凝土早期裂缝的主要因素也是水化热引起的较大内外温差。

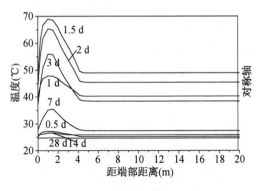

图 4-117　U 形渡槽支座附近扩大部分混凝土早期温度分布

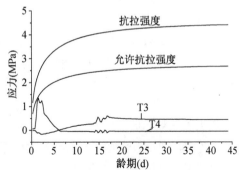

图 4-118　U 形渡槽支座附近扩大部分内外特征点应力时程曲线

（3）墙体

对于一次浇筑完成的 U 形渡槽,由于不存在老混凝土约束,同时墙体尺寸较小,浇筑早期内外温差均在 10.0 ℃以下,由此产生的表面拉应力均远小于混凝土即时抗拉强度,混凝土不致出现早期裂缝。分层浇筑时,仿真计算结果表明,由于老混凝土约束,墙体混凝土在内外温差和自生体积收缩变形作用下,早期应力较大,虽低于即时抗拉强度,但加大了墙体开裂风险。

4.7.1.2　运行期

U 形渡槽运行期在太阳辐射、秋冬季降温或暴雨等短时温度骤变影响下,在底板、墙体等结构内外形成较大温度梯度,从而产生较大温度拉应力,有可能致使渡槽开裂。

（1）夏季日照工况

U 形渡槽在夏季日照工况太阳辐射和高温影响下,渡槽外壁温度高于内壁,主要在结构内壁产生拉应力。基本工况仿真计算结果显示,横向方向最大拉应力主要分布在拉杆侧面,最大为 1.0 MPa;竖向方向则分布在边墙内侧区域,最大为 1.67 MPa;纵向方向分布在边墙圆弧段内侧上部、竖直段下部,最大值达到 1.77 MPa。可见,U 形渡槽在边墙圆弧段内侧存在开裂风险。

（2）秋冬季寒潮工况

在秋冬季寒潮工况较低气温影响下,渡槽外壁温度低于内壁,主要在结构外壁产生拉应力。基本工况仿真计算结果显示,横向最大拉应力主要分布在底板底面,最大达到 3.10 MPa;竖向最大拉应力分布在东边墙圆弧段外侧上部,最大达到 3.41 MPa;纵向最大拉应力分布在东边墙外侧和底板底部,最大值达到 3.41 MPa。

因此,U形渡槽在底板底面和东边墙外侧均有可能产生裂缝。

（3）夏季暴雨降温

夏季高温、午后暴雨工况下,基本工况仿真计算结果显示,渡槽横向最大拉应力主要分布在拉杆上表面,最大为 2.85 MPa;竖向最大拉应力分布在翼缘侧面,最大达到 3.32 MPa;纵向最大拉应力分布在翼缘上表面及侧墙直线段外表面,最大为 2.15 MPa。因此,U形渡槽在拉杆上表面及翼缘侧面存在开裂风险。

4.7.2 防裂方法

4.7.2.1 施工期

根据大型 U 形渡槽施工期基本工况和各种防裂方法敏感性分析计算结果,渡槽施工期防裂方法主要包括:

（1）一次浇筑,避免分层浇筑

仿真分析表明,U形渡槽如果分层浇筑,第二批浇筑的墙体在内外温差、自生体积收缩和老混凝土约束作用下,2.25 d 时内外拉应力达到 1.32 MPa,尽管低于混凝土即时抗拉强度,但如果表面保湿等工作不到位,叠加干缩应力,则墙体裂缝有可能产生。

（2）增大混凝土导热系数、减小热膨胀系数

仿真结果显示,热膨胀系数为 $8.0 \times 10^{-6}/℃$、$10.0 \times 10^{-6}/℃$、$12.0 \times 10^{-6}/℃$ 时,底板内外特征点表面点早期最大拉应力分别为 0.75 MPa、0.86 MPa、0.97 MPa,后期中心点最大拉应力为 0.40 MPa、0.54 MPa、0.68 MPa,相对热膨胀系数为 $10.0 \times 10^{-6}/℃$,热膨胀系数增大 20%,表面点拉应力增大 12.79%,热膨胀系数减小 20%,表面点拉应力减小 12.79%;而后期内部点最大拉应力分别增大 25.93%、减小 25.93%。导热系数为 $8.0 \ kJ/(m \cdot h \cdot ℃)$、$10.0 \ kJ/(m \cdot h \cdot ℃)$、$12.0 \ kJ/(m \cdot h \cdot ℃)$ 时,表面点早期最大拉应力分别为 1.18 MPa、1.01 MPa、0.88 MPa,后期中心点最大拉应力为 0.55 MPa、0.50 MPa、0.46 MPa,相对导热系数为 $10.0 \ kJ/(m \cdot h \cdot ℃)$,导热系数增大 20%,表面点拉应力减小 12.9%;导热系数减小 20%,表面点拉应力增大 16.8%。因此,有必要通过优选骨料、优化混凝土配合比等措施增大混凝土导热系数、减小热膨胀系数,以利于渡槽混凝土早期和后期防裂。

（3）降低水化热量、减缓生热速率

仿真结果显示,最终绝热温升为 40.0 ℃、50.0 ℃、60.0 ℃ 对应的渡槽底板表面早期最大拉应力分别为 0.93 MPa、1.14 MPa、1.38 MPa,相对最终绝热温升 50.0 ℃,绝热温升增加 10.0 ℃(增加 20%),表面拉应力增加 21.1%;绝热温升减小 10.0 ℃(减小 20%),表面拉应力减小 18.4%。降低混凝土生热速率,渡槽表面

特征点早期拉应力大小没有明显的改变,但却推迟了最大拉应力出现时间,以边纵梁表面 2 号点为例,代表生热速率的参数 a 分别为 -0.3、-0.125、-0.05 时,最大拉应力出现时间分别为 1.5 d、2.25 d、2.5 d,有利于早期混凝土表面防裂。

(4)底板混凝土表面适度保温并适时拆模

仿真计算结果显示,取钢模板及钢模板外贴 0.5 cm、1.0 cm、2.0 cm 塑料保温板,底板表面早期最大拉应力分别为 1.14 MPa、0.81 MPa、0.62 MPa、0.43 MPa,钢模板外贴 0.5 cm、1.00 cm、2.0 cm 塑料保温板后边纵梁表面点拉应力分别减少 28.9%、45.6%、62.3%,保温效果比较显著。同时注意拆模时间,避免拆模时表面温度下降过快、过多,引起表面拉应力突然增加,不利于表面早期防裂。

(5)降低混凝土入仓温度

仿真结果显示,入仓温度为 13.0 ℃、19.0 ℃、25.0 ℃时,底板表面点早期最大拉应力分别为 0.82 MPa、0.99 MPa、1.14 MPa,可见采取必要措施降低混凝土入仓温度对混凝土早期防裂十分有利。

(6)其他措施

加强施工管理,严格控制混凝土浇筑质量,避免裂缝从强度低的薄弱处开始。加强混凝土养护措施,一定时间内保持混凝土表面湿润,防止混凝土干缩裂缝发生,必要时搭设遮阳棚或避风棚,减小环境气温、较大风速的影响。

4.7.2.2　运行期

从 U 形渡槽运行期温度应力产生机理出发,通过对太阳日照、秋冬季降温等不利工况进行仿真分析,结果表明在渡槽混凝土表面粘贴一层保温板或涂保温材料,可以有效减小环境对渡槽混凝土影响,从而减小渡槽混凝土表层温度梯度和拉应力,有利于运行期渡槽混凝土防裂。仿真计算结果显示,秋冬季降温采用保温材料后,温度应力显著减小,为不保温工况的 45% 左右。

第5章
大流量混凝土渡槽裂缝控制技术

考虑水泥水化热等因素作用和混凝土的收缩、徐变和弹性模量等力学参数随龄期变化特点,构建渡槽温度、湿度、应力场的计算理论,系统开展大型矩形渡槽和大型 U 形渡槽施工期、运行期仿真模拟,为合理制定渡槽混凝土结构的有效温控措施奠定基础。本章在上述研究成果基础上进一步确定渡槽混凝土早期热学、力学、变形参数计算公式,提出渡槽侧墙、底板、纵梁及端部的裂缝机理和抗裂设计,最终从材料、设计、施工和管理等方面形成渡槽高性能混凝土薄壁结构防裂施工技术相关措施。

5.1 一般规定

由于大流量混凝土渡槽对间接作用敏感和对裂缝控制有严格要求,因此宜从设计、施工和运行等角度进行全方位的裂缝控制。

间接作用裂缝控制宜从"抗"、"防"和"放"三方面综合考虑。"抗"是指合理选择原材料、优化配合比,提高混凝土抗裂能力。"防"是指加强保温、合理养护、采用通水冷却等措施降低温差等。"放"是指选择合适施工方法,减轻约束,减小混凝土拉应力。通常情况下,主要采用概念设计,从原材料选用、配合比优化、施工工艺和流程、构造措施等方面综合考虑。对裂缝限制严格时,应采用本章所给出的方法进行间接作用裂缝控制。

间接作用大小宜根据工程的实际情况确定,也可按本章提供的简化方法确定。

间接作用效应分析通常宜采用有限元方法进行瞬态分析,也可采用本章提供的简化分析方法。分析时应考虑结构所受到的约束,混凝土热学、力学和变形等参数随时间的变化等因素。

在施工期,宜采取表面保温、控制入仓温度、水管冷却和保湿养护等有效的温控措施并对混凝土渡槽实行温度、湿度、应变、应力和变形的施工监控。

在运行期,应定期检查混凝土渡槽表面和内部的裂缝情况以及刚度等参数的变化。宜建立相应的数据库,实时分析变化过程,并及时预警和报警。

5.2　原材料选择与配合比优化

5.2.1　原材料选择

5.2.1.1　水泥选择

（1）水泥水化产生的热量是渡槽混凝土温度变化进而引起体积变化的主要原因之一。水泥成分的不同会影响水化放热总量和放热速率,也会影响混凝土早期自收缩的大小。因此要合理选择水泥品种,并控制水泥质量。

（2）渡槽混凝土宜选用硅酸盐水泥、普通硅酸盐水泥、低发热量的中热硅酸盐水泥或低热矿渣硅酸盐水泥,减少混凝土水化热总量,降低放热速率,同时减小自收缩。

（3）水泥选择应符合《通用硅酸盐水泥(GB 175—2007)》和《中热硅酸盐水泥、低热硅酸盐水泥(GB 200—2017)》等国家标准,当采用其他品种时其性能指标必须符合有关的国家标准要求。

5.2.1.2　骨料选择

（1）骨料类型和含量对混凝土热学、力学和变形性能影响大。骨料线膨胀系数大的混凝土受温度作用引发的变形较大。弹性模量高的骨料可以抵制水泥浆体的收缩变形,减小混凝土收缩。增加骨料含量可减小混凝土收缩,同时可以降低水泥用量、降低水化热量。

（2）大流量预应力渡槽宜选用线膨胀系数小、导热系数小、吸水率低、弹性模量高的非碱活性砂石骨料,宜采用较高的骨料含量和连续级配骨料。

（3）骨料的选择应符合国家标准《普通混凝土用砂、石质量及检验方法标准(JGJ52—2006)》的质量要求。

5.2.1.3　掺合料选择

（1）用粉煤灰代替部分水泥,可以降低混凝土温度峰值、减小水化反应速率、延缓峰值到达时间和减小混凝土早期自收缩。掺加矿渣能减小混凝土早期放热速率和放热量,掺加矿渣特别是磨细矿渣可增大高性能混凝土的自收缩。

（2）渡槽采用的高性能混凝土,宜掺加粉煤灰、矿渣等掺料,其用量应根据配合比和现场材料通过计算和试验确定。

（3）掺合料应符合《用于水泥和混凝土中的粉煤灰（GB/1596—2017）》和《用于水泥、砂浆和混凝土中的粒化高炉矿渣粉（GB/T 18046—2017）》等国家标准的规定。

5.2.1.4 外加剂选择

（1）外加剂是现代混凝土中的一个重要组成部分，可以减小水泥用量、降低水化热、改善混凝土和易性、延缓混凝土凝结时间、改善混凝土的力学和变形性能，合理选择外加剂可以达到防裂和抗裂目的。

（2）掺加膨胀剂可以减小混凝土收缩值，部分补偿混凝土温降收缩变形；膨胀剂使用效果受水泥品种及用量、养护条件、水胶比、集料类型等因素影响。减缩剂能降低混凝土早期自收缩，改善混凝土工作性能，提高混凝土极限拉伸率。引气剂可改善混凝土和易性、均匀性，提高混凝土变形性能。

（3）混凝土渡槽使用的外加剂的品种、掺量应根据工程需要以及胶凝材料、骨料类型和用量经计算和试验确定，应考虑外加剂对硬化混凝土热学、力学和变形等性能的影响。

（4）外加剂应符合《混凝土外加剂（GB 8076—2008）》和《混凝土外加剂应用技术规范（GB 50119—2013）》等国家标准和有关环境保护的规定。

5.2.1.5 其他

（1）掺入纤维可以提高混凝土强度，降低弹性模量，增强混凝土的韧性，控制塑性收缩引起的裂纹，有利于混凝土防裂。通常可采用聚丙烯纤维或纤维素纤维。

（2）混凝土渡槽宜根据配合比情况掺加适量聚丙烯纤维或纤维素纤维，提高混凝土的极限拉伸值，进而提高抗裂性能。

5.2.2 配合比优化

5.2.2.1 优化的原则

混凝土配合比抗裂优化宜以抗裂性能为总目标，综合考虑混凝土绝热温升、发热速率、抗拉强度、松弛、自收缩、极限拉应变和弹性模量等热学、力学和变形参数。

5.2.2.2 优化的指标

（1）尽量选择较低的水胶比，宜控制在 0.30～0.40 范围内，不宜过小，过小会导致混凝土自收缩增大。

（2）根据胶凝材料的不同适当调整砂率，应尽量采用较小的砂率，一般控制在 35％～45％。

（3）粉煤灰掺量不宜超过水泥用量的 15％～20％，矿粉掺量不宜超过水泥用量的 20％。包括水泥本身含有的混合料时，粉煤灰掺量不宜大于 30％～40％，矿粉不宜大于 40%。

（4）在满足施工前提下宜采用较小的混凝土坍落度，以减少混凝土用水量与胶凝材料用量，降低温升、减少干缩。

（5）配合比设计宜符合《普通混凝土配合比设计规程(JGJ55—2011)》。

5.2.2.3　配合比优化试验

配合比优化时除进行常规配合比试验外，宜进行水化热、线膨胀系数、导温和导热系数、收缩、徐变、极限拉应变等技术参数的试验，以及圆环法、平板法和温度应力试验机法等抗裂性能试验，必要时其配合比优化试验应进行试泵送。还可掺加水化温升抑制剂调控胶凝材料水化历程，或者水化温升抑制剂与膨胀剂联合使用，进行温度场和膨胀历程双重调控。

5.3　混凝土的热学、力学、变形等参数确定

5.3.1　线膨胀系数

（1）大流量预应力渡槽混凝土线膨胀系数宜由试验确定。

（2）硬化混凝土的线膨胀系数 α_c 通常情况下可近似取为 $10 \times 10^{-6}/℃$。

（3）若已知粗骨料的种类，硬化混凝土的线膨胀系数可根据附录 A.1.1 的方法由骨料类型确定。

（4）早龄期混凝土的线膨胀系数随龄期的变化规律可按附录 A.1.2 的方法估算。

5.3.2　导热、导温和比热系数

（1）大流量预应力渡槽混凝土的导热、导温和比热系数宜由试验确定。

（2）硬化混凝土的导热系数 λ 一般可取为 $10.6\ kJ/(m·h·℃)$，导温系数 a 一般可取为 $0.004\ 5\ m^2/h$，比热 c 一般可取为 $0.96\ kJ/(kg·℃)$。

（3）若已知骨料的种类和含量，硬化混凝土的导热、导温和比热系数等可按附录 A.2.1 的方法确定。

（4）早龄期混凝土的导热和导温系数随龄期的变化规律可按附录 A.2.2 的方法估算。

5.3.3　表面放热系数

（1）渡槽混凝土表面放热系数宜根据施工现场环境条件和养护及保温措施由

试验确定。

（2）一般情况下不同环境条件混凝土的表面放热系数 T_1 可由表 5-1 估算。

表 5-1　混凝土的表面放热系数

序号	不同环境	放热系数[kJ/(m²·h·℃)]
1	散至空气(风速 2～5 m/s)	50～90
2	散至空气(风速 0～2 m/s)	25～50
3	散至流水	∞

（3）不同保温条件下混凝土的表面等效放热系数按附录 A.3 的方法估算。

5.3.4　混凝土绝热温升

（1）渡槽混凝土绝热温升宜采用实际配合比和现场材料由试验确定。

（2）一般情况下混凝土在龄期 t 时的绝热温升 T_t 可由式(5-1)估算。

$$T_t = \frac{Q_t W(1-0.75p)}{cp} \tag{5-1}$$

式中，Q_t 为龄期 t 时的累积水化热，kJ/kg，由附录 A.4 确定；W 为包括水泥及粉煤灰的胶凝材料用量，kg/m³；p 为粉煤灰掺量的百分数。

5.3.5　早期自收缩

（1）渡槽混凝土早期自收缩 $\varepsilon_{ca}(t)$ 宜采用实际配合比和现场材料由试验确定。

（2）一般情况下混凝土任意龄期 t 时的早期自收缩 $\varepsilon_{ca}(t)$ 可由基准状态下混凝土的自收缩考虑水泥类型、水灰比、骨料含量、骨料粒径、粉煤灰、矿粉和硅粉等影响因素后获得，具体方法如附录 A.5 所示。

5.3.6　干燥收缩

（1）渡槽混凝土干燥收缩 $\varepsilon_{cd}(t)$ 宜采用实际配合比和现场材料以及施工条件由试验确定。

（2）一般情况下混凝土任意龄期 t 时的干燥收缩 $\varepsilon_{cd}(t)$ 可由基准状态下混凝土的干燥收缩考虑环境湿度、水泥类型、构件体表比等影响因素后获得，具体方法如附录 A.6 所示。

5.3.7　徐变系数

（1）渡槽混凝土徐变系数宜采用实际配合比和现场材料以及施工条件由试验确定。

（2）一般情况下混凝土任意龄期 t 时的徐变系数 $\phi(t,t_0)$ 可由基准状态下混凝土的徐变系数考虑加载龄期、截面尺寸、相对湿度、混凝土强度、粉煤灰、外加剂和养护条件等影响因素后获得，具体方法如附录 A.7 所示。

5.3.8　松弛系数

（1）渡槽混凝土松弛系数宜采用实际配合比和现场材料以及施工条件由试验确定。

（2）一般情况下混凝土任意龄期 t 时的应力松弛系数 $K_{r_0}(t,\tau)$ 可通过标准状态下混凝土的应力松弛系数考虑水泥品种、骨料品种、水灰比、灰浆率、外加剂和粉煤灰等影响因素后获得，具体方法如附录 A.8 所示。

5.3.9　极限拉应变

（1）渡槽混凝土极限拉应变宜采用实际配合比和现场材料以及施工条件由试验确定。

（2）一般情况下混凝土任意龄期 t 时的极限拉伸应变 $\epsilon_{au}(t)$ 可通过混凝土的抗拉强度和弹性模量估算，具体方法如附录 A.9 所示。

5.4　大型混凝土渡槽抗裂设计

5.4.1　抗裂设计总体要求

注重槽址工程地质评价，重视河道冲刷、边坡稳定等影响因素分析，宜选择无严重不良地质现象的轴线，避免单跨渡槽基础由于断层、破碎带等地质构造、河床漫滩淤泥质覆盖层及岸坡滑动等原因造成的地基不均匀沉降的不利影响。

通过施工技术、工程造价、应力状态等方面综合评价矩形、U 形等渡槽断面形式，合理选择渡槽断面。流量较小的渡槽，宜选择单线单槽矩形或 U 形断面形式；流量较大的渡槽，宜选择体型过渡平缓、相对截面尺寸较小、可以整体现场浇筑或工厂预制且间接作用下应力状态相对较好的多线多槽的 U 形断面；若选用矩形断面，宜选用支承结构和过水槽相结合的、结构受力明确的单线多槽并联梁板矩形结构。

根据槽址地形地貌、地质、施工技术等条件合理确定渡槽跨度,渡槽跨高比小于 2.5 时渡槽跨度对侧墙开裂风险影响较大,大于 2.5 时跨度对间接作用下渡槽开裂风险影响已趋稳定,宜综合考虑自重、水压力以及施工技术等条件,合理确定渡槽的经济跨度。

抗裂设计等级为严格要求不出现裂缝时,渡槽宜在纵梁、底板、侧墙等部位合理布置纵向、横向、竖向预应力钢筋,使预压应力全部或部分抵消运行期温度等间接作用产生的拉应力,降低开裂风险;施工早期预应力施加前应采取必要的施工措施避免早期裂缝。

5.4.2 抗裂设计分析方法

大型混凝土渡槽间接作用理应按三维实体结构进行非线性分析,所采用的有限元程序应能考虑混凝土热学、力学、变形等材料性能,温度、湿度、日照、寒潮、风速等环境因素,结构内外约束、保温保湿、水管冷却及其他施工措施的影响。重要工程初步设计或一般工程,渡槽侧墙、底板、纵梁、端部大体积混凝土等典型部位(如附录 B 所示)可按本节简化方法计算。

大型混凝土渡槽间接作用分析宜根据不同部位、不同约束方式,针对施工期和运行期,分别考虑水化作用、早期收缩、保温保湿等施工措施,以及运行期气温年变化、日变化、太阳辐射、寒潮、暴雨等作用,按表 5-2 所示进行不利工况组合。

渡槽各部位混凝土由于温度、湿度及水化程度等不同,不同龄期各点约束应变及相应极限拉应变均不同,开裂危险性评价可按式(5-2)进行。

$$K_s = \max\left\{\frac{\varepsilon_r(x,y,z,t)}{\varepsilon_{cu}(t)}\right\} \tag{5-2}$$

式中,K_s 为开裂危险性系数;$\varepsilon_r(x,y,z,t)$ 为验算点处的开裂约束应变即该点被约束掉的应变($\mu\varepsilon$),宜由有限元计算确定,也可按下述简化方法进行计算,以拉应变为正(下同);$\varepsilon_{cu}(t)$ 为验算点处混凝土极限拉应变,估算时可按附录 A.9 取值。

当 $K_s < 0.7$ 时,不开裂;

当 $K_s = 0.7 \sim 0.1$ 时,可能开裂;

当 $K_s > 1.0$ 时,开裂风险很大。

当 $K_s > 1.0$ 时,应针对工程的具体情况进行抗裂再设计,如加强保温、采取通水冷却等措施,使得 $K_s < 0.7$(严格要求抗裂)或 $K_s < 1.0$(一般要求抗裂)。

表 5-2　渡槽施工和运行阶段不利工况组合表

部位		施工期											运行期	
		冬季施工						夏季施工					夏季最强太阳辐射时暴雨降温	秋冬季最强寒潮
		水化热温升期	水化热温降期	日气温变化	寒潮	自收缩	干燥收缩	水化热温升期	水化热温降期	日气温变化	自收缩	干燥收缩		
		A1	A2	A3	A4	A5	A6	A7	A8	A9	A10	A11	A12	A13
后浇侧墙或一次性浇筑	外约束		√	√	√	√			√	√		√	√	√
	内约束	√						√						
先浇侧墙除上述约束外,尚需考虑	外约束	√		√				√						
底板	外约束		√	√	√				√	√				
	内约束	√			√	√		√			√			
纵梁	内约束	√		√	√		√	√		√		√	√	√
端部大体积混凝土	内约束	√		√	√		√	√		√		√	√	√

注:1. 运行期当槽内有水,对温差不利时按有水考虑;无水、无不利时按无水考虑;
　　2. 若为室内预制渡槽并进行蒸汽养护,则 A3(A9)、A4、A6(A11)在相应计算工况中不考虑。

5.4.2.1 侧边连续外部约束

在温度等间接作用下,水闸及船坞混凝土底板、坝体施工期基岩或现浇混凝土上的混凝土浇筑块、大型矩形渡槽侧墙以及工业建筑中大型设备混凝土基础底板等,基础或老混凝土对其约束形式即为连续外部约束,如图 5-1 所示。

（1）均匀温差作用

$$\varepsilon_{1r} = \Delta T_{1max} \times \alpha_c \times K_1 \times R_1 \tag{5-3}$$

式中,ε_{1r} 为因均匀温差作用,验算点在外部约束条件下产生的开裂约束应变;ΔT_{1max} 为混凝土浇筑后可能的最大均匀温差,℃,估算时可按附录 C 取值;α_c 为混凝土浇筑体线膨胀系数,1/℃,可按附录 A.1 取值,简化计算时可取 $\alpha_c = 10 \times 10^6/℃$;$K_1$ 为均匀温差作用混凝土松弛系数,估算时可按附录 A.8 取值;R_1 为均匀温差作用时侧边连续外部约束的约束系数,估算时可按附录 D 取值。

（2）自收缩作用

$$\varepsilon_{2r} = \varepsilon_{ai} \times K_{1ai} \times R_{1ai} \tag{5-4}$$

式中,ε_{2r} 为因自收缩,验算点在外约束条件下产生的开裂约束应变;ε_{ai} 为混凝土自收缩,宜取现场实测值,估算时可按附录 A.5 取值;K_{1ai} 为自收缩作用时混凝土松弛系数,估算时可按附录 A.8 取值;R_{1ai} 为自收缩作用时侧边连续外部约束的约束系数,估算时可按附录 D 取值。

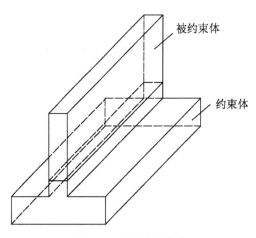

图 5-1　侧边连续约束

5.4.2.2 端部外部约束

在温度等间接作用下,大型矩形渡槽底板、工业与民用建筑现浇楼板等主次梁对其约束为典型端部约束,如图 5-2 所示板Ⅱ区。

（1）均匀温差作用

$$\varepsilon_{1r} = \Delta T_{1max} \times \alpha_c \times K_1 \times R_1^{'} \qquad (5\text{-}5)$$

式中，ε_{1r} 为因均匀温差，验算点在外约束条件下产生的开裂约束应变；ΔT_{1max} 为混凝土浇筑后可能的最大均匀温差，℃，估算时可按附录 C 取值；α_c 为混凝土浇筑体线膨胀系数，1/℃，可按附录 A.1 取值，简化计算时可取 $\alpha_c = 10 \times 10^6/℃$；$K_1$ 为均匀温差作用时混凝土松弛系数，估算时可按附录 A.8 取值；$R_1^{'}$ 为均匀温差作用时端部约束的约束系数，估算时可取 0.55～0.65。

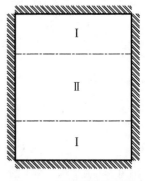

图 5-2　端部约束（Ⅱ区）

（2）自收缩作用

$$\varepsilon_{2r} = \varepsilon_{\alpha} \times K_{1\alpha} \times R_{1\alpha}^{'} \qquad (5\text{-}6)$$

式中，ε_{2r} 为因自收缩，验算点在外约束条件下产生的开裂约束应变；ε_{α} 为混凝土自收缩值，宜取现场实测值，估算时可按附录 A.5 取值；$K_{1\alpha}$ 为自收缩作用时混凝土松弛系数，估算时可按附录 A.8 取值；$R_{1\alpha}^{'}$ 为自收缩作用时端部约束的约束系数，估算时可取 0.55～0.65。

5.4.2.3　内部约束

混凝土结构或构件由于本身各部位不均匀变形引起的相互作用，如渡槽混凝土侧墙、纵梁施工期由于水化作用，运行期由于太阳辐射、寒潮等引起从内部到表面温度非线性分布，或施工期混凝土表面干燥收缩等，导致内部约束产生，如图 5-3 所示。

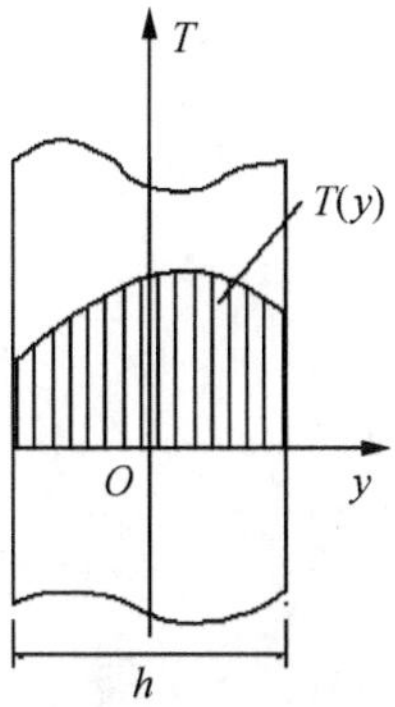

（1）混凝土里表温差作用

$$\varepsilon_{1r} = \Delta T_{2max} \times \alpha_c \times K_2 \times R_2 \qquad (5\text{-}7)$$

式中，ε_{1r} 为因混凝土浇筑体里表温差，验算点在内部约束条件下产生的开裂约束应变；ΔT_{2max} 为混凝土浇筑后可能最大里表温差，℃，估算时可按附录 C 取值；α_c 为混凝土浇筑体线膨胀系数，1/℃，可按附录 A.1 取值，简化计算时可取 $\alpha_c = 10 \times 10^6/℃$；$K_2$ 为里表温差作用时混凝土松弛系数，估算时可按附录 A.8 取值；R_2 为里表温差作用时内部约束的约束系数，估算时可按附录 E 取值。

图 5-3　内部约束

（2）混凝土干燥收缩作用

$$\varepsilon_{2r} = \varepsilon_{ad} \times K_3 \times R_3 \qquad (5\text{-}8)$$

式中，ε_{2r} 为因混凝土浇筑体干燥收缩变形，验算点在内部约束条件下产生的开裂约束应变；ε_{ad} 为混凝土干燥收缩，估算时可按附录 A.6 取值；K_3 为干燥收缩内部约束时混凝土松弛系数，估算时可按附录 A.8 取值；R_3 为干燥收缩引起的内部约束的约束系数，估算时可取 1.0。

5.4.3 渡槽侧墙抗裂设计

5.4.3.1 开裂机理

对于现场分层浇筑后浇侧墙或一次性浇筑侧墙，受底部先浇筑侧墙或底部纵梁的连续约束，在均匀温度变化、自收缩等作用下，在侧墙内产生全截面拉应力，叠加由于内外温差、干燥收缩以及太阳辐射、寒潮、暴雨等在内部约束作用下产生的拉应力，从而在侧墙内每隔一段距离产生竖向裂缝，有的贯穿侧墙，有的不贯穿；在侧墙两端，由于剪应力影响，还可能产生斜裂缝。对于分层浇筑的先浇筑侧墙，由于后浇侧墙水化热影响，也可能出现贯穿性裂缝，如图 5-4 所示。

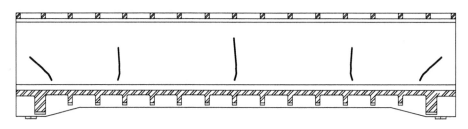

图 5-4　渡槽侧墙裂缝分布示意图

5.4.3.2 外部约束

（1）宜考虑工况

①冬季施工：A2＋A3＋A4＋A5；

②夏季施工：A8＋A9＋A10。

（2）计算公式

工况①②约束应变分别按照式(5-3)和式(5-4)进行计算，即

$$\varepsilon_r = \varepsilon_{1r} + \varepsilon_{2r} = \Delta T_{1max} \times \alpha_c \times K_1 \times R_1 + \varepsilon_{aa} \times K_{1a} \times R_{1a} \tag{5-9}$$

式中，ΔT_{1max} 为混凝土浇筑后可能的最大均匀温差，℃，即 A2＋A3＋A4 或 A8＋A9，估算时 A2＋A3 或 A8＋A9 可按附录 C 取值，A4 可取为 10～20 ℃；其他系数同前。

5.4.3.3 内部约束

（1）宜考虑工况

后浇侧墙宜考虑工况：

①冬季施工：A1＋A3＋A4＋A6；

②夏季施工:A7+A9+A11;

③运行期夏季暴雨:A12;

④运行期秋冬季寒潮:A13。

先浇侧墙宜考虑工况:

⑤冬季施工:A1;

⑥夏季施工:A7。

(2) 计算公式

工况①②约束应变按照式(5-7)及式(5-8)进行计算,即

$$\varepsilon_r = \varepsilon_{1r} + \varepsilon_{2r} = \Delta T_{2max} \times \alpha_c \times K_2 \times R_2 + \varepsilon_{ad} \times K_3 \times R_3 \qquad (5\text{-}10)$$

式中,ΔT_{2max} 为渡槽侧墙混凝土浇筑后可能最大里表温差,℃,即 A1+A3+A4 或 A7+A9,宜按现场实测值取值,估算时 A1+A3 或 A7+A9 可按附录 C 取值,A4 可取为 10~20 ℃;其他系数同前。

工况③④约束应变按照式(5-7)进行计算,即

$$\varepsilon_{1r} = \Delta T_{2max} \times \alpha_c \times K_2 \times R_2 \qquad (5\text{-}11)$$

式中,ΔT_{2max} 为渡槽侧墙在夏季暴雨、秋冬季寒潮等工况截面可能最大温差,℃,宜根据槽址气象资料分析确定,估算时夏季暴雨 A12 可取 15~25 ℃,秋冬季寒潮 A13 可取 10~20 ℃;K_2 为里表温差作用时混凝土松弛系数,短期温度骤变工况下估算时可取 $K_2 = 1.0$;R_2 为内部约束的约束系数,估算时夏季暴雨工况可取 $R_2 = 1.0$,秋冬季寒潮工况可按附录 E 取值。

工况⑤⑥约束应变按照式(5-7)进行计算,即

$$\varepsilon_{1r} = \Delta T_{2max} \times \alpha_c \times K_2 \times R_2 \qquad (5\text{-}12)$$

式中,ΔT_{2max} 为渡槽先浇侧墙在后浇侧墙水化温升影响下截面可能最大温差,℃,宜根据槽址气象资料分析确定,估算时可取 10~20 ℃;K_2 为里表温差作用时混凝土松弛系数,估算时可按附录 A.8 取值;R_2 为内部约束的约束系数,估算时可按附录 E 取值。

5.4.4　渡槽底板抗裂设计

5.4.4.1　开裂机理

底板由于体表比比较小,干燥收缩易产生表面裂缝,自收缩受主梁、次梁端部约束可能会产生贯穿性裂缝。表面裂缝一般在底板上下表面,贯穿性裂缝一般垂直于短边,在板角处也可能产生 45°斜裂缝,如图 5-5 所示。计算简图如 5-6 所示。

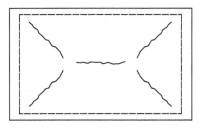

图 5-5　渡槽底板裂缝示意图

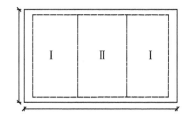

图 5-6　渡槽底板计算简图

5.4.4.2　外部约束

（1）宜考虑工况

①冬季施工：A2＋A3＋A4＋A5；

②夏季施工：A8＋A9＋A10。

（2）计算公式

对于板Ⅰ区，外部约束为连续侧边约束，工况①②约束应变按照式（5-3）及式（5-4）进行计算，即

$$\varepsilon_r = \varepsilon_{1r} + \varepsilon_{2r} = \Delta T_{1max} \times \alpha_c \times K_1 \times R_1 + \varepsilon_{a} \times K_{1a} \times R_{1a} \qquad (5\text{-}13)$$

式中，ΔT_{1max} 为渡槽底板混凝土浇筑后可能的最大均匀温差，℃，即 A2＋A3＋A4 或 A8＋A9，估算时 A2＋A3 或 A8＋A9 可按附录 C 取值，A4 可取为 10～20 ℃；R_1 为均匀温差作用时三边连续约束的约束系数，估算时可取 0.65～0.70；R_{1a} 为自收缩作用时三边连续约束的约束系数，估算时可取 0.65～0.70；其他系数同前。

对于板Ⅱ区，外部约束为端部约束，工况①②约束应变按照式（5-5）及式（5-6）进行计算，即

$$\varepsilon_r = \varepsilon_{1r} + \varepsilon_{2r} = \Delta T_{1max} \times \alpha_c \times K_1 \times R_1' + \varepsilon_{a} \times K_{1a} \times R_{1a}' \qquad (5\text{-}14)$$

式中，ΔT_{1max} 为渡槽底板混凝土浇筑后可能的最大均匀温差，℃，即 A2＋A3＋A4 或 A8＋A9，估算时 A2＋A3 或 A8＋A9 可按附录 C 取值，A4 可取为 10～20 ℃；其他系数同前。

5.4.4.3　内部约束

（1）宜考虑工况

①冬季施工：A1＋A3＋A4＋A6；

②夏季施工：A7＋A9＋A11。

（2）计算公式

工况①②约束应变按照式（5-7）及式（5-8）进行计算，即

$$\varepsilon_r = \varepsilon_{1r} + \varepsilon_{2r} = \Delta T_{2max} \times \alpha_c \times K_2 \times R_2 + \varepsilon_{d} \times K_3 \times R_3 \qquad (5\text{-}15)$$

式中，ΔT_{2max} 为渡槽底板混凝土浇筑后可能最大里表温差，℃，即 A1＋A3＋A4 或 A7＋A9，宜按现场实测值取值，估算时 A1＋A3 或 A7＋A9 可按附录 C 取值，A4 可取为 10～20 ℃；其他系数同前。

5.4.5　渡槽纵梁抗裂设计

开裂机理由于渡槽纵梁体积较大，施工期纵梁内外温差较大，内部约束以及表面干燥收缩易引起表面裂缝，运行期秋冬季寒潮降温等短期温度骤变也易引起纵梁表面裂缝。施工期一般在纵梁跨中侧面，运行期寒潮在纵梁底面，如图 5-7 所示。计算简图如图 5-8 所示。

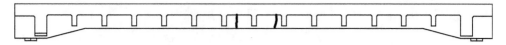

图 5-7　渡槽纵梁裂缝分布示意图

（1）宜考虑工况

简支梁式渡槽纵梁可忽略外部约束作用，只考虑内部约束作用。宜考虑工况：

①冬季施工：A1＋A3＋A4＋A6；

②夏季施工：A7＋A9＋A11；

③运行期夏季暴雨：A12；

④运行期秋冬季寒潮：A13。

（2）计算公式

工况①②可按照式（5-7）及式（5-8）进行计算，即

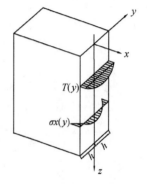

图 5-8　渡槽纵梁计算简图

$$\begin{aligned}\varepsilon_r &= \varepsilon_{1r} + \varepsilon_{2r} \\ &= \Delta T_{2max} \times \alpha_c \times K_2 \times R_2 + \varepsilon_{ad} \times K_3 \times R_3\end{aligned} \quad (5\text{-}16)$$

式中，ΔT_{2max} 为渡槽纵梁混凝土浇筑后可能最大里表温差，℃，即 A1＋A3＋A4 或 A7＋A9，宜按现场实测值取值，估算时 A1＋A3 或 A7＋A9 可按附录 C 取值，A4 可取为 10～20 ℃；其他系数同前。

工况③④可按照式（5-7）进行计算，即

$$\varepsilon_{1r} = \Delta T_{2max} \times \alpha_c \times K_2 \times R_2 \quad (5\text{-}17)$$

式中，ΔT_{2max} 为渡槽纵梁在夏季暴雨、秋冬季寒潮等工况下截面可能最大温差，℃，宜根据槽址气象资料分析确定，估算时夏季暴雨 A12 可取 15～25 ℃，秋冬季寒潮 A13 可取 10～20 ℃；K_2 为里表温差作用时混凝土松弛系数，短期温度骤变工况下估算时可取 $K_2 = 1.0$；R_2 为内部约束的约束系数，估算时夏季暴雨工况可取

$R_2 = 1.0$,秋冬季寒潮工况可按附录 E 取值;其他系数同前。

5.4.6 渡槽端部大体积混凝土结构抗裂设计

渡槽端部混凝土体积较大,施工期内外较大温差以及表面干缩易引起表面裂缝。

(1) 宜考虑工况

①冬季施工:A1＋A3＋A4＋A6;

②夏季施工:A7＋A9＋A11;

③运行期夏季暴雨:A12;

④运行期秋冬季寒潮:A13。

(2) 计算公式

工况①②可按照式(5-7)及式(5-8)进行计算,即

$$\varepsilon_r = \varepsilon_{1r} + \varepsilon_{2r} = \Delta T_{2max} \times \alpha_c \times K_2 \times R_2 + \varepsilon_{ad} \times K_3 \times R_3 \quad (5\text{-}18)$$

式中,ΔT_{2max} 为渡槽端部混凝土浇筑后可能最大里表温差,℃,即 A1＋A3＋A4 或 A7＋A9,宜按现场实测值取值,估算时 A1＋A3 或 A7＋A9 可按附录 C 取值,A4 可取为 10～20 ℃;其他系数同前。

工况③④可按照式(5-7)进行计算,即

$$\varepsilon_{1r} = \Delta T_{2max} \times \alpha_c \times K_2 \times R_2 \quad (5\text{-}19)$$

式中,ΔT_{2max} 为渡槽端部混凝土在夏季暴雨、秋冬季寒潮等工况下截面可能最大温差,℃,即 A12 或 A13,宜根据槽址气象资料分析确定,估算时夏季暴雨 A12 可取 15～25 ℃,秋冬季寒潮 A13 可取 10～20 ℃;K_2 为里表温差作用时混凝土松弛系数,短期温度骤变工况下估算时可取 $K_2=1.0$;R_2 为内部约束的约束系数,估算时夏季暴雨工况下可取 $R_2=1.0$,秋冬季寒潮工况可按附录 E 取值。

5.5 间接作用裂缝施工控制措施

5.5.1 选择施工方法

(1) 大流量预应力渡槽的施工通常可以采用造槽机或满堂红支架上架设钢模板现浇施工和造槽厂工厂化钢模预制施工,现浇施工通常可采用整体浇筑和分层浇筑的方法进行。

(2) 分层浇筑时宜将渡槽底板和适当高度墙体一起浇筑,以减小新老混凝土之间的相互约束。

5.5.2 入仓温度

(1) 降低水泥温度。施工现场水泥及粉煤灰等掺合料宜提前存贮 7 d 以上。

　　（2）控制骨料温度。夏季宜采取增大堆料高度、低温时段上料、搭设遮阳篷和低温水水洗冷却等措施降低骨料温度。冬季宜采取搭设保温棚、覆盖保温被或土工布等措施增加骨料温度。

　　（3）控制混凝土拌合物温度。夏季可采用冷水拌和混凝土。冬季可采用热水拌和混凝土。

　　（4）控制混凝土运输和浇筑温度。夏季宜在夜间浇筑混凝土，可采取洒水等措施降低混凝土搅拌车、输送泵和泵管的温度。冬季宜在白天浇筑混凝土，并对泵管进行覆盖保温。

5.5.3　表面保温

　　（1）渡槽混凝土表面保温可有效地控制内外温差并保持表面的湿度，有利于混凝土防裂。

　　（2）混凝土渡槽施工期宜采取在模板外侧粘贴保温材料等表面保温措施，拆模后应及时进行表面保温。保温材料类型、厚度和保温开始时间和持续时间应通过计算确定。

　　（3）防止过度保温带来的不利影响。过度保温易使混凝土的最高温度增加。

5.5.4　埋设冷却水管

　　（1）在渡槽混凝土内部埋设冷却水管进行内部降温，可有效降低渡槽混凝土内部最高温度和内外温差，减小后期温降幅度和收缩变形，有利于混凝土防裂。

　　（2）必要时应在矩形渡槽纵梁、侧墙底部或 U 型渡槽底部埋设冷却水管，水管材质、管径和壁厚、水管布置形式、通水时间等参数宜通过计算确定。可采用预应力管道进行通水冷却。

　　（3）水管冷却降温幅度过大会使混凝土内部温度低于外部温度，可能引起水管周围混凝土发生裂缝，对混凝土防裂不利。

5.5.5　制定养护措施

　　（1）大流量预应力渡槽应制定合理养护措施保持混凝土表面湿润，减少新浇混凝土水分损失，保证混凝土强度正常发展，防止混凝土出现干缩裂缝。

　　（2）可采取喷雾、覆盖洒水、建挡风措施、塑料薄膜覆盖、使用养护剂等养护措施。夏季槽身底部可以进行封闭并喷雾养护，冬季可以设置加热装置养护。渡槽混凝土侧墙表面不便洒水或覆盖养护时，宜涂刷养护剂养护。

5.5.6 混凝土温湿度监控

5.5.6.1 监控系统要求

大流量预应力渡槽混凝土施工应在监测数据指导下进行,及时调整技术措施,温湿度监测系统宜具有实时在线和自动记录功能,能及时绘出各测点的温湿度变化曲线和断面温度分布曲线。

5.5.6.2 测点布置要求

(1)混凝土浇筑体内监测点的布置,以真实地反映出混凝土浇筑体内最高温升、里表温差、降温速率、环境温度及最大应变、湿度变化为原则。

(2)监测点的布置范围以所选渡槽对称轴线的半条轴线为测试区,在测试区内监测点沿壁厚分层布置。

(3)在测试区内,监测点的位置与数量可根据混凝土浇筑体内温度场和应力场的分布情况及温控的要求确定。

(4)沿混凝土浇筑体厚度方向,每一点位必须布置外表面、底面(或内表面)和中心温度测点,宜不少于 5 点。

(5)保温养护效果及环境温度监测点数量宜不少于 3 点。

(6)混凝土进行应变测试时,应设置一定数量的零应力测点。

5.5.6.3 传感器性能要求

(1)温度传感器的选择宜符合下列规定:

①测温元件的测温误差应不大于 0.3 ℃。

②测试范围:$-30 \sim 150$ ℃。

③绝缘电阻大于 500 MΩ。

(2)应变传感器宜符合下列规定:

①测试误差应不大于 1.0 $\mu\varepsilon$。

②测试范围:$-1\ 000 \sim 1\ 000\ \mu\varepsilon$。

③绝缘电阻大于 500 MΩ。

(3)湿度传感器宜符合下列规定:

①测试误差应不大于 3%。

②测试范围:$20\% \sim 100\%$。

5.5.6.4 安装及防护要求

温度和应变测试元件的安装及保护应符合下列规定:

(1)测试元件安装前,必须标定调试正常。

(2)测试元件接头安装位置应准确,固定牢固,并与结构钢筋及固定架金属体绝热。

(3)测试元件的引出线宜集中布置,并加以保护。

（4）测试元件周围应进行保护，在混凝土浇筑过程中，下料时不得直接冲击测试元件及其引出线；振捣时，振捣器不得触及测温元件及其引出线。

5.5.6.5　监控指标

监控指标宜符合下列要求：

（1）混凝土中心最高温度。宜根据构件的类型和截面尺寸选择参数，可按 30 ℃、40 ℃和 50 ℃考虑。

（2）最大内外温差。宜根据构件的截面尺寸选择参数，可按 15 ℃、20 ℃和 25 ℃考虑。

（3）混凝土降温速率。混凝土的降温速率宜小于 2.5 ℃/d。

（4）混凝土浇筑体的表面与大气温差小于 20 ℃。

（5）表面最大拉应变。表面的最大应变宜小于该龄期混凝土极限拉应变的 70%。

5.5.6.6　监测频率

在混凝土浇筑后 7 d 内，温度和湿度的测量每昼夜应不少于 24 次，应变的测量不少于 6 次。7 d 后，温度和湿度可按每昼夜 6～8 次进行测量，应变测量每天不少于 3 次。

5.5.7　施工管理

（1）控制原材料质量。施工期间应及时掌握水泥、砂石级配，矿物掺合料品质，外加剂适应性等关键指标变化。

（2）控制混凝土均匀性。混凝土搅拌不均匀、振捣不密实将导致混凝土强度离差系数大，裂缝会从强度低的薄弱处开始，增大混凝土开裂风险。

（3）严格落实温控方案。应安排专职人员加强混凝土温度和冷却措施系统监控并适时调整，温控方案如果不严格执行，可能会出现负面影响，不利于防裂。

5.6　渡槽运行管理

5.6.1　定期检查

（1）宜在极端气候环境作用后分析评价渡槽混凝土应变和检查渡槽表面裂缝情况；

（2）宜每年检查一次渡槽内部的裂缝情况；

（3）宜每年测试渡槽的自振频率，评价其刚度变化情况。

5.6.2　及时报警

（1）宜合理选择部分施工期温度和应变测点作为运行期观测点；

（2）宜在渡槽表面设置一定数量的温度和应变长期观测点；

（3）宜实时观测温度和应变；

（4）针对不同的渡槽设置有针对性的温度和应变预警值；

（5）在极端气候来临前做好预警和防护工作。

5.6.3　建立管理档案

（1）建立每个渡槽的管理档案，记录相应的气候、运行资料；

（2）实时进行结构反应对比分析，分析变化趋势；

（3）宜建立数据库，方便进行可视化查询，为科学诊断和决策提供技术支撑。

附录 A
混凝土热学、力学和变形等参数确定

A.1 线膨胀系数

A.1.1 不同骨料硬化后混凝土的线膨胀系数

不同骨料硬化混凝土的线膨胀系数可根据骨料的组成由表 A-1 取用。

表 A-1 混凝土线膨胀系数 α_c

序号	不同骨料种类混凝土	线膨胀系数(1/℃)
1	石英岩混凝土	11×10^{-6}
2	砂岩混凝土	10×10^{-6}
3	花岗岩混凝土	9×10^{-6}
4	玄武岩混凝土	8×10^{-6}
5	石灰岩混凝土	7×10^{-6}

A.1.2 早龄期混凝土的线膨胀系数随龄期的变化规律

早龄期混凝土的线膨胀系数可按式(A-1)估算[105]:

$$\alpha_c(t) = \begin{cases} 17 & T_1 \leqslant t \leqslant T_2 \\ -2.1 \cdot t + 2.1 \cdot T_2 + 17 & T_2 < t \leqslant T_2 + 5 \\ \dfrac{\alpha_c - 6.5}{40} \cdot t - \dfrac{\alpha_c - 6.5}{40} \cdot (T_2 + 5) + 6.5 & T_2 + 5 < t \leqslant T_2 + 45 \\ \alpha_c & t > T_2 + 45 \end{cases}$$

$$(A-1)$$

式中，$\alpha_c(t)$ 为混凝土线膨胀系数，$10^6/℃$；α_c 为硬化混凝土线膨胀系数，$10^6/℃$；t 为混凝土的龄期，h；T_1 为混凝土初凝时间，h；T_2 为混凝土终凝时间，h。

A.2 导热、导温系数和比热

A.2.1 不同骨料混凝土的导热、导温系数和比热

不同骨料的混凝土的导热系数等可按下列方法进行计算。

（1）混凝土的导热系数 λ 和比热 c 可根据混凝土的组成成分的质量百分比，利用表 A-2 所列的组成成分的导热系数 λ_i 及比热 c_i，按加权平均方法计算，如式（A-2）、式（A-3）所示。

表 A-2　混凝土组成成分的 λ_i 及 c_i 值

材料	$\lambda_i[kJ/(m \cdot h \cdot ℃)]$	$c_i[kJ/(kg \cdot ℃)]$
水	2.16	4.19
水泥	4.57	0.52
石英砂	11.10	0.74
玄武岩	6.87	0.77
白云岩	15.31	0.82
花岗岩	10.48	0.72
石灰岩	14.25	0.76
石英岩	16.80	0.72
粗面岩	6.80	0.77

$$\lambda = \frac{\sum W_i \lambda_i}{\sum W_i} \qquad (A-2)$$

$$c = \frac{\sum W_i c_i}{\sum W_i} \qquad (A-3)$$

式中，W_i 为混凝土各组成成分的质量。

（2）混凝土的导温系数 a 可由式（A-4）计算：

$$a = \frac{\lambda}{c\rho} \qquad\qquad (A-4)$$

式中，a 为混凝土的导温系数（m²/h）；ρ 为混凝土的质量密度，可取为 2 400 kg/m³。

A.2.2 早龄期混凝土的导热和导温系数随龄期的变化规律

（1）混凝土早期导热系数可由式（A-5）计算[104]：

$$\lambda_{(t)} = \lambda_{RE}\left[0.999 - 0.1 \cdot e^{-0.5\left[(t-10)/4.615\right]^2}\right] \qquad (A-5)$$

式中，$\lambda_{(t)}$ 为龄期为 t 时刻的混凝土导热系数值，kJ/(m·h·℃)；t 为龄期，h；λ_{RE} 为硬化后混凝土导热系数值，可根据 5.3.2 节的方法估算，也可根据下面的方法确定[式（A-6）～式（A-15）]。

$$\lambda_{RE} = \lambda_0 \cdot \gamma_{w/c}\gamma_F\gamma_K\gamma_S\gamma_{S/A}\gamma_{\alpha c}\gamma_{GT}\gamma_{D_{max}}\gamma_T\gamma_{RH} \qquad (A-6)$$

$$\gamma_{w/c} = 1.196 - 0.52(w/c) \qquad (A-7)$$

$$\gamma_F = 0.161\,8 \cdot \exp(-F/12.894) + 0.836\,8 \qquad (A-8)$$

$$\gamma_K = 0.141\,2 \cdot \exp(-K/15.561) + 0.858\,8 \qquad (A-9)$$

$$\gamma_S = 1.00 - 0.008\,27 \cdot S \qquad (A-10)$$

$$\gamma_{S/A} = 0.865 + 0.38(S/A) \qquad (A-11)$$

$$\gamma_{\alpha c} = 0.412 + 0.81 \cdot GC \qquad (A-12)$$

$$\gamma_{GT} = 0.316 + 0.065 \cdot GT_\lambda \qquad (A-13)$$

$$\gamma_T = 1.031 - 0.001\,6 \cdot T \qquad (A-14)$$

$$\gamma_{RH} = 1.002 - 0.386/[1 + \exp(RH - 67.39)/5.20] \qquad (A-15)$$

式中，λ_0 为标准状态下的导热系数值，kJ/(m·h·℃)；$\gamma_{w/c}$ 为水灰比对导热系数的影响系数；w/c 为水灰比；γ_F 为粉煤灰对导热系数的影响系数；F 为粉煤灰掺量，%；γ_K 为矿粉对导热系数的影响系数；K 为矿粉掺量，%；γ_S 为硅粉对导热系数的影响系数；S 为硅粉掺量，%；$\gamma_{S/A}$ 为砂率对导热系数的影响系数；S/A 为砂率；$\gamma_{\alpha c}$ 为骨料含量对导热系数的影响系数；GC 为骨料含量；γ_{GT} 为骨料类型对导热系数的影响系数，按照表 A-3 取值；GT_λ 为骨料的导热系数，kJ/(m·h·℃)；$\gamma_{D_{max}}$ 为骨料最大粒径对导热系数的影响系数，按照表 A-4 取值；γ_T 为温度对导热系数的影响系数；T 为温度，℃；γ_{RH} 为湿度对导热系数的影响系数；RH 为相对湿度，%。

表 A-3　骨料类型对混凝土导温和导热系数的修正系数

骨料类型	γ_{GT}	δ_{GT}
玄武岩	0.76	0.71
石灰岩	1.00	1.00
花岗岩	1.05	1.07
砂岩	1.14	1.08
石英岩	1.29	1.26

表 A-4　最大粒径对混凝土导热系数的修正系数

骨料最大粒径 $D_{\max}$	$\gamma_{D_{\max}}$	$\delta_{D_{\max}}$
20 mm	1.00	1.00
40 mm	1.05	1.08
150 mm	1.18	1.23

（2）混凝土早期导温系数可由式（A-16）计算[104]：

$$\alpha_{(t)} = \alpha_{RE}\left[1.001 - 0.121 \cdot e^{-0.5\left[(t-10)/9.680\right]^2}\right] \tag{A-16}$$

式中，$\alpha_{(t)}$ 为龄期为 t 时刻混凝土的导温系数值，m^2/h；t 为龄期，h；α_{RE} 为硬化后混凝土导温系数值，由式（A-17）～（A-25）估算，也可根据 5.3.2 节的方法确定。

$$\alpha_{RE} = \alpha_0 \cdot \delta_{w/c}\delta_F\delta_K\delta_S\delta_{S/A}\delta_{GC}\delta_{GT}\delta_{D_{\max}}\delta_T\delta_{RH} \tag{A-17}$$

$$\delta_{w/c} = 1.658 - 1.68(w/c) \tag{A-18}$$

$$\delta_F = 0.290\,8 \cdot \exp(-F/15.220) + 0.706\,7 \tag{A-19}$$

$$\delta_K = 0.293\,4 \cdot \exp(-K/34.584) + 0.698\,6 \tag{A-20}$$

$$\delta_S = 0.98 - 0.01 \cdot S \tag{A-21}$$

$$\delta_{S/A} = 0.650 + 0.96 \cdot (S/A) \tag{A-22}$$

$$\delta_{GC} = 0.324 + 0.93 \cdot R_{GC} \tag{A-23}$$

$$\delta_T = 1.044 - 0.002\,4 \cdot T \tag{A-24}$$

$$\delta_{RH} = 1.026 - 0.416/[1 + \exp(RH - 77.15)/6.05] \tag{A-25}$$

式中，α_0 为标准状态下的导温系数值，m^2/h；$\delta_{w/c}$ 为水灰比对导热系数的影响系数；w/c 为水灰比；δ_F 为粉煤灰对导热系数的影响系数；F 为粉煤灰掺量，%；δ_K 为矿粉对导热系数的影响系数；K 为矿粉掺量，%；δ_S 为硅粉对导热系数的影响系数；

S 为硅粉掺量,%;$\delta_{S/A}$ 为砂率对导热系数的影响系数;S/A 为砂率;δ_{GC} 为骨料含量对导热系数的影响系数;GC 为骨料含量;δ_{GT} 为骨料类型对混凝土导温系数的修正系数,按照表 A-4 取值;$\delta_{D_{max}}$ 为骨料最大粒径对导温系数的影响系数,按照表 A-3 取值;δ_T 为温度对导热系数的影响系数;T 为温度,℃;δ_{RH} 为湿度对导热系数的影响系数;RH 为相对湿度,%。

A.3 表面等效放热系数

不同保温条件下混凝土的表面放热系数按下列方法确定。混凝土表面设有保温层时,等效的放热系数 β_{eq} 可按式(A-26)计算:

$$\beta_{eq} = \frac{1}{\sum \dfrac{h_i}{\lambda_i} + \dfrac{1}{\beta}} \tag{A-26}$$

式中,h_i 为第 i 层保温材料的厚度,m;λ_i 为第 i 层保温材料的导热系数,见表 A-5;β 为最外层保温材料与空气接触的放热系数,可按表 5-1 取值。

表 A-5　保温材料的 λ_i 值

材料	木板	木屑	草席	石棉毡	油毛毡、麻屑	泡沫塑料
导热系数	0.84	0.63	0.50	0.42	0.17	0.13

A.4 混凝土绝热温升

水泥水化热可按式(A-27)估算:

$$Q_t = Q_0 [1 - \exp(-m t^n)] \tag{A-27}$$

式中,Q_t 为龄期 t 时的累积水化热,kJ/kg;Q_0 为最终水化热,kJ/kg,可按表 A-6 取值;t 为龄期,d;m、n 为常数,可按表 A-6 取值。

表 A-6　水泥水化热的 Q_0 及 m、n 值

水泥品种	Q_0	m	n
普通硅酸盐水泥 42.5 级	340	0.69	0.56
32.5 级	340	0.36	0.74
中热硅酸盐水泥 42.5 级	280	0.79	0.70
低热矿渣硅酸盐水泥 32.5 级	280	0.29	0.76

A.5　早期自收缩

混凝土任意龄期 t 时的早期自收缩 $\varepsilon_{a}(t)$ 可按式(A-28)～(A-35)估算[93]：

$$\varepsilon_{a}(t) = \varepsilon_0(t) \cdot \gamma_c \gamma_{w/c} \gamma_{G_p} \gamma_{D_{max}} \gamma_F \gamma_K \gamma_S \qquad (A-28)$$

$$\varepsilon_0(t) = 469.3 \cdot e^{-0.077(t-t_0)} - 479 \qquad (A-29)$$

$$\gamma_{w/c} = 14.5165 \cdot e^{-8.9678 \cdot (w/c)} - 0.0708 \qquad (A-30)$$

$$\gamma_{G_p} = 6.2517 - 8.0613 \cdot G_P \qquad (A-31)$$

$$\gamma_{D_{max}} = 48.836 \cdot D_{max}^{-1.4106} \qquad (A-32)$$

$$\gamma_F = 0.9896 - 0.0091 \times F \qquad (A-33)$$

$$\gamma_K = \begin{cases} 0.9987 - 0.0050 \times K & t \leqslant 3d \\ 1.0022 + 0.0021 \times K & t > 3d \end{cases} \qquad (A-34)$$

$$\gamma_S = 1.0119 + 0.0467 \times S \qquad (A-35)$$

式中，$\varepsilon_{a}(t)$ 为任一龄期基准状态下混凝土的自收缩值，10^{-6}；基准状态为采用 P.O 42.5 的普通硅酸盐水泥配制混凝土，水灰比为 0.30，骨料含量为 65%，骨料最大粒径为 16 mm，连续级配，不掺掺合料，恒温养护与测试(20 ℃±3 ℃)，测试龄期为自初凝开始；t_0 为初凝时间，h；t 为任一龄期，h；γ_c 为水泥类型影响系数，可按表 A-7 取值；$\gamma_{w/c}$ 为水灰比影响系数；w/c 为水灰比；γ_{G_p} 为骨料含量影响系数；G_P 为骨料含量，%；$\gamma_{D_{max}}$ 为骨料最大粒径影响系数；D_{max} 为粗骨料的最大粒径，mm；γ_F 为粉煤灰影响系数；F 为粉煤灰掺量，%；γ_K 为矿渣粉影响系数；K 为矿渣粉掺量，%；γ_S 为硅粉影响系数；S 为硅粉掺量，%。

表 A-7　水泥类型对混凝土自收缩的修正系数

水泥类型	γ_c	水泥类型	γ_c
矿渣水泥	1.25	普通水泥	1.00
快硬水泥	1.12	火山灰水泥	1.00
低热水泥	1.10	抗硫酸盐水泥	0.78
石灰矿渣水泥	1.00	矾土水泥	0.52

A.6　干燥收缩

混凝土任意龄期 t 时的干燥收缩 $\varepsilon_{ad}(t)$ 可按式(A-36)～(A-39)估算：

$$\varepsilon_{ad}(t) = \varepsilon_{shu}\beta(h)\beta(t) \tag{A-36}$$

$$\varepsilon_{shu} = 1\,000\gamma_c \left(\frac{37.5}{f_{cu,k}+8}\right)^{0.5} \cdot 10^{-6} \tag{A-37}$$

$$\beta(h) = 1 - 1.18h^4 \tag{A-38}$$

$$\beta(t) = \left(\frac{t-t_c}{t-t_c+0.15\,(V/S)^2}\right)^{0.5} \tag{A-39}$$

式中，h 为环境相对湿度，以小数表示；t 为混凝土计算龄期，d；t_c 为混凝土开始干燥时的龄期，或者混凝土潮湿养护结束时的龄期，d；γ_c 为水泥类型影响系数，可按表 A-7 取值；V/S 为混凝土构件体表比，mm；$f_{cu,k}$ 为混凝土立方体抗压强度标准值，MPa。

A.7 徐变系数

混凝土任意龄期 t 时的徐变系数 $\phi(t,t_0)$ 可按式（A-40）估算[92]：

$$\phi(t,t_0) = \phi(t,t_0)_{基准} \cdot \beta(t_0)\beta(V/S)\beta(h)\beta(f_{cu,k})\beta_{flash}\beta_{additive}\beta_{cure} \tag{A-40}$$

式中，$\phi(t,t_0)_{基准}$ 为基准状态下的徐变系数；$\beta(t_0)$ 为加载龄期修正系数；$\beta(V/S)$ 为截面尺寸修正系数；$\beta(h)$ 为环境相对湿度修正系数；$\beta(f_{cu,k})$ 为强度修正系数；β_{flash} 为粉煤灰修正系数；$\beta_{additive}$ 为外加剂修正系数；β_{cure} 为养护条件修正系数。

（1）基准状态下徐变系数基本方程如式（A-41）所示。基准状态为：混凝土强度等级为 C30，不掺粉煤灰，不掺外加剂，试件截面尺寸 150 mm×150 mm，标准养护（温度 20 ℃±3 ℃，相对湿度大于 90%）3 d 后移入恒温恒湿徐变室（温度 20 ℃±2 ℃，相对湿度 60%±5%）进行徐变试验，徐变加荷应力为棱柱体强度的 30%。

$$\phi(t,t_0)_{基准} = \frac{(t-t_0)^{0.438}}{0.978+0.228\times(t-t_0)^{0.438}} \tag{A-41}$$

式中，t_0 为基准状态加载龄期，3 d；t 为计算龄期，d；$t-t_0$ 为持荷时间，d。

（2）非基准状态下各种影响因素系数的确定方法如下：

当环境温度不等于 20 ℃时，采用式（A-42）的换算龄期 t_T 来计算龄期 t：

$$t_T = \sum_{i=1}^{n} \Delta t_i \times e^{-\left[\frac{2\,700}{273+T(\Delta t_i)}-\frac{2\,700}{293}\right]} \tag{A-42}$$

$$\beta(t_0) = 1.087\left(\frac{3}{t_0}\right)^{0.25} - 0.087 \tag{A-43}$$

$$\beta(V/S) = 0.549 + \frac{1.406}{(V/S)^{0.314}} \tag{A-44}$$

$$\beta(h) = 1.194 - 0.537h^2 \tag{A-45}$$

$$\beta(f_{cu,k}) = (30/f_{cu,k})^{0.43} \tag{A-46}$$

式中，t_T 为温度修正后的混凝土龄期，d；Δt_i 为温度为 $T(\Delta t_i)$ 的持续天数，d；$T(\Delta t_i)$ 为在第 i 段时间 Δt_i 内的温度；V/S 为构件的体表比，mm；h 为混凝土的相对湿度，以小数表示。

粉煤灰对混凝土徐变的影响按照表 A-8 进行修正。

表 A-8　粉煤灰修正系数 β_{flyash}

加载龄期 t_0		3	7	14	28	60	90	180	360
掺量	15%	1.000	0.813	0.764	0.732	0.715	0.691	0.691	0.691
	20%	1.201	1.012	0.927	0.786	0.654	0.573	0.531	0.452
	25%	1.242	1.154	1.008	0.813	0.634	0.526	0.407	0.366

外加剂对混凝土徐变的影响按照表 A-9 进行修正。

表 A-9　外加剂修正系数 $\beta_{additive}$

外加剂类型	普通减水剂	高效减水剂	引气剂
修正系数	1.15~1.30	1.20~1.40	1.20~1.40

养护条件对混凝土徐变的影响按照表 A-10 进行修正。

表 A-10　养护条件修正系数 β_{cure}

养护条件	标准养护	蒸汽养护
β_{cure}	1.0	0.85

A.8　松弛系数

（1）计算混凝土间接作用时，标准状态下的混凝土的应力松弛系数 $K_{r0}(t,\tau)$ 可由式（A-47）计算[92]：

$$K_{r0}(t,\tau) = 1 - (0.2125 + 0.3786\tau^{-0.4158}) \times \{1 - \exp[-0.5464(t-\tau)]\}$$
$$- (0.0495 + 0.2558\tau^{-0.0727}) \times \{1 - \exp[-0.0156(t-\tau)]\} \tag{A-47}$$

式中，t 为计算时刻的混凝土龄期；τ 为混凝土受荷时的龄期；$t-\tau$ 为持荷时间。

（2）非标准状态下的混凝土应力松弛系数 $K_{r0}(t,\tau)$ 可按式（A-48）计算：

$$K_r(t,\tau) = (\varepsilon_1 + \varepsilon_2\ln\tau)[\varepsilon_3 + \varepsilon_4\ln(t-\tau)]K_{r0}(t,\tau) \qquad (A\text{-}48)$$

式中，ε_1、ε_2、ε_3、ε_4 为非标准状态下的混凝土应力松弛系数的计算系数，可根据修正系数 δ 值由表 A-11 取用。

（3）修正系数 δ 值为各分项修正系数的乘积，如式（A-49）所示：

$$\delta = \delta_1\delta_2\delta_3\delta_4\delta_5\delta_6 \qquad (A\text{-}49)$$

式中，δ_1 为水泥品种修正系数，见表 A-12；δ_2 为骨料品种修正系数，见表 A-13；δ_3 为水灰比（W/C）修正系数，$\delta_3 = 2.6(W/C) - 0.69$；$\delta_4$ 为灰浆率修正系数，$\delta_4 = 0.05\left(\dfrac{V_W + V_C}{V_W + V_C + V_A}\right)$，其中 V_W、V_C、V_A 分别为水、水泥及砂石骨料的体积；δ_5 为外加剂修正系数，见表 A-14；δ_6 为粉煤灰修正系数，见表 A-15。

注：标准状态是指采用普通硅酸盐水泥、花岗岩骨料，水灰比为 0.65、灰浆率为 20%，不掺外加剂、不掺粉煤灰的混凝土。

表 A-11　非标准状态下混凝土应力松弛系数的计算系数

δ	ε_1	ε_2	ε_3	ε_4	δ	ε_1	ε_2	ε_3	ε_4
0.4	1.061 4	−0.037 3	1.179 0	0.083 8	1.8	0.883 3	0.034 9	0.835 4	−0.030 7
0.5	1.060 1	−0.030 7	1.134 7	0.060 6	1.9	0.865 7	0.038 3	0.822 0	−0.032 5
0.6	1.059 0	−0.024 2	1.098 8	0.042 8	2.0	0.833 3	0.040 5	0.809 0	−0.034 8
0.7	1.048 0	−0.017 8	1.070 0	0.028 4	2.1	0.817 5	0.043 5	0.798 0	−0.036 3
0.8	1.035 0	−0.011 2	1.044 0	0.017 6	2.2	0.803 3	0.046 1	0.788 2	−0.037 3
0.9	1.017 0	−0.005 5	1.022 0	0.007 9	2.3	0.793 0	0.048 9	0.781 1	−0.037 9
1.0	1.000 0	0.000 0	1.000 0	0.000 0	2.4	0.774 7	0.051 0	0.772 3	−0.038 8
1.1	0.983 0	0.005 5	0.978 0	−0.006 7	2.5	0.768 3	0.054 1	0.754 3	−0.039 1
1.2	0.965 0	0.010 3	0.958 0	−0.012 0	2.6	0.752 1	0.055 5	0.746 7	−0.039 9
1.3	0.956 0	0.015 0	0.931 0	−0.016 6	2.7	0.744 2	0.058 1	0.730 8	−0.040 2
1.4	0.940 0	0.020 2	0.911 0	−0.020 6	2.8	0.727 9	0.060 2	0.722 6	−0.040 7
1.5	0.928 5	0.023 9	0.887 7	−0.023 7	2.9	0.716 9	0.061 7	0.712 0	−0.040 9
1.6	0.908 6	0.028 4	0.869 0	−0.020 6	3.0	0.702 8	0.063 0	0.704 0	−0.041 1
1.7	0.893 3	0.031 5	0.851 3	−0.028 9					

表 A-12　水泥品种修正系数 δ_1

水泥品种	修正系数	水泥品种	修正系数	水泥品种	修正系数
硅酸盐水泥	0.9	矿渣硅酸盐水泥	1.2	粉煤灰硅酸盐水泥	1.2
普通硅酸盐水泥	1.0	火山灰硅酸盐水泥	1.2	矿渣硅酸盐水泥	1.3

表 A-13　骨料品种修正系数 δ_2

骨料品种	修正系数	骨料品种	修正系数	骨料品种	修正系数
砂岩	1.8	砾岩	1.2	石英岩	0.95
玄武岩	1.3	花岗岩	1.0	石灰岩	0.80

表 A-14　外加剂修正系数 δ_5

外加剂类型	普通减水剂	高效减水剂	引气剂
修正系数	1.15～1.30	1.20～1.40	1.20～1.40

表 A-15　粉煤灰修正系数 δ_6

加载龄期(d)		2	7	14	28	60	90	180	360
掺量	20%	1.23	1.00	0.94	0.90	0.88	0.85	0.85	0.85
	40%	1.47	1.24	1.14	0.96	0.80	0.70	0.65	0.55

A.9　极限拉应变

（1）混凝土的极限拉应变 $\varepsilon_{ctu}(t)$ 可由式（A-50）估算：

$$\varepsilon_{ctu}(t) = 1.01[f_{tk}(t)/E(t)] \times 10^6 + 8.4 \qquad (A-50)$$

式中，$\varepsilon_{ctu}(t)$ 为混凝土龄期为 t 时的极限拉应变，$\mu\varepsilon$；$f_{tk}(t)$ 为混凝土龄期为 t 时的抗拉强度标准值，N/mm^2，由式（A-51）确定；$E(t)$ 为混凝土龄期为 t 时，混凝土的弹性模量，N/mm^2，由式（A-52）确定。混凝土在长期荷载和徐变作用下的极限拉应变 ε_{ctu} 为短期荷载作用下按式（A-50）确定的值乘以 1.23 的系数。

（2）混凝土的抗拉强度 $f_{tk}(t)$ 可由式（A-51）估算：

$$f_{tk}(t) = \lambda_1 \lambda_2 f_{tk}(1 - e^{-\gamma t}) \qquad (A-51)$$

式中，λ_1 为粉煤灰掺量修正系数，见表 A-16；λ_2 为矿渣粉掺量修正系数，见表 A-16；f_{tk} 为混凝土抗拉强度标准值，N/mm^2；γ 为系数，应根据所用混凝土试验确定，当无试验数据时，可近似地取 $\gamma = 0.3$。

（3）混凝土的弹性模量 $E(t)$ 可由式（A-52）估算：

$$E(t) = \beta_1 \beta_2 E_0 (1 - e^{-\phi t}) \qquad (A-52)$$

式中，β_1 为粉煤灰掺量修正系数，见表 A-17；β_2 为矿渣粉掺量修正系数，见表 A-17；E_0 为混凝土的弹性模量，可近似取标准条件下养护 28 d 的弹性模量，N/mm^2；

ϕ 为系数,应根据所用混凝土试验确定,当无试验数据时,可近似地取 $\phi=0.09$。

表 A-16　不同掺量掺合料抗拉强度调整系数

掺量	0	20%	30%	40%
粉煤灰(λ_1)	1	1.03	0.97	0.92
矿渣粉(λ_2)	1	1.13	1.09	1.10

表 A-17　不同掺量掺合料弹性模量调整系数

掺量	0	20%	30%	40%
粉煤灰(β_1)	1	0.99	0.98	0.96
矿渣粉(β_2)	1	1.02	1.03	1.04

附录 B
矩形及 U 形渡槽典型部位示意图

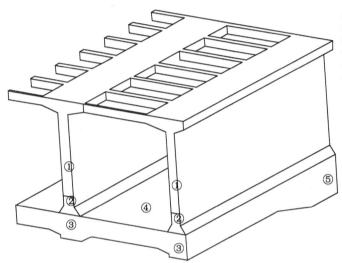

说明：
部位①为后浇侧墙
部位②为先浇侧墙
部位③为纵梁
部位④为底板
部位⑤为端部大体积混凝土

图 B-1 矩形渡槽各典型部位示意图

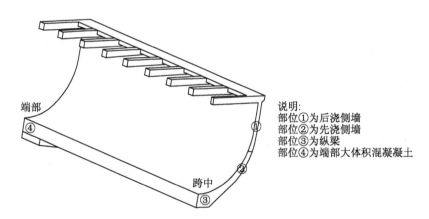

说明：
部位①为后浇侧墙
部位②为先浇侧墙
部位③为纵梁
部位④为端部大体积混凝土

图 B-2 U 形渡槽各典型部位示意图

附录 C
混凝土结构施工期截面最高温度与内外最大温差

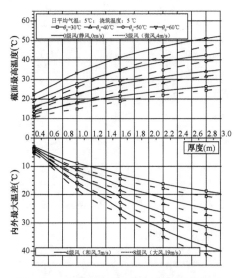

图 C-1　日平均气温 5 ℃、浇筑温度 5 ℃

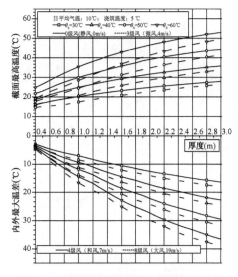

图 C-2　日平均气温 10 ℃、浇筑温度 5 ℃

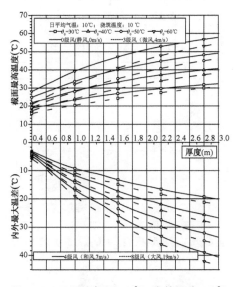

图 C-3　日平均气温 10 ℃、浇筑温度 10 ℃

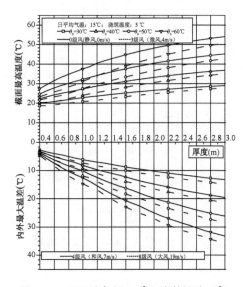

图 C-4　日平均气温 15 ℃、浇筑温度 5 ℃

227

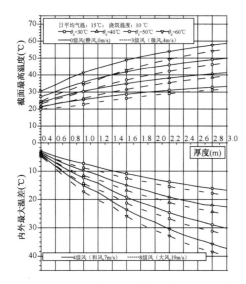

图 C-5　日平均气温 15 ℃、浇筑温度 10 ℃

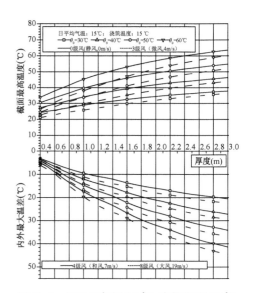

图 C-6　日平均气温 15 ℃、浇筑温度 15 ℃

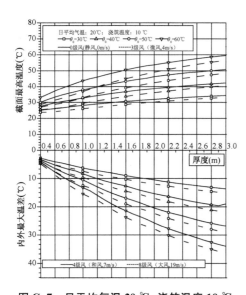

图 C-7　日平均气温 20 ℃、浇筑温度 10 ℃

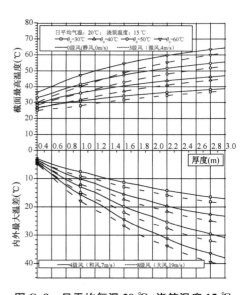

图 C-8　日平均气温 20 ℃、浇筑温度 15 ℃

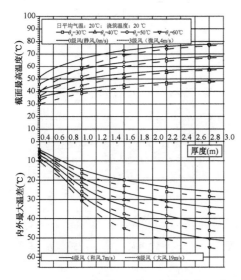

图 C-9　日平均气温 20 ℃、浇筑温度 20 ℃

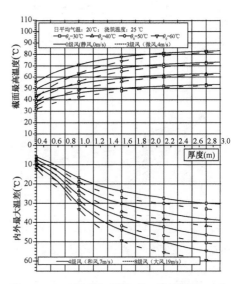

图 C-10　日平均气温 20 ℃、浇筑温度 25 ℃

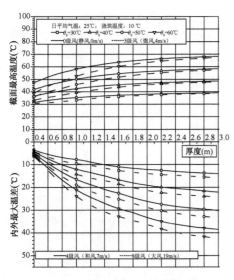

图 C-11　日平均气温 25 ℃、浇筑温度 10 ℃

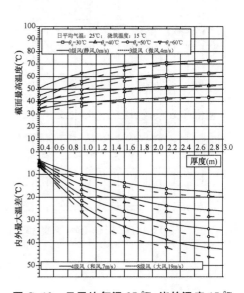

图 C-12　日平均气温 25 ℃、浇筑温度 15 ℃

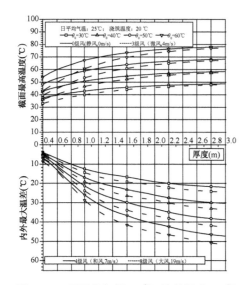

图 C-13　日平均气温 25 ℃、浇筑温度 20 ℃

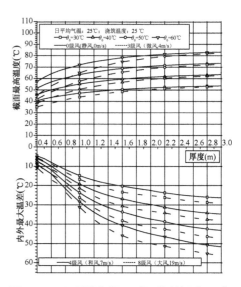

图 C-14　日平均气温 25 ℃、浇筑温度 25 ℃

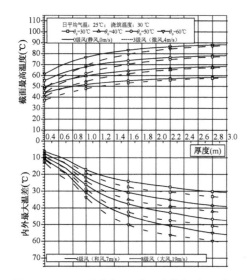

图 C-15　日平均气温 25 ℃、浇筑温度 30 ℃

附录 D

侧边连续外部约束系数

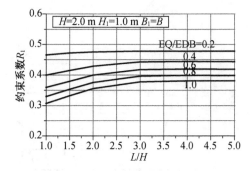

图 D-1 $H=2.0$ m、$H_1=1.0$ m、$B_1=B$

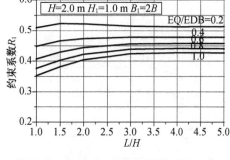

图 D-2 $H=2.0$ m、$H_1=1.0$ m、$B_1=2B$

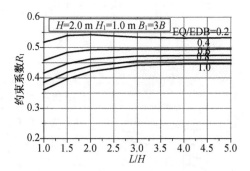

图 D-3 $H=2.0$ m、$H_1=1.0$ m、$B_1=3B$

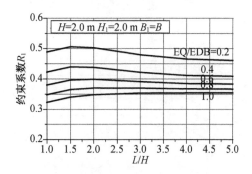

图 D-4 $H=2.0$ m、$H_1=2.0$ m、$B_1=B$

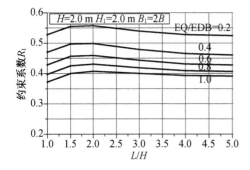

图 D-5　$H=2.0$ m、$H_1=2.0$ m、$B_1=2B$

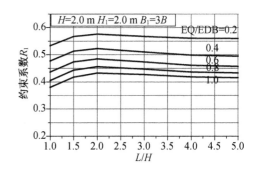

图 D-6　$H=2.0$ m、$H_1=2.0$ m、$B_1=3B$

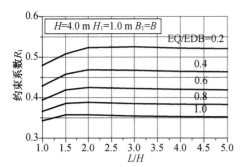

图 D-7　$H=4.0$ m、$H_1=1.0$ m、$B_1=B$

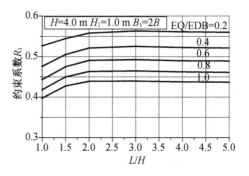

图 D-8　$H=4.0$ m、$H_1=1.0$ m、$B_1=2B$

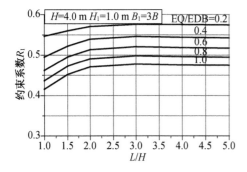

图 D-9　$H=4.0$ m、$H_1=1.0$ m、$B_1=3B$

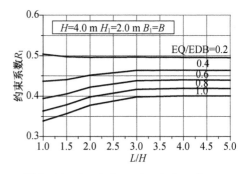

图 D-10　$H=4.0$ m、$H_1=2.0$ m、$B_1=B$

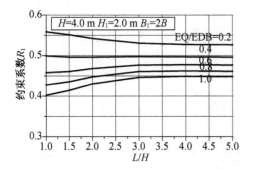

图 D-11　$H=4.0$ m、$H_1=2.0$ m、$B_1=2B$

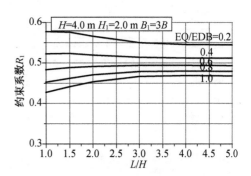

图 D-12　$H=4.0$ m、$H_1=2.0$ m、$B_1=3B$

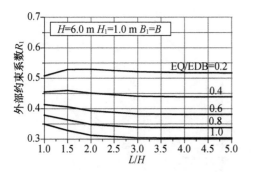

图 D-13　$H=6.0$ m、$H_1=1.0$ m、$B_1=B$

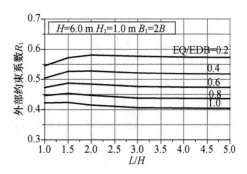

图 D-14　$H=6.0$ m、$H_1=1.0$ m、$B_1=2B$

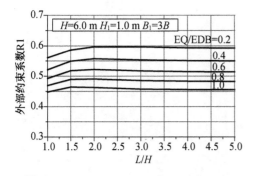

图 D-15　$H=6.0$ m、$H_1=1.0$ m、$B_1=3B$

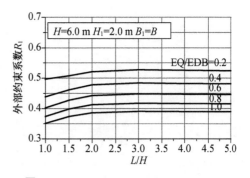

图 D-16　$H=6.0$ m、$H_1=2.0$ m、$B_1=B$

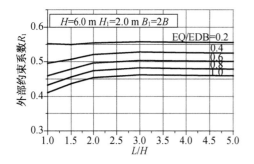

图 D-17 $H=6.0$ m、$H_1=2.0$ m、$B_1=2B$

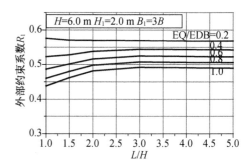

图 D-18 $H=6.0$ m、$H_1=2.0$ m、$B_1=3B$

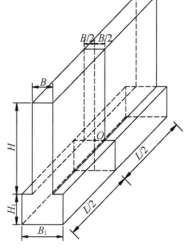

图 D-19 尺寸示意图

注：

1. L、H、B 分别为墙体长度、高度、宽度，H_1、B_1 分别为底部约束体高度、宽度；

2. EQ、EDB 分别墙体和底部约束体弹性模量。

附录 E

内部约束系数

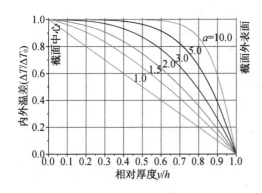

图 E-1 内外温差系数

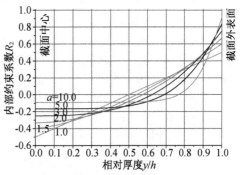

图 E-2 内部约束系数

注：1. 设截面温度差值分布为 $\Delta T(y) = \Delta T_0 \left[1 - \left(\dfrac{y}{h} \right)^a \right]$，$\Delta T_0$ 为截面最大内外温差；

2. 截面厚度为 $2h$；

3. 对于平面应变、平面应力问题，内部约束系数应分别乘以 $\dfrac{1}{1-\mu}$、$1+\mu$，μ 为混凝土泊松比；

4. 若截面温度差值分布为半个抛物线分布形式，则约束系数应乘以 $1.05 \sim 1.30$（α 值大者取较小值）。

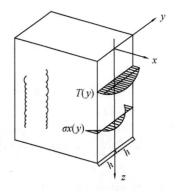

图 E-3 内部温差与应力
分布示意图

参考文献

［1］ 竺慧珠，陈德亮，管枫年．渡槽［M］．北京：中国水利水电出版社，2005．

［2］ 陕西省水利电力勘测设计研究院．灌溉与排水渠系建筑物设计规范：SL482—2011［S］．
北京：中国水利水电出版社，2011．

［3］ 崔娜．U型拱式渡槽的优化设计研究［D］．西安：西北农林科技大学，2010．

［4］ 李东云．渡槽式装配U形渠的结构研究与推广应用［D］．扬州：扬州大学，2015．

［5］ 陈忠，张子明，倪志强．大型渡槽温度应力仿真研究［J］．红水河，2008（1）：32-38．

［6］ 刘爱军，秦忠国，张子明，等．洺河渡槽施工期温度应力仿真研究［J］．南水北调与水利
科技，2006，4（2）：15-19＋35．

［7］ 王振红，朱岳明，于书萍．薄壁混凝土结构施工期温控防裂研究［J］．西安建筑科技大学
学报（自然科学版），2007，39（6）：773-778．

［8］ 殷爱生，何磊．仿真计算在高性能混凝土渡槽抗裂分析中的应用［J］．江淮水利科技，
2008（5）：54-56．

［9］ 陈里红，傅作新．大体积混凝土结构施工期软化开裂分析［J］．水利学报，1992（03）：
70-74．

［10］ 陈里红，傅作新．碾压混凝土坝温度控制设计方法［J］．河海科技进展，1993，13（4）：
1-12．

［11］ 赵代深，薄钟禾，李广远，等．混凝土拱坝应力分析的动态模拟方法［J］．水利学报，1994
（8）：18-26．

［12］ 朱伯芳．有限单元法原理与应用［M］．北京：中国水利电力出版社，2004．

［13］ 曲卓杰．基于通用软件的水工钢筋混凝土结构程序开发与应用［D］．南京：河海大
学，2004．

［14］ 李骁春．基于数值分析和工程经验的现代大体积混凝土裂缝控制实用技术［D］．南京：河
海大学，2008．

［15］ 兰定筠，叶天义，黄音，等．建筑结构［M］．北京：建筑工业出版社，2018．

［16］ 戴志清，周建华，孙昌忠．混凝土温度控制及防裂［M］．北京：中国水利水电出版

社,2016.

[17] 李凌旭,王帅宝,马明昌,等. 大体积混凝土的特点及其温度裂缝产生机理[J]. 施工技术,2017,46(S2):567-569.

[18] 张士昌,徐晓明. 地上超长混凝土墙收缩与温度应力控制[J]. 建筑结构,2018,48(02):19-22+13.

[19] 胡智农,韦华,单国良,等. 大型渠道混凝土裂缝成因分析及预防措施[J]. 南水北调与水利科技,2013,11(06):86-89+101.

[20] 赵海涛. 基于数值分析的大型混凝土渡槽开裂机理与防裂技术研究[D]. 南京:河海大学,2009.

[21] 付大义,高金峰,卢罡,等. 现浇混凝土楼板施工操作不当造成的裂缝[J]. 混凝土,2008(10):123-125.

[22] 王铁梦. 工程结构裂缝控制[M]. 2版. 北京:建筑工业出版社,2019.

[23] 鲁珀特·施普林根施密特. 混凝土早期温度裂缝的预防[M]. 赵筠,谢永江,译. 北京:建筑工业出版社,2019.

[24] 王振红,于书萍. 水工混凝土薄壁结构的温控防裂[M]. 北京:水利水电出版社,2016.

[25] 国务院南水北调工程建设委员会办公室建设管理司. 渡槽工程(南水北调工程建设技术丛书)[M]. 北京:水利水电出版社,2015.

[26] 王铁梦. 工程结构裂缝控制/抗与放的设计原则及其"跳仓法"施工中的应用[M]. 北京:建筑工业出版社,2007.

[27] 周吉顺. 大型渡槽施工裂缝控制研究[D]. 天津:天津大学,2011.

[28] 张永存,李青宁. 刁河渡槽工程温控防裂技术[J]. 混凝土,2014(11):143-147.

[29] Abdol R Chini, Arash Parham. Abiabatic Temperature Rise of Mass Concrete in Florida [R]. Florida: Florida Department of Transportation, 2005.

[30] John Gajda, Martha Vangeem. Controlling Temperatures in Mass Concrete [C]. Concrete International, 2002(1):59-62.

[31] Portland Cement Association. Design and Control of Concrete Mixtures (13th Edition) [M]. Skokie: Ill. , 1988: 212.

[32] Cervera M, Faria R, Oliver J, et al. Numerical Modelling of Concrete Curing, Regarding Hydration and Temperature Phenomena [J]. Computers and Structures, 2002, 80: 1511-1521.

[33] Browne, VanGeem. Are Temperature Requirements in Mass Concrete Specification Reasonable [J]. Concrete Construction Magazine, 2001(10):68-70.

[34] USA Army Corps of Engineers. Thermal Studies of Mass Concrete Structures [R]. Washington DC:Department of the Army, 1997.

[35] Harold W B. Genernal Relation of Heat Flow Factors to the Unit Weight of Concrete [R]. English:Portland Cement Association, 1967.

[36] 朱伯芳. 考虑温度影响的混凝土绝热温升表达式[J]. 水利发电学报，2003，81（2）：69-73.

[37] 张子明，冯树荣，石青春，等. 基于等效时间的混凝土绝热温升[J]. 河海大学学报（自然科学版），2004（5）：573-577.

[38] 张子明，郑国芳，宋智通. 基于等效时间的早期混凝土温度裂缝分析[J]. 水利水运工程学报，2004（3）：41-44.

[39] 张子明，宋智通，黄海燕. 混凝土绝热温升和热传导方程的新理论[J]. 河海大学学报，2002，30（3）：1-5.

[40] 张子明，郭兴文，杜荣强. 水化热引起的大体积混凝土墙应力与开裂分析[J]. 河海大学学报（自然科学版），2002，30（5）：12-16.

[41] 张子明，张研，宋智通. 水化热引起的大体积混凝土墙温度分析[J]. 河海大学学报（自然科学版），2002，30（4）：22-26.

[42] Glasstone S, Laidler K J, Eyring H. The Theory of Rate Processes [M]. New York: McGraw-Hill Book Company, 1941:611.

[43] Byfors J. Plain Concrete at Early Ages Research 3:80[R]. Stockholm: Swedish Cement and Concrete Research Institute, 1980.

[44] Naik T R. "Maturity Functions Concrete Cured during Winter Conditions" in Temperature Effects on Concrete [M]. USA: ASTM special technical publication, 1985.

[45] Malhorta V M, Carino N J. CRC Handbook on Nondestructive Testing of Concrete [M]. Florida: CRC Press, 1991.

[46] Freiesleben Hansen P, Pedersen E J. Maturity Computer for Controlling Curing and Hardening of Concrete [J]. Nordisk Betong. 1977, 1(19):21-25.

[47] 马跃峰. 基于水化度的混凝土温度与应力研究[D]. 南京:河海大学,2006.

[48] Kjellsen K O, Detwiler R J. Later-Age Strength Prediction by a Modified Maturity Model [J]. ACI Materials Journal, 1993, 90(3):220-227.

[49] Nakamura H, Hamada S, Tanimoto T. Estimation of Thermal Cracking Resistance for Mass Concrete Structures With Uncertain Material Properties [J]. ACI Structural Journal, 1999, 96(4):509-518.

[50] Knudsen T. Modeling Hydration of Portland Cement – the Effect of Particle Size Distribution [C]// Young J F. Characterization and Performance Prediction of Cement and Concrete. New Hampshire: United Engineering Trustees, 1982:125-150.

[51] Scanlon J M, Mc Donald J E. Thermal Properties, Significance of Tests and Properties of Concrete and Concrete-Making Materials [C]// Klieger P, Lamonds J F. ASTM Special Technical Publication No 169C, Philadelphia: ASTM, 1994:229-239.

[52] Khan A A, Cook W D, Mitchell D. Thermal Properties and Transient Analysis of Structural Members during Hydration [J]. ACI Materials Journal, 1998(3):293-302.

[53] Anton Karel Schindler. Concrete Hydration, Temperature Development, and Setting at

Early-ages [D]. Austin：The University of Texas，2002.

[54] ACI 207-4R-93，Cooling and Insulating Systems for Mass Concrete[S]. Detroit，USA：American Concrete Institute，1998.

[55] ACI 224R - 01，Control of cracking in concrete structures [S]. Farmington Hills，Michigan：American Concrete Institute，2001.

[56] 朱伯芳. 考虑水管冷却效果的混凝土等效热传导方程[J]. 水利学报，1991(3)：28-34.

[57] 朱伯芳. 考虑外界温度影响的水管冷却等效热传导方程[J]. 水利学报，2003(1)：49-54.

[58] Jin Keun Kim，Kook Han Kim，Joo Kyoung Yang. Thermal Analysis of Hydration Heat in Concrete Structures With Pipe-cooling System [J]. Computers and Structures，2001，79：163-171.

[59] Tanabe T，Mizobuchi T. Analysis of Cooling Effect of Pipe Cooling System in Massive Concrete and Determination of the Coefficient of Thermal Convection at the Surface of Cooling Pipe[J]. Trans JCI，1983,5：77-82.

[60] Hans Hedlund，Patrik Groth. Air Cooling of Concrete by Means of Embedded Cooling Pipes-Part I：Laboratory Tests of Heat Transfer Coefficients [J]. Materials and Structures，1998，31：329-334.

[61] Patrik Groth，Hans Hedlund. Air Cooling of Concrete by Means of Embedded Cooling Pipes-Part I1：Application in Design [J]. Materials and Structures，1998,31：387-392.

[62] 朱岳明，贺金仁，肖志乔，等. 混凝土水管冷却试验与计算及应用研究[J]. 河海大学学报（自然科学版），2003,31(6)：626-629.

[63] ANSYS. ANSYS Element Reference[M]. Shanghai：ANSYS,2007.

[64] ANSYS. ANSYS Release 9.0 DocumentationANSYS Element Reference [M]. Shanghai：ANSYS,2007.

[65] 杨磊. 混凝土坝施工期冷却水管降温及温控优化研究[D]. 武汉：武汉大学，2005.

[66] 闫慧玉. 大体积混凝土温度场水管冷却热流耦合仿真方法研究 [D]. 武汉：武汉大学，2005.

[67] 于丙子，张德文. ANSYS 在三峡导流底孔封堵温度场分析中的应用[J]. 人民长江，2003，34(2)：40-42.

[68] 邓检强，朱岳明. 基于超单元形函数坐标变换的有限元网格剖分和冷却水管网格二次剖分方法[J]. 三峡大学学报（自然科学版），2008,30(5)：8-12.

[69] 唐杰峰，吴胜兴，王巧平. 初应力法在求解混凝土温度徐变应力中的应用及理论分析 [J]. 建筑科学，2003,19(3)：51-53.

[70] 徐镇凯，余翠英，李北虹，等. 混凝土结构徐变效应的仿真分析方法探讨[J]. 南昌大学学报（工科版），2006,28(3)：299-302.

[71] 李申生. 太阳能物理学[M]. 北京：首都师范大学出版社，1996.

[72] 王岩，方元龙，吴胜兴. 泄洪闸闸墩施工期温度场与温度应力分析[J]. 常州工学院学报，2005，18(Z1)：129-134.

[73] Elbadry M M, Ghali A. Temperature variations in concrete bridges[J]. Journal of the Structural Engineering, ASCE, 1983 109(10):2355-2374.

[74] [德]F. Kehibeck. 太阳辐射对桥梁结构的影响[M]. 刘兴法,等译. 北京:中国铁道出版社,1981.

[75] 宋书卿,王长德,冯晓波,等. 空心渡槽的温度应力研究[J]. 中国农村水利水电,2005(11):86-88.

[76] 宋书卿. 特大型空心渡槽运行期温度应力研究[D]. 武汉:武汉大学,2005.

[77] 马跃先,陈晓光. 水工混凝土的湿度场及干缩应力研究[J]. 水力发电学报,2008,27(3):38-42.

[78] 王建,戴会超,顾冲时. 混凝土湿度运移数值计算综述[J]. 水力发电学报,2005,24(4):85-89.

[79] Kim J K, Lee C S. Mbisture diffusion of concrete considering self-desiccation at early ages[J]. Cement and Concrete Research,1999,28(8):1921-1927.

[80] Comité euro-international du béton. CEB-FIP mode code 1990,Design code[Z]. London: Telford,1993.

[81] Kachanov L M. Time of the rupture process under creep conditions[J]. TVZ Akad, Nauk. S. S. K. otd, Tech Nauk, 1958(8):34-40.

[82] Y Yuan, Z L Wan. Prediction of cracking within early-age concrete due to thermal,drying and creepbehavior[J]. Cement and Concrete Research,2002(32):1053-1059.

[83] W C Zhu, C A Tang. Numerical simulation on shear fracture process of concrete using mesoscopic mechanical model [J]. Construction and Building Materials, 2002 (16):453-463.

[84] Sims F W. Rhodes J A. Clough R W. Cracking in Norfork dam[J]. Journal ACI, Vol. 61, No. e. March, 1964.

[85] W M Rohsenow, H Y Choi. Heat, Mass and Momentum Transfer[M]. Englewood Cliffs: Prentice-Hall Inc,1963:1-300.

[86] 唐崇钊. 混凝土的徐变力学与试验技术[M]. 北京:水利电力出版社,1982:67-68.

[87] 朱伯芳. 大体积混凝土温度应力与温度控制[M]. 北京:水利电力出版社,2003.

[88] 周明,孙数栋. 遗传算法原理及应用[M]. 北京:国防工业出版社,1996.

[89] 张莉. 施工措施对混凝土温度场影响的试验研究与定量分析[D]. 南京:河海大学,2009.

[90] 李云峰,吴胜兴. 现代混凝土结构环境模拟试验室技术[J]. 中国工程科学,2005,7(2):81-85+96.

[91] 吴利华. 矩形渡槽人工模拟环境抗裂性能试验研究[D]. 南京:河海大学,2009.

[92] 马龙. 现代混凝土徐变的几个问题探讨[D]. 南京:河海大学,2006.

[93] 谢丽. 混凝土早期自收缩的影响因素及预测模型研究[D]. 南京:河海大学,2007.

[94] 鲁统卫,刘永生,韩军洲,等. 膨胀剂在高性能混凝土中的应用研究[J]. 膨胀剂与膨胀混凝土,2007(02):8-12.

［95］ 张国新，金峰，罗小青，等. 考虑温度历程效应的氧化镁微膨胀混凝土仿真分析模型［J］. 水利学报，2002(8)：29-34.

［96］ 张国新，陈显明，杜丽惠. 氧化镁混凝土膨胀的动力学模型［J］. 水利水电技术，2004,35(9):88-91.

［97］ 朱伯芳，张国新，杨卫中，等. 应用氧化镁混凝土筑坝的两种指导思想和两种实践结果［J］. 水利水电技术，2005,36(6):39-42.

［98］ 李承木，杨元慧. 氧化镁混凝土自生体积变形的长期观测结果［J］. 水利学报，1999(3)：54-58.

［99］ 杨光华，袁明道，罗军. 氧化镁微膨胀混凝土在变温条件下膨胀规律数值模拟的当量龄期法［J］. 水利学报，2004(1):116-121.

［100］ 李承木. 掺氧化镁混凝土的基本力学与长期耐久性能［J］. 水电工程研究，1999(1)：10-19.

［101］ 朱伯芳. 水工钢筋混凝土结构的温度应力及其控制［J］. 水利水电技术，2008,39(9)：31-35.

［102］ 佘维娜，冉千平，乔敏，等. 一种淀粉基水泥水化热调控材料的制备方法［Z］. CN105 217 994A ,2016.

［103］ 吕志锋，于诚，佘维娜，等. 热解加酶解制备淀粉基水泥水化热调控材料［J］. 新型建筑材料，2015, 42(5):1-3＋32.

［104］ 李杰. 早期及硬化混凝土导温和导热系数试验研究［D］. 南京：河海大学，2009.

［105］ 危鼎. 水泥基材料早龄期热膨胀系数试验研究与理论分析［D］. 南京：河海大学，2007.

［106］ 刘清泉，王发廷，庞章斌. 混凝土温控"内降外保"综合措施在放水河渡槽施工中的应用［J］. 中国水利，2009(4)：36-38.

［107］ O M Jensen, Per Freiesleben Hansen. Autogenous deformation and RH-change in perspective［J］. Cencent and Concrete Research,2001(31):1859-1865.

［108］ 王铁梦. 建筑物的裂缝控制［M］. 上海：上海科技出版社，1993.

［109］ 王永军，朱耘志，李英杰. 漕河渡槽裂缝成因及温控措施［J］. 水科学与工程技术，2008(2):41-44.